U0251752

果蔬贮藏与加工

GUO SHU ZHUCANG YU JIAGONG

主　编／陈　林
副主编／肖国生　吴应梅　李　迪
参　编／唐华丽　王兆丹　刘仁华
　　　　顾　欣　张　华　杜慧慧
　　　　曲留柱

四川大学出版社

责任编辑:蒋　玙
责任校对:唐　飞
封面设计:墨创文化
责任印制:王　炜

图书在版编目(CIP)数据

果蔬贮藏与加工 / 陈林主编. —成都：四川大学出版社，2019.4
ISBN 978-7-5690-2872-0

Ⅰ.①果…　Ⅱ.①陈…　Ⅲ.①果蔬保藏②果蔬加工
Ⅳ.①TS255.3

中国版本图书馆 CIP 数据核字（2019）第 073103 号

书名　**果蔬贮藏与加工**

主　　编	陈　林
出　　版	四川大学出版社
地　　址	成都市一环路南一段 24 号 (610065)
发　　行	四川大学出版社
书　　号	ISBN 978-7-5690-2872-0
印　　刷	四川盛图彩色印刷有限公司
成品尺寸	185 mm×260 mm
印　　张	14.75
字　　数	356 千字
版　　次	2019 年 8 月第 1 版
印　　次	2019 年 8 月第 1 次印刷
定　　价	45.00 元

◆读者邮购本书,请与本社发行科联系。
电话:(028)85408408/(028)85401670/
(028)85408023　邮政编码:610065
◆本社图书如有印装质量问题,请
寄回出版社调换。
◆网址:http://press.scu.edu.cn

前　言

果蔬贮藏加工业作为一个新兴产业，在中国农业和农村经济发展中的地位日趋重要，已成为中国广大农村和农民最主要的经济来源以及农村新的经济增长点，成为极具外向型发展潜力的区域性特色、高效农业产业和中国农业的支柱性产业。随着果蔬贮藏加工业的发展，对高技能人才的需求量越来越大，对人才提出了更高的要求，在这一背景下，编者编写了这本《果蔬贮藏与加工》，以满足市场对果蔬加工业高技能人才的需求和高等职业教育对高技能人才培养的需要。

本教材特色之处在于：在贮藏方面，密切结合当前动态，注重突出以微型冷库、简易气调贮藏、保鲜剂贮藏等几种贮藏方式相结合的在当前实际生产中采用的技术，注重突出果蔬贮藏过程中主要问题的控制；在加工方面，注重以全面的素质教育为基础，以能力培养为本位，以果蔬实际生产过程为主线，体现对学生职业综合能力、专业技术能力的培养，同时注重突出教材的新知识、新内容，如加工新技术的应用。

本书共九章。第一章为绪论，主要对果蔬贮藏与加工相关知识进行了概述；第二章介绍了果蔬贮藏的基础知识；第三章介绍了果蔬的采收及其商品化流通；第四章介绍了果蔬的贮藏方式；第五章介绍了果蔬贮藏中的主要病害及其预防；第六章介绍了主要果蔬的贮藏技术；第七章介绍了果蔬加工的基础知识；第八章介绍了果蔬的加工技术；第九章介绍了三峡库区特色果蔬的贮藏及加工。

本教材可用于高等院校食品科学与工程本科专业及应用型本科专业课程，也可用于职业院校相关专业的教师培训，同时可供相关专业人员参考使用。

由于编者水平有限，书中错误或不当之处在所难免，敬请同行专家和广大读者批评指正。

编者

2019 年 3 月

目　录

第一章 绪 论

【本章重点】

了解我国果蔬贮藏与加工业的现状和面临的任务。

果品和蔬菜既是人们日常生活中不可缺少的食品之一，也是食品工业的重要原料。果蔬是人类健康不可缺少的营养之源，它不仅能为人体健康提供多种营养素，尤其是维生素、矿物质、膳食纤维的主要食源，而且以其丰富多彩、天然独特的色、香、味、形、质赋予消费者愉悦的感官刺激和富有审美情趣的精神享受。随着经济发展和社会进步，人们在消费食品时，追求营养健康的意识不断增强，而鲜食果蔬是当之无愧的首选食品。但是，由于果品本身含水量高、质脆易腐、容易受微生物侵染，再加上生产和消费区域及时节的错位，随着人们对果蔬消费量迅速增加，果蔬生产和消费的不均衡性和区域局限性的矛盾更加突出。为减少果蔬产品的腐烂损失，促进我国果蔬业的可持续发展，提高果蔬产业的附加值，增强园艺产业的出口贸易，提高创汇能力，大力发展果蔬贮藏与加工业的意义重大。

第一节 果蔬贮藏与加工的意义

一、减少果蔬的损失，更好地满足人民生活需要

果蔬采收后，由于生理衰老、病菌害及机械损伤等原因，易腐烂变质。据统计，世界上因不加保鲜或保鲜技术不完善而造成的果蔬损失率达 20%～40%。由于我国的果蔬贮藏加工业相对滞后，每年有 8000 万吨的果蔬腐烂，损失总价值约 800 亿元。果蔬贮藏保鲜能够创造适宜的贮藏条件，将果蔬的生命活动控制在最小限度，以延长果蔬的保存期。果蔬加工可以把果品资源加工为营养丰富、口味好、花色品种多的产品，满足人民群众日益增长的物质和消费需求，更好地服务大众生活，为社会提供更多更好的营养美食。

二、提高果蔬产品附加值，是增加农民收入的重要途径

加入WTO以后，我国农业发展面临机遇，果蔬业也面临着绿色贸易壁垒的挑战。面对来自国际果蔬贮藏与加工企业的竞争，我们不仅要有数量规模上的优势，更要有品种和质量上的优势。这不仅集中在鲜食和初加工农产品的市场供给，更要有深加工农产品的竞争发展。只有通过加工升值，我们的农业和农民才能摆脱被动的局面，获得高的经济效益，才能从根本上脱贫致富，实现小康。我国果蔬总产量虽位居世界首位，但贮藏、保鲜及加工能力较低，目前不足总产量的10%，90%以上都是鲜销。一般果蔬产品的鲜销价格明显低于经过保藏处理或加工的产品。市场调查证明，果蔬鲜销、贮藏与加工的投入产出比在1∶10左右。采用适当的保鲜加工处理可以显著提高产品附加值，实现果蔬产业良好的经济效益，增加农民收入。

三、果蔬贮藏与加工是农业生产的延伸，能够促进果蔬业持续健康发展

由于近几年水果的大面积栽培，果蔬产量大幅度升高，市场的需求结构发生根本变化，多数果品、少数蔬菜已经由原来的卖方市场变为买方市场，由原来的供不应求变为供过于求，出现季节性过剩或总体过剩，进而造成严重损失。果蔬价格随着产量的升高而逐渐降低，农民收入逐渐减少，这已经严重损伤了果农、菜农的积极性，不利于农业的产业化发展，严重影响果蔬种植业发展大局。解决果蔬这种生产和消费矛盾的根本出路在于，要打破消费时节和消费方式的限制，使产品的消费渠道和消费方式多样化，拉长消费链条，优化消费环节。果蔬的贮藏与加工是调节市场余缺、缓解产销矛盾、繁荣市场的重要措施，能够促进果蔬业持续健康发展。

四、促进果蔬规模化发展，提高产品的国际竞争力

果蔬贮藏与加工业的发展需要大量的原料基地，不仅是满足鲜食的生产需要，也是满足大规模的现代化加工生产需要，因此，这将促进果蔬栽培业的规模化发展。果蔬保鲜与加工业的发展是现代化农业发展的必然要求。大量果蔬通过高科技加工技术，将提高产品的质量，增加品种，延长了农产品的销售时间和供给链条。同时，充分发挥我国比较优势，使产品增值，提高出口农产品的技术含量和附加值，缩短与发达国家的差距，更有利于产品走出国门，进一步提高我国果蔬的国际竞争力和出口创汇能力。

第二节　我国果蔬贮藏与加工业的现状

我国果蔬的种植历史悠久，资源丰富，素有“世界园林之母”的称誉，是世界上多

种果蔬的发源中心之一。长期以来，我国果蔬生产在全世界占有重要地位。特别是改革开放以来，在以经济建设为中心的战略方针指引下，我国果蔬的种植面积发展很快，产量逐年提高，到 2011 年，全国果蔬总产量分别达到 22768.2 万吨（包括果用瓜）和 67929.7 万吨，均居世界之首，已经成为世界果蔬原料生产大国。尤其是苹果、梨、柑橘、桃和油桃、枣、板栗、大蒜等果蔬品在国际上具有举足轻重的地位。

一、取得的成绩

近年来，我国的果蔬贮藏与加工业取得了一定的成绩，果蔬贮藏与加工业在我国农产品贸易中占据了重要地位。

（一）果蔬种植已形成优势产业带

改革开放以来，特别是 1984 年我国放开果品购销价格，实行多渠道经营以来，极大地调动了广大果区农民的积极性，全国果蔬生产保持了二十几年连续高速发展的强劲势头，据国家统计局统计，2010 年，全国水果种植面积达到 1154.4 万公顷，产量达到 2140.1 万吨，人均水果产量达到 165kg；2011 年，全国水果种植面积达到 1183.05 万公顷，产量达到 22768.2 万吨，占世界果品产量的 16%。2010 年，全国蔬菜播种面积达到 1899.9 万公顷，总产量为 65099.4 万吨；2011 年，蔬菜种植面积达到 1963.9 万公顷，产量为 67929.7 万吨，占世界总产量的 66%，年人均蔬菜占有量为 522kg，是世界人均占有量的 3 倍。我国已成为世界第一大果品蔬菜生产国，水果蔬菜总产量均居世界第一位。

我国果蔬贮藏形成了几个特色区域，建立了一些冷库群，如山东的苹果、酥梨、蒜薹贮藏，河南的蒜薹、大蒜贮藏，河北的鸭梨贮藏，陕西和山西的苹果贮藏，等等。在加工方面，脱水果蔬加工主要分布在东南沿海省份及宁夏、甘肃等西北地区；而果蔬罐头、速冻果蔬加工主要分布在东南沿海地区；在浓缩汁、浓缩浆和果浆加工方面，我国的浓缩苹果汁、番茄酱、浓缩菠萝汁和桃浆的加工占有非常明显的优势，形成非常明显的浓缩果蔬加工带，建立了以环渤海地区（山东、辽宁、河北）和西北黄土高原（陕西、山西、河南）为主的两大浓缩苹果汁加工基地，以西北地区（新疆、宁夏和内蒙古）为主的番茄酱加工基地和以华北地区为主的桃浆加工基地，以热带地区（海南、云南等）为主的热带水果（菠萝、杧果和香蕉）浓缩汁与浓缩浆加工基地；而直饮型果蔬及其饮料加工则形成了以北京、上海、浙江、天津和广州等省市为主的加工基地。

（二）贮藏与加工技术和装备水平明显提高

我国近年果蔬贮藏理论、技术及手段得到了很大的发展。机械制冷贮藏、保鲜剂、涂膜保鲜技术已广泛应用，并保留着传统的窖藏。先进的气调贮藏技术也已开始应用于生产实践。

目前，我国果品总贮量占总产量的 25%以上，商品化处理量约为 10%，果蔬采后损耗率降至 25%左右，基本实现大宗果蔬产品的南北调运与全年供应。

果蔬汁加工中，高效榨汁技术、高温瞬时杀菌技术、无菌包装技术、酶液化与澄清技术、膜技术等在生产中得到了广泛应用。我国打入国际市场的高档脱水蔬菜大都采用真空冻干技术生产，微波干燥和远红外干燥技术也在少数企业中得到应用。果蔬速冻的形式由整体的大包装转向经过加工鲜切处理后的小包装；冻结方式开始广泛应用以空气为介质的吹风式冻结装置、管架冻结装置、可连续生产的冻结装置、二流态化冻结装置等，使冻结的温度更加均匀，生产效益更高。果蔬物流领域中，气调保鲜包装（MAP）技术、气调贮藏（CA）技术等已在主要果蔬贮运保鲜业中得到广泛应用。

（三）国际市场优势日益明显

在农产品出口贸易中，果蔬加工品占有重要的比重。据统计，2010 年我国农产品出口贸易额为 1219.6 亿美元，其中果蔬及加工品出口额居第二位，达到了近 144 亿美元。

我国的果蔬汁中，苹果浓缩汁生产能力达到 100 万吨以上，居世界第一位，2010 年出口量达到 78.4 万吨。番茄酱产量位居世界第三，生产能力居世界第二，2010 年出口量达到 80.6 万吨。直饮型果蔬汁以国内市场为主。经过多年的发展，我国逐步建立了稳定的销售网络和国内外两大消费市场。

我国的果蔬罐头产品已在国际市场上占据绝对优势和市场份额，年产各种罐头近千万吨，其中出口量已突破 300 万吨。在各种罐头的种类中，水果蔬菜罐头约占 80％。如橘子罐头占世界总产量的 75％，占国际贸易量的 80％以上；蘑菇罐头占国际贸易量的 65％；芦笋罐头占国际贸易量的 70％。

我国脱水蔬菜出口量居世界第一，年出口平均增长率高达 18.5％。2003 年，我国脱水蔬菜出口 21.39 万吨，出口创汇 4.46 亿美元。

速冻果蔬以速冻蔬菜为主，占速冻果蔬总量的 80％以上，产品绝大部分销往欧美国家及日本，年出口平均增长率高达 31％，年创汇近 3 亿美元。我国速冻蔬菜主要有甜玉米、芋头、菠菜、芦笋、青刀豆、马铃薯、胡萝卜和香菇等 20 多个品种。

二、问题与差距

尽管我国的果蔬加工产业在贮藏与加工能力、技术水平、硬件装备以及国内外市场都取得了较大的进步和快速的发展，但是与国外发达国家相比，仍然存在很大的差距。

（一）果蔬采后处理能力及市场竞争力不足

我国果蔬产量虽大，但长期以来仅重视采前栽培、病虫害的防治，却忽视采后贮运及产地基础设施建设，不能很好地解决产地果蔬分选、分级、清洗、预冷、冷藏、运输等问题，致使水果在采后流通过程中的损失相当严重，果蔬每年损失率为 20％～30％，产值约 750 亿元，而发达国家只有 5％；我国农产品产后产值与采收自然产值之比为 0.38∶1，而美国和日本分别为 3.7∶1 和 2.2∶1；我国 90％以上的水果用于鲜销，发达国家则用 40％～70％的水果进行加工，个别国家加工量占水果总产量的 70％～80％。从以上数据可以看出，一方面，我国果蔬产量虽然很高，但加工比例很小，仍以鲜销为主，速食及半成品品种也较少，加工量不及10%；而发达国家70%以上的果蔬都经过加工，不仅附加值大幅度提高，所造成的浪费和污染也较小，综合效益明显提高。另一方面，我国果蔬产品缺少规格化、标准化管理，致使高档鲜售水果比率不高，市场售价低，竞争能力差，出口水平低下，年出口量仅占总产量的1%，占世界出口量的2.4%，排名第12位，销售价格也只有国际平均价格的一半。我国在果蔬加工原料的选育方面取得了一定的进步，但是适合加工的果蔬品种仍然很少，制约了果蔬加工业的良性发展。例如，在脱水果蔬、速冻果蔬方面，加工企业多数没有自己的优质蔬菜加工原料基地，如国际贸易中占主导地位的脱水马铃薯、洋葱、胡萝卜、速冻豌豆等品种，我国加工量较少。

（二）贮藏与加工技术及设备水平低

尽管高新技术在我国果蔬加工业逐步应用，贮藏与加工设备水平也明显提高，但由于缺乏具有自主知识产权的核心关键技术与关键制造技术，造成了我国果蔬加工业总体贮藏与加工技术以及加工设备制造技术水平偏低。

20世纪80年代以来，我国耗资数亿元修建了100多座气调贮藏库，并引进了一批先进的、具有一定规模的果蔬加工生产线。由于不适应我国国情，设备利用率不高，加工产品质量不稳定，使气调贮藏库空闲率大于60%，一般只当作普通库使用。

果蔬汁加工领域：我国无菌大罐技术、纸盒无菌灌装技术、反渗透浓缩技术等没有突破，关键加工设备的国产化能力差、水平低。

罐头加工领域：我国加工过程中的机械化、连续化程度低，对先进技术的掌握、使用、引进、消化能力差。在泡菜产品方面，沿用老的泡渍盐水的传统工艺，发酵质量不稳定，发酵周期相对较长，生产力低下，难以实现大规模及标准化工业生产。

脱水果蔬加工领域：目前我国生产脱水蔬菜大多仍采用热风干燥技术，设备为各种隧道式干燥机，而发达国家基本不再采用隧道式干燥机，而采用效率较高、温度控制较好的托盘式干燥机、多级输送带式干燥机和滚筒干燥机。

果蔬速冻加工领域：在速冻设备方面，目前国产速冻设备仍以传统的压缩制冷机为冷源，其制冷效率有很大限制，要达到深冷就比较困难。国外发达国家为了提高制冷效率和速冻品质，大量采用新的制冷方式和制冷装置，微波解冻、远红外解冻等新技术逐渐应用于冷冻食品的解冻。

果蔬物流领域：国外鲜食水果已基本实现了冷链流通，从采后到消费的全程低温，全过程损失率不到5%。我国现代果蔬流通技术与体系尚处于起步阶段，预冷技术、无损检测技术相对落后。进入流通环节的蔬菜商品未实现标准化，基本上是不分等级、规格，卫生质量检测不全面。流通设施不配套，运输工具和交易方式较落后，导致我国的果蔬物流与交易成本非常高，与发达国家相比平均高20%。

总体来说，我国果蔬加工和综合利用能力较低，尤其是很多优质果蔬资源利用率不高，野生果蔬资源还有相当数量没有开发利用，果蔬加工品种少、档次低，不能满足日益增长的社会需求。

我国果蔬贮藏与加工业资源丰富、前景广阔，必将随着人民生活水平的提高而快速发展。

第三节　我国果蔬贮藏与加工面临的任务

一、我国果蔬产品贮藏今后面临的任务

（一）建立果蔬产品产、贮、运、销配套服务流通体系

果蔬产品流通全过程的冷链是依靠消费市场的高价位支撑的，因此，冷链附加值高。我国照搬国外的冷链流通和设施保鲜的技术路线在相当长的时间内是有困难的。适合中国国情的流通体系，应是以利益机制建立起来的一种组织，如专业合作组织、专业协会等。该组织承担对果蔬产品从种到销的全程技术服务、配套生产资料的供应、产品的市场化运作。实现产品的种植与采后的经营独立运行，以及管理的高度专业化和规模化，从而产生良好的经济效益。例如，辽宁省北镇市的葡萄产业，部分采取“公司+农户”“公司+协会”的形式，统一建冷库或租赁冷库，统一贮藏技术和统一销售，建立了产、贮、运、销配套服务流通体系；国家农产品保鲜工程技术研究中心，在全国葡萄分会的支持下，正在建立全国性的鲜食葡萄联合体，从产前品种、优质栽培技术指导到采后贮运、销售，实行统一管理，在较大程度上减轻了农民面临的市场风险，这也是果蔬产业应对 WTO 的一种积极措施。

（二）贮藏保鲜以小型节能贮运设施为基础，以材料保鲜为主体

我国农户多为小规模分散生产，户均产品数量有限，产品集中贮藏于大型冷库，会出现生产者与贮藏者断裂的现象，产品质量无法保证。建立小型冷库是设施贮藏的发展趋势，实现分散生产、分散贮藏和集中销售的协调统一。国家农产品保鲜工程技术研究中心设计的一座节能冷库占地只有 $40m^2$，库容量 $100m^3$，贮藏能力 2×10^4kg，设备投资成本 2 万元。高气密性、高投入和高能耗的大型冷库是由贮藏后果蔬的高价位支撑的，可用于名、优、特产品的贮藏保鲜。受农村体制、经济水平、城乡消费差别、流通规模等的限制，在相当长的时间内，大规模的设施贮藏均不可能成为果蔬产品贮藏的主体，材料气调才是未来果蔬产品贮藏的一种简便、经济、实用的方式。目前，科研单位研制的专用苹果、蒜薹、辣椒等气调保鲜膜的保鲜效果已达到气调冷库的贮藏效果。

（三）贮藏保鲜技术区域化、多元化发展

我国地域辽阔，区域生产力水平发展不平衡，打破地域格局的、规模化的保藏产业组织还未形成，必然使得果蔬产品的贮藏保鲜技术向多元化发展，出现从简单到复杂、多种形式共存的局面。在生产力水平较低、经济欠发达地区，以传统的简易设施和化学

贮藏保鲜方式为主；而在经济发达、生产力水平高、组织化程度高的地区，则以大型设施和新材料保鲜技术为主，如气调冷库、可食涂膜果蔬保鲜、纳米硅基氧化物果蜡保鲜、微波保鲜、冷湿保鲜、电子负压保鲜、空气放电保鲜、超强紫外线光照射保鲜等。

二、我国果蔬产品加工今后面临的任务

（一）果蔬产品加工制品多样化

随着人们生活水平的提高、生活需求的多样化以及国内外市场的瞬息万变，必然对食品工业提出多元化要求，要求不断创新现有生产工艺，研制新的生产线，形成适合国内不同消费层次和口味以及不同消费市场的多元产品生产体系。北方人喜欢口味浓烈的食品，而口味清淡的食品在南方备受欢迎；日本、韩国、新加坡等东南亚国家的人们，多喜食腌制、速冻蔬菜；欧洲等国家的人们青睐甜中带酸的果品。满足国内外如此多样的食品消费习惯，将是果蔬产品加工业必须关注的一个问题。

（二）无废弃物加工，多级开发利用

无废弃物加工，充分利用原料中的一切可利用成分将成为未来果蔬产品加工业新的热点。果蔬产品在加工过程中，经去皮、核、心、种子、根、茎、叶后，利用率显著降低，当作废弃物抛弃的物质中蕴藏着许多有用的成分，例如，核果类种仁中含有苦杏仁，可生产杏仁香精；胡萝卜残渣加工后可形成橙红色的蔬菜纸，用于食品包装；猕猴桃皮可提取蛋白分解酶，用于啤酒澄清和肉质嫩化剂，在医药上可作为消化剂和酶解剂；坚果中含有类黄酮，能抑制血小板的凝聚、抑菌、抗肿瘤。因此，充分利用加工中产生的副产品和废弃物，进行深层次和多级开发利用，不仅显著减少加工垃圾，而且变废为宝，进一步提高产品附加值。

（三）实行产品绿色保鲜加工的发展战略，实现产品安全质量的全程控制

随着生活水平的提高，人们对生命和健康越来越关注，加之我国加入 WTO，使农产品及其加工制品的安全卫生质量备受关注，成为选购食品的重要因素，也是农产品出口贸易技术的壁垒。控制产品安全卫生质量、实现标准化生产是食品生产企业必须重视的问题，否则产品将在任何一级市场上失去竞争力。因此，对食品加工企业而言，应积极参与源头污染（原料生产中产生的污染）的控制，建立本企业的原料生产基地；加工过程按照先进的质量控制体系（如 HACCP 控制），将污染控制在生产过程而不是最终产品；严格按照标准使用化学保鲜剂，严禁“致畸、致癌、致突变”的化学保鲜剂的使用。无公害、绿色、有机生产加工将成为食品行业一个全新的发展策略和行动指南。

思考题

1. 果蔬贮藏与加工的意义是什么？
2. 如何提高我国果蔬贮藏与加工业的国际竞争力？

第二章　果蔬贮藏基础知识

【本章重点】

1. 掌握果蔬品质的鉴定方法。
2. 了解果蔬贮运过程中化学成分变化规律以及采后化学成分变化的控制。

第一节　果蔬品质

果蔬品质主要决定于遗传因素，但又受不同发育时期、栽培环境、管理水平和贮藏与加工条件的影响而变化很大。对果蔬品质的评价，包括色泽、大小、形状等外观特性，味道和香气等风味特性，以及维生素、矿物质、碳水化合物、脂肪、蛋白质等营养物质的含量。

果蔬品质的构成主要有以下几个方面。

外观：形状、大小、色泽等。

风味：糖、酸、单宁、糖苷类、氨基酸等。

质地：组织的老嫩程度、硬度、汁液的多少、纤维的多少等。

营养：糖类、脂类、蛋白质和氨基酸、矿物质、水分、维生素等。

危害：有害物质的残留等。

果蔬的化学组成非常复杂，一般分为水和固形物。固形物又分为无机物（各种矿物质）和有机物（碳水化合物、有机酸、脂肪、蛋白质、各种维生素、色素和芳香物质等）。

一、果蔬品质的概念

果蔬品质是指果蔬满足某种使用价值全部有利特征的总和，主要是指食用时果蔬外观、风味和营养价值的优越程度。根据不同用途，果蔬品质可分为鲜食品质、内部品质、外部品质、营养品质、销售品质、运输品质、加工品质和桌面品质等。果蔬品质是一个复合的概念，包括许多不同而相关的方面，对不同种类或品种的果蔬均有具体的品质要求或标准。因此，品质要求有共同性，也有差异性。

二、果蔬品质的属性

果蔬品质特征可归为两大类，即感官属性和生化属性。

（一）感官属性

感官属性是指人们通过视觉、嗅觉、触觉和味觉等感觉器官所感觉和认识到的属性，它又可分为表观属性、质地属性和风味属性等。

消费者对果蔬品质的感觉，首先是外观品质。外观品质是引起消费者购买欲望的直接因素，但不是唯一因素。在判断果蔬质量时，除了目测评价外，经过人的口腔品尝进行判断也是一种重要的检验方法，但因不同人的爱好不同而有较大差异，所以必须建立评味组，将评味组中每个人的主观评价综合起来，以得到相对客观的结果，这样才能获得有意义的风味品质评价信息。有时为了更准确地了解消费者对某一类果蔬风味的偏好性，还需要通过消费者代表进行大范围的试验。

1. 表观属性

表观属性是指人们能通过视觉所认识的属性，包括果蔬的色泽、大小、形状、光泽和缺陷（指病害、虫害和机械损伤）等外观品质。表观属性是决定果蔬产品质量的主要因素，也是决定果蔬产品市场价格的最重要因素。

（1）色泽。色泽是果蔬很重要的表观属性。果蔬只有在达到一定成熟度时，才能具有固有的内在品质，即优良的风味、质地和营养等，同时表现出典型的色泽。也就是说，理想的风味和质地常与典型颜色的显现分不开，所以果蔬的外表色彩可作为果蔬综合品质是否达到理想程度的外观指标，是果蔬分级的重要标准之一。色泽又是给予人们的第一个感觉，能直接刺激消费者的购买欲望，因此色泽常常是消费者决定购买某种果蔬的基础。

（2）大小。消费者通常对大部分果蔬的大小及其整齐度有明确的选择。果蔬产品按大小进行分级时，通常是将同样大小的包装在一起。

（3）形状。果蔬具有特征形状是很重要的表观属性，异常形状的果蔬很难被人们接受。消费者认为，缺少特征形状的果蔬价值要低一些。

（4）状态。状态是涉及果蔬产品新鲜与否的质量特征。有损果蔬表观属性的状态有菜叶的枯萎或水果的皱缩，碰伤、擦伤和切口等表皮缺陷，表面的各种污染等。状态不好的果蔬往往使消费者失去购买欲望，也就很难获得较高的销售价格。

2. 质地属性

质地属性包括果蔬内在和外表的某些特征。如手感特征以及人们在消费过程中所体验到的质地方面的特征，一般指通过口腔感受到的特征。质地的复杂特性是以许多方式表现出来的，其中用来描述质地特征的最有意义的术语有硬度、脆度、沙性、绵性、汁性和纤维性等。理想质地的总印象，是鉴别产品被接受程度的内在标准。

3. 风味属性

风味包括口味和气味，主要是由果蔬组织中的化学物质刺激味觉和嗅觉而产生的。口味是由于某些可溶性和挥发性的成分通过口腔内部柔软的表面及舌头上的味蕾而产生的。果蔬最重要的口味感觉有四种，即甜、酸、苦、涩。它们分别是由糖、有机酸、苦味物质和鞣酸物质产生的。气味对总体风味的形成影响较大，是由于挥发性物质到达鼻腔内的受体并被吸收，使人感觉到气味，它可给人以愉悦或难受的感觉。有些水果和蔬菜在成熟时会大量产生这种化合物。

（二）生化属性

生化属性是指以营养功能为主的果蔬内在属性，是由果蔬体内生化物质的营养功能综合形成的果蔬内在品质特性。影响果蔬品质的生化物质有很多，主要有水分、碳水化合物、有机酸、蛋白质、脂类、色素、维生素、矿物质、酶和芳香物质等。果蔬作为人类食物的一部分，除可满足人们消费时所带来的感官享受之外，更主要的是使人们获取营养并保持健康。果蔬最大的营养价值是富含各类维生素及矿物质，此外，某些果蔬还具药用价值。因此，从使用价值的角度考虑，营养品质是果蔬产品更重要的一个方面。

三、果蔬品质的鉴定

（一）呈色物质

色泽是人们通过感官评价果蔬品质的重要因素之一。不同种类和品种的果蔬颜色各不相同，其原因是所含色素在质和量上的差别。果蔬中的呈色物质主要有叶绿素（呈绿色）、类胡萝卜素（呈黄色到红色）、花青素（呈红、紫、蓝色）、黄酮类色素（呈无色到黄色）。果蔬的颜色在一定程度上反映了果蔬的新鲜度、成熟度和品质变化等情况。大多数果实随着成熟程度加深，叶绿素含量逐渐减少，其他色素含量逐渐增多，从而使果实绿色减退，以呈现其他颜色。

（二）呈香物质

果蔬香气来源于各种微量的挥发性物质，由于这些挥发性物质的种类和数量不同，便形成了各种果蔬的特定香气。据报道，苹果含有 100 多种挥发性物质，香蕉含有 200 种以上挥发性物质，草莓中含有 150 多种挥发性物质，葡萄中含有 78 种挥发性物质，等等。构成果品香气的主要成分是醇、酯、醛、酮以及挥发性酸等。构成蔬菜香气的主要成分是一些含硫化合物（葱、蒜、韭菜等辛辣气味的来源）和一些高级醇、醛、萜等。就多数果蔬而言，进入成熟时才有足够的香气释放出来，所以芳香程度也是判断果蔬成熟的一种标志。另外，香气物质具有催熟作用，果蔬贮藏中应及时通风排除。

（三）呈味物质

各种果蔬具有不同特色的味道，其差异取决于呈味物质的种类和数量。这些物质不仅影响果蔬的味道，也是评价其品质的重要指标。味的分类在世界各国并不一致，我国习惯上将味分为甜、酸、涩、苦、鲜、辣、成 7 种，除成味外，其余六种均与果蔬有关。

1. 果蔬的甜味

果蔬中的甜味物质主要是糖及其衍生物糖醇，包括葡萄糖、果糖、蔗糖、木糖醇、山梨醇等，不同的糖甜度不同。

果蔬的甜味除取决于糖的种类和含量外，还与糖酸比有关。糖酸比越高，甜味越浓；比值适合，则甜酸适度。一般在充分成熟时，甜味达到高峰值，所以生产上常根据含糖量的变化来确定果实的成熟度和采收期。

不同果蔬种类含有糖的种类和比例不同，甜味也不同。一般来说，仁果类以果糖为主，其次是葡萄糖、蔗糖和山梨醇；核果类以蔗糖为主，其次是葡萄糖、果糖；浆果类主要含葡萄糖、果糖；柑橘类以蔗糖为主；樱桃、葡萄、番茄则不含蔗糖；叶菜类、茎菜类含糖量较低，加工中也不显重要。

2. 果蔬的酸味

酸味是因舌黏膜受氢离子刺激而引起的，凡是在溶液中能解离出氢离子的化合物都有酸味，包括所有无机酸和有机酸。果蔬中的酸主要来自一些有机酸，如柠檬酸、苹果酸、酒石酸、草酸、琥珀酸、α－酮戊二酸和延胡索酸等，这些有机酸大多具有爽口的酸味，对果实的风味影响很大。多数果实随着成熟，酸含量减少（柠檬除外）。相比之下，蔬菜的含酸量很少，往往感觉不到酸味的存在。

不同的果蔬所含有机酸种类、数量及其存在形式不同。柑橘类、番茄类含柠檬酸较多，苹果、梨、桃、莴苣等含苹果酸较多，葡萄含酒石酸较多，蔬菜主要是含草酸。

3. 果蔬的涩味

涩味是由于使舌黏膜的蛋白质被凝固，引起收敛作用而产生的一种味感。果蔬的涩味主要来源于单宁物质（多酚类化合物），未成熟的果实中含量较多，蔬菜中含量较少。随着果蔬的成熟，单宁物质含量逐渐减少。

当果蔬中含有 1%～2%的可溶性单宁时，就会产生强烈的涩味。当水溶性单宁变为不溶性时，无涩味。柿子可以通过成熟以及 CO_2、温水、乙醇等处理方式除涩。

4. 果蔬的苦味

苦味是四种基本味感（酸、甜、苦、咸）中阈值最小的一种，是最敏感的一种味觉。单纯的苦味会给人带来不愉快的味感，但当它与甜、酸或其他味感恰当地结合，就形成了食品的特殊风味，如茶、咖啡、苦瓜、莲子等。但果蔬中苦味过浓，会给果蔬的风味带来不良的影响。

果蔬中的苦味物质主要是糖苷类，如苦杏仁苷（主要存在于核果类和仁果类的果核、种仁中，尤以苦扁桃含量最多），黑芥子苷（十字花科蔬菜的苦味来源，含于根、茎、叶和种子中），茄碱苷（又叫龙葵苷，存在于马铃薯块茎、番茄、茄子中，含量超过 0.01%就会感觉到明显的苦味，含量为 0.02%可引起中毒），柚皮苷、新橙皮苷和柠碱（主要存在于柑橘类果实中，影响加工品的品质）。

5. 果蔬的鲜味

食品中的鲜味物质包括氨基酸、核苷酸、肽和有机酸等。果蔬的鲜味主要来自一些具有鲜味的氨基酸和酰胺，如 *L*－谷氨酸、*L*－天门冬氨酸、*L*－谷氨酰胺、*L*－天门冬酰胺等。

6. 蔬菜的辣味

辣味可刺激舌和口腔的触觉及鼻腔的嗅觉，而产生综合性的刺激快感。适度的辣味可以增进食欲，促进胃肠消化，蔬菜中的辣味物质有 3 种类型。

（1）芳香型辣味物质。

其辣味有快感，如生姜中的姜酮、姜酚、姜醇等。

（2）无臭性辣味物质。

如辣椒中的辣椒素、胡椒中的胡椒碱以及花椒中的花椒素。

（3）刺激性辣味物质。

如蒜、葱的辛辣味，葱蒜中的二硫化物可被还原成有甜味的硫醇化合物，故葱蒜在煮熟后失去辛辣味而有甜味。

（四）质地物质

一些蔬菜和肉质型果实（如苹果、梨、桃等）的品质评价还包括质地，常用脆、绵、硬、软、细嫩、粗糙、致密、疏松等术语来形容。影响果蔬质地的物质主要是果胶物质，不同时期果胶物质的存在方式不同，从而影响果蔬的质地。

果胶物质沉积在细胞初生壁和中胶层中，起黏结细胞的作用。根据性质与化学结构的差异，可将果胶物质分为三种。

1. 原果胶

原果胶是一种非水溶性的物质，存在于植物和未成熟的果实中，常与纤维素结合，所以称为果胶纤维素，它使果实坚实脆硬。随着果实成熟，原果胶在原果胶酶作用下分解为果胶。

2. 果胶

果胶易溶于水，存在于细胞液中。成熟的果实变软，是因为原果胶与纤维素分离变成了果胶，使细胞间失去黏结作用，因而形成松弛组织。果胶的降解受成熟度和贮藏条件的双重影响。

3. 果胶酸

果胶酸是一种多聚半乳糖醛酸，少量的也聚合了一些糖分。果胶酸可与钙、镁等结合生成盐，不溶于水。当果实进一步成熟衰老时，果胶继续被果胶酸裂解酶作用，分解为果胶酸和甲醇。果胶酸没有黏结能力，果实会变成水烂状态，有的变“绵”。果胶酸进一步分解成为半乳糖醛酸，整个果实解体。

3 种果胶物质的变化，可简单表示如下：

$$\text{原果胶}\xrightarrow[\text{（原果胶酶）}]{\text{成熟阶段}}\left\{\begin{array}{l}\text{纤维素}\\\text{果胶}\end{array}\right.\xrightarrow[\text{（果胶酶）}]{\text{过熟阶段}}\left\{\begin{array}{l}\text{甲醇}\\\text{果胶酸}\end{array}\right.\xrightarrow[\text{（果胶酸裂解酶）}]{}\left\{\begin{array}{l}\text{还原糖}\\\text{半乳糖醛酸}\end{array}\right.$$

大多数蔬菜和一些果品中的果胶即使含量很高，但因甲氧基含量低而缺乏凝胶能力。果实硬度的变化与果胶物质的变化密切相关。用果实硬度计来测定苹果、梨等的果肉硬度，借以判断成熟度，也可作为果实贮藏效果的指标。

（五）营养物质

营养物质含量的多少是果蔬品质评价的重要指标之一。果蔬中含有丰富的营养物质，是人类摄取维生素和矿物质的重要来源。果蔬中还含有大量的水分和一定的糖类、脂肪和蛋白质。

1. 糖类

糖类也叫碳水化合物，分为单糖、低聚糖、多糖。果蔬中常见的单糖有葡萄糖、果糖、甘露糖、半乳糖、木糖等；低聚糖主要是蔗糖；多糖包括淀粉、纤维素、半纤维素、果胶物质等。

果蔬中一些重要的单糖、低聚糖，既是营养物质，又是重要的呈味成分，已在“呈味物质”部分做过介绍；果胶物质已在“质地”部分做过介绍。这里只对淀粉、纤维素和半纤维素做必要的介绍。

淀粉为多糖，主要存在于未成熟的果实中。一般富含淀粉的水果，如香蕉、苹果、梨等，随着果实的成熟，淀粉水解成可溶性糖，可用淀粉含量多少判断果实成熟度。大多数水果的淀粉含量都较低，有的在成熟后甚至完全消失。蔬菜中以块根、块茎和豆类含淀粉较多，如藕、菱、芋头、山药等，其含量与老熟程度成正比。对于青豌豆、甜玉米等以幼嫩籽粒供食的蔬菜，淀粉含量的增加会导致其品质的劣变。

纤维素和半纤维素是植物的骨架物质，是细胞壁的主要成分，对组织起着支撑作用。纤维素在果蔬皮层中含量较高，在幼嫩时期是一种含水纤维素，随着果蔬的成熟逐渐木质化和角质化，变得坚硬、粗糙，不堪食用。半纤维素在植物体内有支持和贮存的双重功能。纤维素和半纤维素含量越少，果蔬品质越好，但纤维素、半纤维素和果胶物质形成复合纤维素对果蔬有保护作用，增强耐贮性。

2. 脂类

脂类包括脂肪和类脂。大多数果蔬中脂肪含量很低，但鳄梨、核桃中含量很高，核桃的脂肪含量达 53%以上。果蔬中还含有类脂物质，如卵磷脂、脑磷脂、菠菜固醇，营养学上最重要的是卵磷脂和脑磷脂。

3. 蛋白质和氨基酸

果蔬中蛋白质、氨基酸的含量远不如谷类、豆类作物高，一般为 0.2%～1.0%；但也有含量多的，如核桃、扁桃、巴西栗、鳄梨、榛子、冬菇、紫菜等，含量为 11%～23%。果蔬中一些氨基酸（如谷氨酸、天门冬氨酸）是果蔬鲜味的重要来源。

4. 矿物质

果蔬是人体所需要的矿物质的主要来源，果蔬的矿物质中，K、Na、Ca 等金属离子占 80%，P、S 等非金属占 20%。果蔬中虽含有机酸，味觉上具有酸味，但它进入人体后，或参与生物氧化反应，或形成弱碱性的有机酸盐，而矿物质中的 K、Na 则与

HCO_3^- 结合，使血浆的碱性增强，因而果蔬被称为“碱性食品”。为了保持人体健康，在食物构成上，要有足量的碱性食品——水果蔬菜，否则体液偏酸性，造成酸碱失调，甚至引起酸性中毒。

5. 水分

果蔬是人体摄取水分的主要来源之一，大多数果蔬的水分含量达 80%以上。水分对果蔬本身的耐贮性影响很大，同时对果蔬的鲜嫩度、风味及脆性也有至关重要的影响。

6. 维生素

维生素是一类维持人体健康不可缺少的低分子化合物，果蔬中含量丰富，胡萝卜素(维生素 A 原)、维生素 E、维生素 K 为脂溶性，存在于黄色、绿色等深色果蔬中。B 族维生素、维生素 C 为水溶性。维生素 C 与其他维生素相比，代谢快，需要量大，果蔬中富含维生素 C，是人体摄取维生素 C 最重要的来源。

四、果蔬中的化学成分在贮运过程中的变化

采收后的果蔬在贮藏运输过程中，其化学成分仍会发生一系列变化，由此引起果蔬耐贮性、食用品质和营养价值等的改变。为了合理地组织运销、贮藏，充分发挥果蔬的经济价值，应了解果蔬化学成分在贮运过程中的变化规律，以控制采后果蔬化学成分的变化。

（一）风味物质的变化

构成风味的化学成分在贮运过程中不断发生着变化，导致果蔬在贮藏过程中风味发生变化。

1. 糖

果蔬在贮藏过程中，其糖分会因生理活动的消耗而逐渐减少。贮藏越久，果蔬口味越淡。有些含酸量较高的果实，经贮藏后，口味变甜。原因之一是含酸量降低速率比含糖量降低速率更快，引起糖酸比值增大，而实际含糖量并未提高。选择适宜的贮藏条件，降低糖分消耗速率，对保持采后果蔬质量具有重要意义。

2. 有机酸

在果蔬贮运过程中，有机酸由于呼吸作用的消耗而逐渐减少，特别是在氧气不足的情况下，消耗得更多。如以气调法贮藏果蔬，有机酸消耗大，引起果蔬品质逐渐变化，如苹果、番茄等贮藏后由酸变甜。酸分的变化会影响果蔬的酶活动、色素物质变化和抗坏血酸的保存。

3. 单宁

单宁物质在贮运过程中的变化主要是易发生氧化褐变，生成暗红色的根皮鞣红，影响果蔬的外观色泽，降低果蔬的商品品质。果蔬在采收、贮运中受到机械损伤，或在贮

藏后期果蔬衰老时，都会出现不同程度的褐变。因此，在果蔬采收前后应尽量避免机械损伤，控制衰老，防止褐变，保持品质，延长贮藏寿命。

4. 芳香物质

多数芳香物质是成分繁多而含量极微的油状挥发性混合物，在果蔬贮运过程中，随着时间的延长，所含芳香物质由于挥发和酶的分解而降低，进而使香气降低。而散发的芳香物质积累过多，具有催熟作用，甚至引起某些生理病害，如苹果的“烫伤病”与芳香物质积累过多有关。故果蔬应在低温下贮藏，减少芳香物质的损失，及时通风换气，脱除果蔬贮藏中释放的香气，延缓果蔬衰老。

（二）色素物质的变化

色素物质在贮运过程中随着环境条件的改变会发生一些变化，从而影响果蔬外观品质。蔬菜在贮藏中叶绿素逐渐分解，促进类胡萝卜素、黄酮类色素和花青素的显现，引起蔬菜外观变黄。叶绿素不耐光、不耐热，光照与高温均能促进贮藏中的蔬菜体内叶绿素的分解。光和氧能引起类胡萝卜素的分解，使果蔬褪色。花青素不耐光、热、氧化剂与还原剂的作用，在贮藏中，光照能加快其变为褐色。在果蔬贮运过程中，应采取避光和隔氧措施。

（三）质地物质的变化

在贮运过程中，构成果蔬质地的化学成分发生变化，会引起果蔬质地的变化。

1. 水分

水分作为果蔬中含量最多的化学成分，在果蔬贮运过程中的变化主要表现为游离水容易蒸发散失。由于水分的损失，新鲜果蔬中的酶活动会趋向于水解，从而为果蔬的呼吸作用及腐败微生物的繁殖提供了基质，以致果蔬耐贮性降低；失水还会引起果蔬失鲜，变疲软、萎蔫，食用品质下降。因此，在果蔬贮运过程中，为了保持果蔬的鲜嫩品质，必须关注水分的变化，一方面要保持贮藏环境较大的湿度，防止果蔬水分蒸发；另一方面必须采取一系列控制微生物繁殖的措施。

大部分果蔬，如苹果、梨、香蕉、菠菜、萝卜等，在采后采取涂蜡、涂被剂、塑料薄膜包装等措施，以保持果蔬水分。在果蔬贮藏过程中进行地面洒水、喷雾、挂草帘等，以提高贮藏环境的相对湿度，保持果蔬的含水量，维持果蔬的新鲜状态，延长贮藏寿命。

少部分果蔬，如柑橘、葡萄、大马铃薯等，可适当降低含水量，降低果皮细胞的膨压，减少腐烂，延长寿命。

2. 果胶物质

在果蔬贮运过程中，果胶物质形态变化是导致果蔬硬度变化的主要原因。果胶物质分解的结果是使果蔬变为软疡状态，耐贮性也随之下降。贮藏过程中，可溶性果胶含量的变化是鉴定果蔬能否继续贮藏的标志。所以，为保证果蔬的食用品质、适应贮运与久藏的要求，采收的果蔬应避免过于成熟，并保持良好的硬度。另外，霉菌和细菌都能分泌可分解果胶物质的酶，加速果蔬组织的解体，造成腐烂，在贮运过程中必须注意。

3. 纤维素和半纤维素

组织的细胞壁中有含水纤维素，食用时口感细嫩；贮藏过程中组织逐渐老化后，纤维素则发生木质化和角质化，使蔬菜品质下降，不易咀嚼。

（四）营养物质的变化

贮运过程中的果蔬由于受自身的呼吸消耗、营养物质稳定性等的影响，营养物质变化的总趋势是向着减少与劣变的方向发展。例如，果蔬中的淀粉在贮藏期间会由于淀粉酶的活性加强逐渐变为麦芽糖和葡萄糖，致使某些果蔬（香蕉、烟台梨等）的甜味增强，改善食用质量。

但是，果蔬的耐贮性会随着淀粉水解的加快而减弱，而马铃薯出现甜味，还说明其食用质量下降。因此，在果蔬贮运过程中，必须创设低温、高湿条件，抑制淀粉酶的活性，控制淀粉的水解。

第二节　采前因素对果蔬贮藏的影响

果蔬贮藏效果的好坏，在很大程度上取决于采收后的处理措施、贮藏设备和管理技术所创造的环境条件。然而，果蔬采收后的生理性状，包括耐贮性和抗病性等，是在田间生长条件下形成的。不同果蔬的生育特性、田间气候、土壤条件和管理措施等，都会对果蔬的品质及贮藏特性产生直接或间接的影响。因此，只着眼于贮藏或流通过程中的技术环节，而忽视田间生长因素这一先决条件，也可能导致贮藏失败。本节主要讨论有关采前因素对果蔬贮藏性状的影响问题。

一、生物因素

（一）原产地

一般来讲，原产于热带、亚热带地区或高温季节成熟的果蔬，呼吸旺盛，失水快，体内物质成分变化快，消耗也快，收获后不久便迅速丧失其风味品质。例如，浆果中的草莓、无花果、杨梅；蔬菜中的叶菜类、嫩茎类等。温带地区或低温季节收获的果蔬，则大多具有较好的耐贮性，特别是低温季节形成贮藏器官的果蔬产品，新陈代谢过程缓慢，体内有较多的营养物质积累，贮藏寿命长，效果好。

（二）果蔬的种类和品种

不同种类果蔬的贮藏能力差异很大，一般规律是：晚熟品种耐贮藏，中熟品种次之，早熟品种不耐贮藏。

果品中，仁果类如苹果、梨、海棠、山楂等耐贮藏；核果类如桃、杏、李等不耐贮藏；浆果类的草莓、无花果不耐贮藏，但葡萄、猕猴桃较耐贮藏。苹果因品种不同，贮藏能力差异较大，最有价值的是一些优质而晚熟的品种，如秦冠、胜利、青香蕉、甜香蕉、红国光、富士、红富士等。雪花梨、蜜梨、秋白梨、长把梨、兰州冬果梨、库尔勒香梨等，都是品质较好而且耐贮藏的品种。

蔬菜可食器官多种多样，耐贮性差异较大。蔬菜中的果菜类及水果中的瓜果类，以成熟果实供食用的，如番茄、西瓜、甜瓜等，大体与一般果实耐贮性有相似的规律。但有些果蔬则是以幼嫩子房、嫩果或种子供食用，如黄瓜、茄子、辣椒、豌豆、甜玉米等，除了保存在特殊环境中外，一般是难以长期贮藏的。一些块茎、球茎、鳞茎、肉质根类蔬菜具有较好的贮藏能力。

综上所述，果蔬的贮藏效果，在很大程度上取决于果蔬品种本身的贮藏能力。选用耐贮藏和抗病品种，才可达到高效、低耗、节省人力和物力的目的。

（三）砧木

许多实验结果表明，砧木类型确实会影响果实的耐贮性，如山东烟台果树研究所的于绍夫通过观察指出，海滩沙地条件下，嫁接在当地不同砧木上的国光苹果，苦痘病的发病程度显著不同：发病重的是山定子、黄三叶海棠、晚林檎和蒙山甜茶居中。了解砧木对果实贮藏性状的影响因素，可以在果园规划、苗木选择时，对栽培品种和砧木类型同时进行考虑，实行砧穗配套，以利于解决果实的贮藏质量和寿命等问题。

（四）果蔬田间生育状况

果蔬的年龄阶段、长势、营养水平、果实大小、结果部位和负载量等，都会对果蔬采后贮藏带来影响。

1. 树龄和树势

一般幼龄树生长旺盛，所结果实不如中年果树耐贮藏。这主要是因为幼龄树的果实较大，含钙少，氮和蔗糖含量高，贮藏中水分损失较大，供呼吸用的干物质消耗多，在整个贮藏期间的呼吸强度较高，大多易得生理病害和寄生病害。据报道，从幼龄树上采收的曙光苹果，有60％～70％或更多损坏于苦痘病，这类果实不适于作长期贮藏用。

2. 果实大小

果实大小与贮藏也有关系。大果由于具有与幼龄树果实性状类似的特性，所以耐贮性较差。大果产生的苦痘病、虎皮病、低温病害比中等个果实严重。Martin 等研究发现，许多苹果品种的生理病害，如苦痘病等，与果实直径成正相关。这种情况不仅表现在苹果上，国内报道的鸭梨、冬果梨等也有类似情况。研究表明，这与果实含钙量有关，大果在形成中所含有的一定钙量，因为果实体积增大而被稀释。

3. 结果部位和负载量

果实在树体上分布位置不同，由于光照影响，其组成成分、成熟度及耐贮性也有差别。光照充足、色泽鲜艳的果实，比背阴处果实的虎皮病和萎缩病轻。因此，供贮藏用的果实最好按其生长部位分层次采摘，并将采收的上层和下层果实分别贮藏。

植株有合理的负载量，可以保证果蔬有良好的营养供应，强化而又平衡其生长和发育过程，从而有较好的抗病性和耐贮性。负载量过大，果个小而色泽不佳，等级率低；负载量不足，会使一些不耐贮藏的特大果实比例增加。

二、生态因素

果蔬的生态因素包括温度、水分、光照、土壤以及地理因素，如经纬度、地势、海拔高度等。

（一）温度

温度决定果蔬的自然分布，也是影响果蔬成熟期及其耐贮性的主要因素之一。不同生育期中的温度变化，都会对发育的果实产生影响。花期温度升高能够缩短花期，大多数花朵能在同一时期授粉受精，在采收时能形成一致的果实。苹果、梨等同一品种的果实在花期和果实发育初期的3～4周内，细胞发生分裂，温度升高会增加细胞分裂数，促进果实增大。番茄因序位不同，花期差别很大，但总是随着气温的升高而缩短从开花到果实成熟的期限。例如，基部序位果实从开花到成熟为45～50d；中部序位果实为30～40d；上部序位果实则仅需30d或更少。如果开花期出现低温，番茄早期的落花落果严重，而且受低温影响的花器发育不良，会出现扁形或脐部开裂的畸形果实。苹果开花期出现低温，会导致产量降低，形成的果实大批患有苦痘病和水心病。此外，在出现霜冻的情况下，苹果、梨等果实会留下霜斑，甚至出现畸形，从而降低销售价格。

（二）水分

当土壤和空气中水分过多时，对果蔬品质，特别是对收获贮藏产品的耐贮性会有不利的影响。多雨年份，多数果蔬的耐贮性降低，使果实发生一系列生理病害，例如，苹果苦痘病、果肉变褐、水心病等；鳞茎类蔬菜如洋葱、大蒜等，外部革质鳞片腐烂，病害增加。

在水分缺乏的情况下，果实色泽不佳，平均果个较小，成熟期提早。福田博之（1984）指出，果实含钙量低，多发生在干旱年份。主要是因为钙的供给与树体内液流有关，干旱减少液流，钙的供应也随之减少。低钙果实贮藏时，对某些病害如苦痘病等的抗病性很弱。在干旱缺水年份或轻质土壤上栽培的直根类蔬菜容易糠心。因此，一切偏离果蔬正常发育的水分条件，都会降低果蔬品质和耐贮性。

（三）光照

绝大多数果树和蔬菜都属于喜光植物，特别是它们的果实、叶球、鳞茎、块根、块茎的形成，必须有一定的光照强度和充足的光照时间。而且果蔬的一些最主要的品质，如含糖量、颜色、维生素C的含量等，都与光照条件密切相关。

有学者对21个苹果品种的维生素C进行了分析，发现果实接受阳光的多少与维生素C的含量成正相关。观察发现，暴露在阳光下的柑橘果实与背阴处果实比较，大多数发育好、皮薄、可溶性固形物含量高，而酸度和果汁量则较低。

光照强度对蔬菜干物质重有明显的影响。如生长期阴雨天较多，日照时数少，光照强度低，蔬菜产量就低，干物质含量下降，产品也不耐贮藏。大萝卜在栽培期若有50%的遮光，则生长发育不良，糖的积累少，贮藏期糠心增多。

（四）土壤

土壤的营养和含量，在一定程度上决定着果蔬的化学成分。浅层砂地和酸性土壤中缺乏钙素，在这些土壤中栽培的果蔬容易发生一些低钙的生理病害。如果土壤中可利用的钙低于土壤盐类总含量的20%，则蔬菜表现出缺钙；如果土壤含盐量高，溶液浓度加大，则会妨碍蔬菜对钙的吸收。在上述情况下，栽培的大白菜、甘蓝等结球菜类都容易发生“干烧心”，从而不耐贮藏。

土壤物理性状对蔬菜贮藏能力也有很大影响。据报道，在排水和通气不良的土壤上栽培的萝卜，收获后失水较快；而在排水和通气良好土壤上栽培的萝卜，收获后失水较慢。由此可以说明，物理性状不同的土壤，会使不同蔬菜的保水结构有所改变，对不同蔬菜的贮藏能力产生影响。

一般情况下，在中等密度、施肥适当、湿度合适的土壤生产出的果实，比较容易贮藏。在黏质土壤中栽培生产的果实，往往成熟晚些，色泽较差，但果实较硬，贮藏时受病害侵染的时间晚，具有一定的贮藏能力。在疏松的砂质轻壤土中栽培生产的果实，成熟较早，贮藏时容易过早发生低温生理病害。

（五）地理因素

一般栽培果蔬的地理因素，如经纬度、地势、地形、海拔高度等，对果蔬的影响是间接的，主要是由于地理条件差别，引起一些生存因子如温度、光照、水分等的改变，从而影响果蔬的生长发育及耐贮性等。同一品种的果蔬，在不同地理分布和气候条件下，就表现出不同的品质。实践中，一些果蔬的名特产区大多是由于该地区具有某些果蔬的自然生态条件，而适于这些果蔬优良品质的形成。

我国柑橘的地理分布为北纬20°～33.23°。对栽培在不同纬度的柑橘品种的平均化学组成进行比较，常得到其与气候之间的相互关系：一般从北到南，柑橘的含糖量逐渐增加，含酸量逐渐减少，因而糖酸比也随之增加。例如，广东省所产的新会橙、香水橙、柳橙，含糖量高，含酸量低。

我国苹果的地理分布为北纬30°～41°，在我国长江以北的广大地区都有栽培，其中以中、晚熟苹果的品质好，也较耐贮藏。在我国长江以南地区，由于温度偏高，品质不佳，限制了苹果的发展。但在我国云南、贵州、四川等地的高海拔地区，气候凉爽，也能生长优质耐贮藏的苹果。

海拔高度对果实品质、贮藏能力的影响是很明显的。海拔高的地带日照强，特别是紫外光增多，昼夜温差大，有利于红色苹果花青素的形成和糖分的积累，维生素C的含量也高。据陕西果树研究所的调查分析，陕北海拔700～800m处，红元帅苹果只能部分着色；900m以上地区的苹果红色部分增多；到海拔1040m处苹果可达到满红。他们认为，海拔1000m是陕西省红元帅苹果商品基地的最低点；最高限度为1400m；海拔再高，热量不足，苹果不能充分成熟。

三、农业技术因素

农业技术因素对果蔬的影响，主要是决定果蔬既定遗传特性的表现程度。良好的贮藏材料，应该是贮藏的优质果蔬品种与合理的农业技术相结合，即良种和良法相结合，才能获得理想的供贮藏用的产品。

（一）施肥

1. 氮

氮是果蔬正常生长和获得高产的必要条件。果蔬中氮过剩提高了叶绿素的积累，抑制花青素合成，使酚类物质减少和酚类氧化酶活性降低，增加果蔬对某些病害的敏感性。如增施硝态氮的番茄果实，对细菌性软腐病变得敏感；苹果则发生裂果或内部崩解，苦痘病增多。高氮促进果实长得大些，也导致贮藏中呼吸强度提高。针对苹果的实验分析表明，树叶含氮量绝对干质量含量达2.2%～2.6%的情况下，果树正常生长发育，超过这个范围就会对果实长期贮藏不利。

氮素在蔬菜栽培中特别重要。施用不同量的氮和不同形态的氮都会产生不同的效果。例如，对莴苣施用氮肥太多，又处在土壤水分含量大的条件下，采后放在5℃条件下贮藏，鲜度下降较快；施硝态氮比施铵态氮的保鲜效果要好些。氮素肥料对不同蔬菜产生的效果并不完全相同，一般来讲，甘蓝等叶菜类在增加施氮量时，对耐贮性产生不良影响较小；而根菜类、鳞茎类蔬菜对增施氮肥则较敏感，一般是降低了耐贮性。

2. 磷

磷是植物体内能量代谢的主要物质。近年来的研究表明，磷对细胞膜结构有重要的意义。低磷往往会造成贮藏中果实的低温崩溃，内腐病发生率高。冷害主要使膜的物理相改变，因为磷对膜结构的重要作用，便可以联系到膜结构破坏与磷缺乏的关系。还有研究指出，果实抗生理病害的稳定性被认为与果实中磷的含量有一定的关系。低磷时能促使呼吸强度提高，果实易腐烂，果肉变褐。

3. 钙

果树组织内钙的含量与呼吸作用、成熟变化及抗逆性关系密切。钙影响与呼吸作用有关的酶，从而使呼吸作用受到抑制。缺钙往往使细胞膜的结构削弱，表观自由空间较大，由于果胶酶活性降低而抗衰老的能力变弱。钙含量低、氮钙比值大会使苹果发生苦痘病，鸭梨发生黑心病，芹菜发生褐心病。以苹果为例，缺钙影响组织的呼吸率与衰老率，原生质和液泡膜崩解，质膜破裂，核膜泡囊化，表皮下细胞的切向壁网状化，该处的中层断掉，其症状常常是心部发褐或变黑，或者局部细胞松软、变褐、坏死。

4. 其他矿物质元素及微量元素

果树缺钾，果实着色差，易发生焦叶现象；但土壤中含钾过高，会与钙的吸收相对抗，加重果实的苦痘病。

近年的研究表明，镁在调节碳水化合物降解的酶活化中起着重要作用。高镁含量与钾一样会引起苦痘病的发生。

C. B. Shear（1990）研究指出，微量元素 B、Zn、Cu 等，有时会影响果实中钙的吸收。如喷硼可提高果实的含钙量；缺硼时常表现为不耐贮藏，发生果肉褐变，降低果实硬度。

综合各种元素对果蔬贮藏品质的影响，主要集中到与果实钙水平的关系上。提高果蔬钙含量，平衡各元素组成，以改善果蔬贮藏品质，提高耐贮性，是贮藏中保持品质的一条重要途径。

（二）整形修剪和疏花疏果

整形修剪的任务之一是调节果树枝条密度，增加树冠透光面积和结果部位。按一般规律，树冠主要结果部位在自然光照范围 30%～90%处。对果实品质而言，40%以下的光照不能产生有价值的果实；40%～60%光照产生中等品质的果实；60%以上光照才产生最佳果实。荷兰、加拿大的报道指出，元帅苹果随树冠深度增加，叶面积指数增加，光照下降，果实品质降低。从树形上讲，主干形所结果实不如开心形好；圆形大冠不如小冠和扁形树冠好。树冠中光的分布越不均匀，形成果实的等级差别就越大。

修剪会影响果实的大小和化学组成，也间接地影响其贮藏能力。对果树实行重剪，会使枝叶旺长，叶片与果实比值增大，枝叶与果实生长对水分和营养的竞争突出，造成果实中钙贫乏，发生苦痘病的概率增加。重剪也会造成树冠郁闭，光照不良，果实着色差。相反，修剪太轻则结果多，果实小，品质差，也不利于贮藏。

合理进行疏花疏果，可以保证适当的叶、果比例，获得一定大小和品质的果实。因为疏花疏果会影响果实细胞数量和大小，从而决定果实形成的大小，在某种程度上就决定了果实的贮藏能力。一般在果实细胞分裂之前进行疏果，可以增加果实中的细胞数；较晚疏果则主要是使细胞的膨大有所促进；疏果太晚则对果实大小就无效了。

（三）化学药剂的应用

在田间生育期对果树喷布植物生长调节剂、杀菌剂等，除了达到栽培目的之外，有时也对果蔬的贮藏能力产生影响。

1. 植物生长调节剂

植物生长调节剂依其使用效果，主要分为四种类型：

（1）促进生长、促进成熟的药剂，包括生长素类的吲哚乙酸、萘乙酸、2，4-D 等。能促进果蔬的生长，防止落花落果，同时也促进果实的成熟。例如，使用萘乙酸 20～40mg/kg，于苹果采前一个月喷布，可以有效地防止采前落果，使果实留在树上，红色增加，但果实容易过熟而不利贮藏；2，4-D 用于番茄，可防止早期落果，形成无子果实，促进成熟，但也不利于贮藏。

(2) 促进生长、抑制成熟的药剂，如赤霉素（GA_3）具有强烈促进细胞分裂和伸长的作用，但也抑制许多果蔬的成熟。例如，喷过赤霉素的柑橘、苹果、山楂等，果皮着色晚，延缓衰老，某些生理病害可得到减轻。

(3) 抑制生长、促进成熟的药剂。例如，对苹果、梨、桃等于采前1～4周喷布200～500mg/kg的乙烯利，可促进果实着色和成熟，使果实呼吸高峰提前出现，但这些果实均不耐贮藏。B_9（主要由赤霉素合成）属于生长延缓剂，但对于桃、李、樱桃等，则可促进果实内源乙烯的生成，可使果实提前成熟2～10d，还有增进黄肉桃果肉颜色的效应。

(4) 抑制生长、延缓成熟的药剂，包括B_9、矮壮素（CCC）、青鲜素（MH）、整形素、PP_{333}（多效唑）等一类生长延缓剂。目前使用普遍的为B_9、CCC、PP_{333}。B_9对果树生长有抑制作用，喷布1000～2000mg/kg B_9的苹果，果实硬度大，着色好，对红星、元帅等采前落果严重而果肉易绵的一类苹果品种，有延缓成熟的良好作用。

2. 保护剂

田间使用的杀菌剂、杀虫剂，既能保护果实免受病虫危害，又可增进贮藏效果。柑橘、香蕉、瓜类在贮藏期间的炭疽病，苹果的皮孔病等，大多在生长期潜伏侵染。在采前病菌侵染阶段（花期或果实发育期），喷布对该菌有效的杀菌剂，不仅可以预防潜伏侵染，而且可以减少附着在果实表面的孢子数量。对于潜伏性侵染的危害，在采后才用药物处理的，则效果甚微。

除了喷布农药防止果实病虫外，近年来，人们也在寻求对果实进行保护的预防措施。英国剑桥大学生物学家洛因斯提出，在果实表面喷布含有蔗糖、脂肪酸和复合糖的混合物，干燥后会在果实表面形成薄膜，可以减少空气中氧气进入果实，却允许果实在成熟中产生的CO_2逸出，也能保持果实中的水分。北京师范大学化学系研制的无毒高脂膜，兑水200倍喷布果面，对苹果炭疽病和轮纹病有较好的预防效果。

目前，许多新型杀菌剂和乙烯抑制剂的使用，可以更有效地控制田间和采后有害微生物及生理病害，延长果蔬的贮藏寿命。

第三节　果蔬产品采后生理

一、呼吸生理

（一）植物的代谢

代谢是维持生命各种活动过程中化学变化（包括物质合成、转化和分解）的总称。植物代谢的特点在于，它能把环境中简单的无机物直接合成复杂的有机物，因此，植物是地球上最重要的自养生物。

植物的代谢，从性质上可分为物质代谢和能量代谢；从方向上可分为同化或合成和异化或分解。具体来说，植物从环境中吸收简单的无机物，经过各种变化，形成各种复杂的有机物，综合成为自身的一部分，同时把太阳光能转变为化学能，贮藏于有机物中，这种合成物质的同时又获得能量的代谢过程，称为同化作用；反之，植物将体内复杂的有机物分解为简单的无机物，同时把贮藏在有机物中的能量释放出去，供生命活动用，这种分解物质的同时又释放能量的代谢过程，称为异化作用。这种划分不是绝对的，其实，在同化作用中有异化反应（如光合作用暗反应中消耗 ATP，生成 ADP 和 Pi），在异化作用中有同化反应（如呼吸作用中将 ADP 和 Pi 合成 ATP）。

碳素营养是植物的生命基础。首先，植物体的干物质中有 90％是有机化合物，而有机化合物都含有碳素（约占有机化合物质量的 45％），碳素就成为植物体内含量较多的一种元素；其次，碳原子是组成所有有机化合物的主要骨架。碳原子与其他元素有各种不同形式的结合，因此决定了这些化合物的多样性。

果蔬在采收之后，仍然是具有生命活动的生命体，其呼吸作用和蒸腾作用依旧进行，但由于离开母体，失去了母体和土壤的水分及养分供应，其同化作用基本结束。因此，呼吸作用就成为新陈代谢的主体和其生命活动的重要标志。呼吸代谢集物质代谢与能量代谢为一体，是果蔬生命活动得以顺利进行的物质、能量和信息的源泉，是代谢的中心枢纽。

（二）呼吸作用

呼吸作用是生物界非常普遍的现象，是生命存在的重要标志。果蔬的呼吸作用是呼吸底物在一系列酶参与的生物氧化下，经过许多中间环节，将生物体内的复杂有机物分解为简单物质，并释放出化学能的过程。依据呼吸过程中是否有氧的参与，可将呼吸作用分为有氧呼吸和无氧呼吸两大类型。

1. 有氧呼吸

有氧呼吸是在有氧参与的情况下，将本身复杂的有机物（糖、淀粉、有机酸及其他物质）逐步分解为简单物质（H_2O 和 CO_2），并释放能量的过程。这种生物氧化过程释放的能量并非全部以热量的形式散发，而是一步步借助于载体——高能磷酸键来传递，同时释放出热量。以己糖为呼吸底物时，有氧呼吸的总反应式为

$$C_6H_{12}O_6+6O_2\longrightarrow 6CO_2+6H_2O+2.87\times 10^6\text{J}\ (674\text{kcal})$$

呼吸作用释放的能量，少部分以 ATP、NADH 和 NADPH 的形式贮藏起来，为果蔬体内生命活动过程所必需；大部分以热能的形式释放到体外。在正常情况下，有氧呼吸是高等植物进行呼吸的主要形式。然而，在各种贮藏条件下，大气中的 O_2 含量可能受到限制，不足以维持完全的有氧代谢，植物也被迫进行无氧呼吸。

2. 无氧呼吸

无氧呼吸是指在无氧参与的条件下，把某些有机物分解成不彻底的氧化产物，同时释放出部分能量的过程。这时，糖酵解产生的丙酮酸不再进入三羧酸循环，而是生成乙

醛，然后还原成乙醇。以己糖为呼吸底物时，其反应式为

$$C_6H_{12}O_6 \longrightarrow 2C_2H_5OH + 2CO_2 + 1.00\times10^5 J\ (24kcal)$$

无氧呼吸释放的能量很少，为了获得同等数量的能量，要消耗远比有氧呼吸更多的呼吸底物。而且，无氧呼吸的最终产物为乙醛和乙醇，这些物质对细胞有毒性，浓度高时还能杀死细胞。从这些方面来看，无氧呼吸是不利的或有害的。但有些植物的器官内层组织处在气体交换比较困难的位置，经常缺氧，如薯类，这些植物的正常呼吸作用中包括部分无氧呼吸，这是植物对环境的适应，只是这种无氧呼吸在整个呼吸作用中所占的比例不大。

由于呼吸作用同各种果蔬的生理生化过程有着密切的联系，并制约着生理生化变化，所以必然会影响果蔬采后的品质、成熟、耐贮性、抗病性以及整个贮藏寿命。呼吸作用越旺盛，各种生理生化过程进行得越快，采后寿命就越短。因此，在果蔬采后贮藏和运输过程中要设法抑制呼吸，但又不可过分抑制，应该在维持果蔬正常生命过程的前提下，尽量使呼吸作用进行得缓慢一些。

3. 呼吸作用的生理意义

呼吸作用对植物生命活动具有十分重要的意义，主要表现在以下三个方面：

（1）提供植物生命活动所需要的大部分能量。

呼吸作用释放能量的速度较慢，而且逐步释放，适合于细胞利用。释放出来的能量，一部分转变为热能而散失掉，另一部分以 ATP 等形式贮存着。当 ATP 在 ATP 酶作用下分解时，就把贮存的能量释放出来，以不断满足植物体内各种生理过程对能量的需要，未被利用的能量就转变为热能而散失掉。

（2）中间产物是合成植物体内重要有机物质的原料。

呼吸过程产生一系列的中间产物，这些中间产物很不稳定，成为进一步合成植物体内各种重要化合物的原料，在植物体内有机物转变中起着枢纽作用。由于呼吸作用供给能量以带动各种生理过程，其中间产物又能转变为其他重要的有机物，当呼吸作用发生改变时，中间产物的数量和种类也随之改变，从而影响其他物质的代谢过程。

（3）增强植物抗病免疫能力。

在植物和病原微生物的相互作用中，植物依靠呼吸作用来氧化分解病原微生物所分泌的毒素，以消除其毒害。植物受伤或受到病菌侵染时，也通过旺盛的呼吸作用，促进伤口愈合，加速木质化或栓质化，以减少病菌的侵染。此外，呼吸作用的加强还可促进具有杀菌作用的绿原酸、咖啡酸等的合成，以增加植物的免疫能力。

（三）果蔬采后的呼吸作用

1. 基本概念

（1）呼吸强度。

呼吸强度是衡量呼吸作用强弱的一个指标，在一定温度下，用单位时间内单位质量的果蔬放出 CO_2 或吸收 O_2 的量来表示，常用单位为 $mgCO_2/(kg\cdot h)$ 或 $mgO_2/(kg\cdot h)$。以 CO_2 或 O_2 的容积 [mL/(kg·h)] 计时，可称为呼吸速率。呼吸强度是表示组织新

陈代谢的一个重要指标，是估计果蔬贮藏能力的依据，呼吸强度越大，说明呼吸作用越旺盛，营养物质消耗得越快，会加速果蔬衰老，缩短贮藏寿命。不同温度下常见果蔬的呼吸强度见表 2－1。

表 2－1　不同温度下常见果蔬的呼吸强度　　单位：$mgCO_2/(kg \cdot h)$

产品	温度					
	0℃	4℃～5℃	10℃	15℃～16℃	20℃～21℃	25℃～27℃
夏苹果	3～6	5～11	14～20	18～31	20～41	—
秋苹果	2～4	5～7	7～10	9～20	15～25	—
杏	5～6	6～9	11～19	21～34	29～52	—
草莓	12～18	16～23	49～95	71～62	102～196	169～211
甘蓝	4～6	9～12	17～19	20～32	28～49	49～63
胡萝卜	10～20	13～26	20～42	26～54	46～95	—
花椰菜	16～19	19～22	32～36	43～49	75～86	84～140
芹菜	5～7	9～11	24	30～37	64	—
甜樱桃	4～5	10～14	—	25～45	28～32	—
柠檬	—	—	11	10～23	19～25	20～28
黄瓜	—	—	23～29	24～33	14～48	19～55
猕猴桃	3	6	12	—	16～22	—
杧果	—	10～22	—	45	75～151	120
蘑菇	28～44	71	100	—	264～316	—
菠菜	19～22	35～58	82～138	134～223	172～287	—

资料来源：美国农业部. 果蔬花卉苗木商业性贮藏 [J]. 农业手册，1986 (66).

（2）呼吸热。

果蔬呼吸过程中所释放的热量，只有一小部分用于维持生命活动及合成新物质，大部分都以热能的形态释放至体外，使果蔬体温和环境温度升高，这种释放的热量称为呼吸热。由于果蔬采后呼吸作用旺盛，释放出大量的呼吸热，当大量果蔬采后堆积在一起或长途运输缺少通风散热装置时，因呼吸热无法散出，产品自身温度会升高，而温度升高又会使呼吸增强，放出更多的热量，形成恶性循环，缩短贮藏寿命。因此，贮藏中通常要尽快排除呼吸热，降低果蔬温度。但在北方寒冷季节，当环境温度低于果蔬要求的贮藏温度时，果蔬可以利用自身释放的呼吸热进行保温，防止冷害和冻害的发生。

根据呼吸反应方程式，消耗 1mol 己糖产生 6mol（264g）CO_2，并释放出 2870kJ 自由能。以此计算，则每释放 1mg CO_2，应同时释放 10.87J 的热能。假设这些能全部转变为呼吸热，则可以通过测定果蔬的呼吸强度来计算呼吸热。以下是呼吸热的计算公式：

$$呼吸热[J/(k \cdot h)] = 呼吸强度[mg/(kg \cdot h)] \times 10.87J/mg$$

(3) 呼吸商。

呼吸商(RQ),也称为呼吸系数或气体交换率,是指一定质量的果蔬,在一定时间内,释放 CO_2 与吸收 O_2 的体积之比或物质的量之比,即指呼吸作用释放的 CO_2 和吸收的 O_2 的分子比,即 $RQ=V_{CO_2}/V_{O_2}$。RQ 的大小与呼吸状态和呼吸底物有关。不同呼吸底物有着不同的 RQ 值,通过测定植物不同组织或器官的 RQ,可以判断呼吸底物的类型。例如,以糖为呼吸底物时,$RQ=1.0$;以有机酸(苹果酸)为呼吸底物时,$RQ=1.3>1.0$;以脂肪为呼吸底物时,$RQ=0.69<1.0$。在正常情况下,以糖为呼吸底物,当 $RQ>1$ 时,可以判断出现了无氧呼吸,这是因为无氧呼吸只释放 CO_2,而不吸收 O_2,因此整个呼吸过程的 RQ 值就要增大。

不过,呼吸商往往还受到许多其他因素的影响而变得更为复杂。例如,无氧呼吸时,没有 O_2 的吸收,只有 CO_2 的释放,此时 RQ 值为无穷大;当植物体内发生物质的转化,呼吸作用中间产物用于其他物质的生物合成时,RQ 值会受到影响。植物体内往往是多种呼吸底物同时进行呼吸作用,其呼吸商实际上是这些物质氧化时细胞消耗 O_2 量和释放 CO_2 量的总体结果。

2. 果蔬采后呼吸作用

果蔬呼吸速率的高低与果蔬的生长发育有密切关系。根据采后呼吸强度的变化曲线,呼吸作用又可以分为呼吸跃变型和非呼吸跃变型两种类型。有一类果实的呼吸强度在幼果发育阶段不断下降,此后在成熟开始时,呼吸强度急剧上升,达到高峰后便转为下降,直到衰老死亡。伴随呼吸高峰的出现,体内的代谢发生很大的变化,这一现象称为呼吸跃变。具有呼吸跃变的果实称为跃变型果实,如苹果、梨、桃、李、杏、柿、香蕉、油梨、杧果、无花果、西瓜、香瓜、哈密瓜、番茄等。

进一步研究表明,并非所有的果实在完熟时期都会出现呼吸高峰。不产生呼吸高峰的果实称为非跃变型果实,包括甜橙、红橘、温州蜜柑、柠檬、柚、葡萄柚、葡萄、草莓、荔枝、菠萝、灯笼椒、黄瓜等。

不同种类的跃变型果实,其呼吸跃变高度和出现的时间不完全相同。果蔬呼吸模式不能单纯从呼吸强度的高低和是否出现呼吸高峰加以判断。有些果实(如苹果)留在树上也可以出现呼吸高峰,但与采摘下来的果实相比,其高峰出现的时间和高度是有差异的。另一些果实如鳄梨,由于留在母树上可以持续不断地生长,不能成熟,因此无呼吸高峰出现,它只有在离开母体以后才会成熟,故呼吸高峰的出现也只限于离体果实。呼吸跃变的发生并不只限于将成熟的果实,某些未长成的幼果(如苹果、桃、李等)采后放置一段时间,或早期脱落的幼果,也可发生短期的呼吸跃变。甚至某些非跃变型的果实如甜橙,将其幼果采摘下来,也可出现呼吸跃变现象,而长成的果实反而没有此现象。此类果实的呼吸跃变并未伴有成熟过程,因而称之为伪跃变现象。因此,判断呼吸跃变型和非呼吸跃变型应从多方面因素综合评价。

3. 跃变型果实与非跃变型果实的区别

跃变型果实与非跃变型果实的区别,不仅在于成熟时期是否出现呼吸跃变,两者在内源乙烯的产生和对外源乙烯的反应等方面均有很大差异。

（1）内源乙烯含量不同。

所有的果实在发育期间都产生微量的乙烯。然而在完熟期内，跃变型果实所产生乙烯的量比非跃变型果实多得多，而且跃变型果实在跃变前后其内源乙烯含量的变化幅度很大；非跃变型果实的内源乙烯一直维持在很低的水平，没有出现上升现象。跃变型果实和非跃变型果实在成熟期间内源乙烯生成量的巨大差异，引起了许多学者的关注。Kidd 等最早用乙烯短时间处理跃变前期的苹果果实，发现不仅能提前启动呼吸跃变的时间，还能促进组织内乙烯产生自动催化作用，产生大量内源乙烯。McMurchic 等（1972）在前人研究的基础上用 500mg/kg 的丙烯（相当于 5mg/kg 乙烯）代替乙烯启动果实成熟，以研究完熟开始时期的变化和对自动催化的诱导，试验在香蕉上获得成功，不仅生成大量乙烯，还引起了呼吸跃变。由此提出植物体内存在两套乙烯合成系统的理论，认为所有植物组织在生长发育过程中都能合成并释放微量乙烯，这种系统称为乙烯合成系统Ⅰ。就果实而言，非跃变型果实或未成熟的跃变型果实所产生的乙烯，都来自乙烯合成系统Ⅰ。而跃变型果实在完熟前期合成并大量释放的乙烯，则是由另一个系统产生的，称为乙烯合成系统Ⅱ，它既可以随果实的自然完熟而产生，也可被外源乙烯所诱导。当跃变型果实的内源乙烯积累到一定限值时，便出现生产乙烯的自动催化作用，产生大量内源乙烯，从而诱导呼吸跃变和完熟期生理生化变化的出现。系统Ⅱ引发的乙烯自动催化作用一旦开始即可自动催化下去，即使停止施用外源乙烯，果实内部的各种完熟反应仍然继续进行。非跃变型果实只有乙烯合成系统Ⅰ，缺少乙烯合成系统Ⅱ，若将外源乙烯除去，则各种完熟反应便停止了。根据 McMurchic 的理论和大量实验结果可以认为，跃变型果实与非跃变型果实的第一个区别是两者组织内存在两种不同的乙烯合成系统。几种跃变型果实和非跃变型果实的内源乙烯含量见表 2-2。

表 2-2　几种跃变型果实和非跃变型果实的内源乙烯含量（S. P. Burg）

跃变型果实	乙烯（mg/m^3）	非跃变型果实	乙烯（mg/m^3）
苹果	25～2500	柠檬	0.11～0.17
桃	0.9～20.7	酸橙	0.30～1.96
油桃	3.6～602	橙	0.13～0.32
香蕉	0.05～2.1	菠萝	0.16～0.40

（2）对外源乙烯的刺激反应不同。

对跃变型果实来说，外源乙烯只有在呼吸跃变前期施用才有效果，它可引起呼吸作用上升和内源乙烯的自动催化作用，这种反应是不可逆的，一旦反应发生即可自动进行下去。而且在呼吸高峰出现以后，果实就达到完全成熟阶段。非跃变型果实在任何时候都可以对外源乙烯发生反应，但如果将外源乙烯除去，则由外源乙烯所诱导的各种生理生化反应便停止了，呼吸作用又回复到原来的水平。与跃变型果实不同的是，非跃变型果实呼吸高峰的出现并不意味着果实已完全成熟。

（3）对外源乙烯浓度的反应不同。

不同浓度的外源乙烯对两种不同类型果实的呼吸作用的影响是不同的。对于跃变型果实，提高外源乙烯浓度，果实呼吸跃变出现的时间可以提前，但不改变呼吸跃变的高度，乙烯浓度的改变与跃变期提前的时间大致呈对数关系；对于非跃变型果实，提高外源乙烯浓度，可提高呼吸跃变的高度，但不能提早呼吸跃变出现的时间。

（四）影响呼吸作用的因素

果蔬在贮藏过程中的呼吸作用与其贮藏寿命密切相关，呼吸强度越大，所消耗的营养物质越多。因此，在不妨碍果蔬正常生理活动和不出现生理病害的前提下，应尽可能降低它们的呼吸强度，减少营养物质的消耗，延长果蔬的贮藏寿命。影响呼吸强度的因素有很多，概括起来主要有如下几种。

1. 果蔬产品本身因素

（1）种类与品种。

园艺产品的呼吸强度相差很大，这是由遗传特性决定的。一般来说，热带、亚热带果实的呼吸强度比温带果实的呼吸强度高，高温季节采收的果实比低温季节采收的大。就种类而言，浆果的呼吸强度较高，柑橘类和仁果类果实的较小。同一种类果实，不同品种之间的呼吸强度也有很大的差异。例如，同是柑橘类果实，柑橘的呼吸强度约为甜橙的两倍。蔬菜中，叶菜类的呼吸强度最高，果菜类次之，根菜类最低。晚熟品种的呼吸强度高于早熟品种。

（2）同一器官的不同部位。

果蔬同一器官的不同部位的呼吸强度也有差异。如蕉柑的果皮和果肉的呼吸强度有较大的差异。果蔬的皮层组织呼吸强度高，果皮、果肉、种子的呼吸强度都不同，例如，柑橘果皮的呼吸强度大约是果肉的 10 倍，柿的蒂端比果顶的呼吸强度高 5 倍。这是由于不同部位的物质基础不同，氧化还原系统的活性及组织的供氧情况不同而造成的。

（3）发育年龄和成熟度。

在果蔬的个体发育和器官发育过程中，幼嫩组织呼吸强度较高，随着生长发育，呼吸作用逐渐下降。成熟的瓜果和其他蔬菜，新陈代谢强度降低，表皮组织和蜡质、角质保护层加厚并变得完整，呼吸强度较低，则较耐贮藏。一些果实（如番茄）在成熟时细胞壁中胶层溶解，组织充水，细胞间隙被堵塞而使体积缩小，因此会阻碍气体交换，使得呼吸强度下降。块茎、鳞茎类蔬菜在田间生长期间呼吸作用不断下降，进入休眠期，呼吸强度降至最低点；休眠结束，呼吸强度再次升高。总之，不同发育年龄的果蔬，细胞内原生质发育的程度不同，内在各细胞器的结构及相互联系不同，酶系统及其活力和物质的积累情况也不同，因此所有这些差异都会影响果蔬的呼吸作用。

2. 影响呼吸作用的外界因素

（1）温度。

温度是影响果蔬呼吸作用最重要的环境因素。在植物正常生活的条件下，温度升高，酶活力增强，呼吸强度相应升高。

一般来说，果蔬产品在低温下贮藏（各种果蔬产品耐受低温能力不同，原则上是在冷害温度以上)，呼吸较弱，随着温度升高，呼吸作用增强，但当温度超过 35℃～40℃时，呼吸强度反而下降，这是因为过高的温度可引起蛋白质和酶变性，致使酶活力受到抑制或破坏；也可能是由于高温使呼吸作用加强后，组织内外气体交换的速度满足不了组织内部对 O_2 的需要，造成内层组织缺氧和积累 CO_2，从而使呼吸作用受到抑制。

此外，贮藏温度经常波动，还会造成空气中的水分在果蔬表面凝结为冰珠，这就为霉菌生长提供了适宜条件，造成果蔬腐烂。再则，对几种蔬菜的测定表明，贮藏温度经常波动对细胞原生质有刺激作用，因而会促进呼吸作用。

为了抑制果蔬在贮藏期间的呼吸作用，不能简单地认为贮藏温度越低越好。不同种类的果实和蔬菜，根据因原产地形成的历史发育特性，都有一个适宜的低温限度。一般对冷害不太敏感的果蔬，如苹果、梨、甘蓝、花椰菜、豌豆等，最佳贮藏温度为 0℃左右（−1℃～4℃），一些喜温果蔬如香蕉、菠萝、番茄、辣椒、甘薯等，最佳贮藏温度为 10℃左右。这种适宜的低温限度，还因品种、成熟度而改变。香蕉果实后熟过程中呼吸强度和温度的关系如图 2－1 所示。

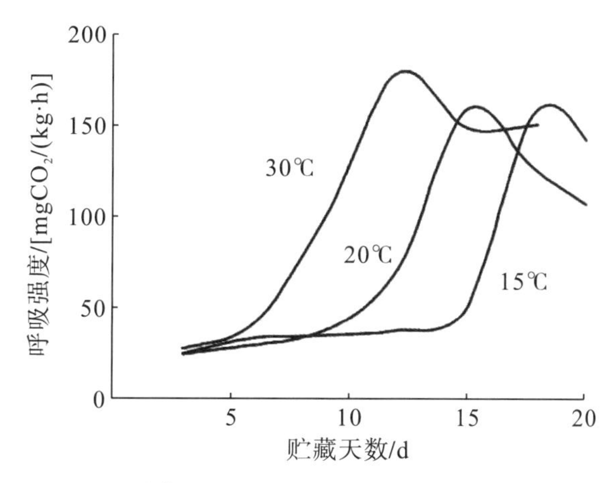

图 2－1 香蕉果实后熟过程中呼吸强度和温度的关系

（2）相对湿度。

相对湿度是人们用来表示空气湿度的常用名词术语，是指一定温度下空气中的水蒸气压与该温度下饱和水蒸气压的百分比。

目前来看，相对湿度对呼吸的影响还缺乏系统深入的研究，但这种影响在许多贮藏实例中确有反映。为了抑制果蔬在贮藏期间的呼吸作用，产品采收后要经过轻微晾晒或风干，以利于降低呼吸强度。不过这种处理的效果因果蔬种类不同而有差异，如大白菜、菠菜以及某些果菜类，采收后稍经晾晒，有抑制呼吸强度的作用，当温度较高时，这种抑制作用表现得更明显；但薯芋类如甘薯、马铃薯、芋头等则要求高湿度，干燥反而会促进呼吸作用；洋葱的贮藏要求低温，干燥可抑制呼吸作用；跃变型果实如香蕉，当相对湿度在 80％以下时，可以正常后熟，不会出现呼吸跃变上升，但当相对湿度在 90％以上时，则表现出正常呼吸跃变，在接近饱和的相对湿度下，对香蕉遭受冷害有一定的保护作用。

（3）环境气体成分。

贮藏环境中影响果蔬的气体主要是 O_2、CO_2 和乙烯。在正常的空气中，O_2 占 21%，CO_2 占 0.03%。在果蔬正常呼吸作用与外界环境进行气体交换中，需要不断地吸收 O_2 和释放 CO_2。因此，适当降低贮藏环境中 O_2 浓度，或增加 CO_2 浓度，不仅可抑制果蔬呼吸作用的进行，降低呼吸强度，同时还可以抑制内源乙烯的生物合成，有利于延长果蔬的贮藏寿命。当 O_2 浓度低于 10%时，呼吸强度明显降低，但 O_2 浓度低于 2%有可能产生无氧呼吸，使乙醇、乙醛大量积累，造成缺氧伤害。O_2 和 CO_2 的临界浓度取决于果蔬种类、温度和在该条件下的持续时间。

一般来说，果蔬在采后贮藏时期，其成熟进程、呼吸作用及乙烯的释放几乎是同步进行的，凡能控制乙烯生成的措施，就可以抑制呼吸作用和延缓成熟进程；反之，则促进呼吸作用和加快成熟进程。

（4）机械损伤与病虫害。

果蔬在采收、采后处理及贮运过程中，很容易受到机械损伤。果蔬受机械损伤后，呼吸强度和乙烯的产生量明显提高。果蔬受伤后，造成开放性伤口，可利用的氧增加，呼吸强度增加。组织因受伤引起呼吸强度不正常的增加称为“伤呼吸”。试验证明，表面受伤的果实比完好的果实的氧消耗高 63%。摔伤了的苹果中的乙烯含量比完好的果实高得多，促进呼吸高峰提早出现，不利于贮藏。果蔬表皮的伤口，给微生物的侵染提供了入口。此外，微生物在产品上生长发育，也促进了呼吸作用，不利于贮藏。

（5）植物激素及其他。

植物激素有两大类：一类是生长激素，如生长素、赤霉素和细胞分裂素等，有抑制呼吸、防止衰老的作用；另一类是成熟激素，如乙烯、脱落酸，有促进呼吸、加速成熟的作用。在贮藏中控制乙烯生成，降低乙烯含量，是减缓成熟、降低呼吸强度的有效方法。对果蔬采取涂膜、包装、避光等措施，以及辐照等处理，均可以不同程度地抑制产品的呼吸作用。

综上所述，影响呼吸强度的因素是多方面、复杂的。这些因素之间不是孤立的，而是相互联系、相互制约的。在果蔬贮藏中，由于外界环境的多种因素共同作用于果蔬，影响果蔬的呼吸强度。因此，在贮藏中不能片面强调某个因素，而要综合考虑各种因素的影响，采取正确的保鲜措施，才能达到理想的贮藏效果。

二、蒸散生理

新鲜果蔬含水量高（85%～95%），无论是采前还是采后，总会不断蒸散失水。采前果蔬蒸发的水分可以由根部吸水补偿，根同蒸散表面之间形成一条不断的蒸腾流。采后果蔬离开母体，失去了水分的补给，但失水仍在继续，使果蔬鲜度下降，并带来一系列的不良影响。

（一）萎蔫对果蔬产品贮藏的影响

1. 失重、失鲜

在贮藏中，果蔬不断蒸散失水所引起的最直观的现象是失重和失鲜。失重即“自然损耗”，生产上叫“干耗”。伴随失重而来的是失鲜，失鲜是质量方面的损失，不同果蔬的具体表现不同。总的来说，失鲜表现为形态、结构、色泽、质地、风味等多方面的变化，会降低产品的食用品质和商品品质。一般失水5%以上为失鲜，失水10%不能食用。

2. 破坏正常的代谢过程

蒸散失水直接会影响细胞脱水。如果仅轻度失水，可使冰点降低，提高抗寒能力，并且细胞脱水使细胞膨压下降，组织较为柔软，韧性增加，有利于减少贮运过程中的机械损伤；如果失水严重，会造成原生质脱水，促使水解酶活性加强，加速大分子水解成水分子，如风干的甘薯变甜。细胞严重脱水，会使细胞液浓度增高，有些离子如 NH^{+} 、H^{+}浓度过高，导致细胞中毒，甚至破坏原生质的胶体结构，使呼吸强度增加，乙烯、脱落酸含量增多，加速产品衰老、脱落。

3. 降低耐贮性和抗病性

失水萎蔫破坏了正常的新陈代谢，使水解过程加强，细胞膨压下降，造成机械结构改变，直接影响果蔬的耐贮性和抗病性。将灰霉菌接种在萎蔫程度不同的甜菜根上，其结果说明组织失水萎蔫程度越大，腐烂率越高，抗病性下降得越快，耐贮性下降得也越快，贮藏期限缩短，见表2－3。

表2－3　失水萎蔫对甜菜染病的影响

失水萎蔫程度	腐烂率/%
新鲜材料	—
萎蔫7%	37.2
萎蔫13%	55.2
萎蔫17%	65.8
萎蔫28%	96

（二）影响蒸散作用的因素

果蔬失水的快慢主要受果蔬的自身因素和环境因素的影响。

1. 果蔬的自身因素

（1）表面积比。果蔬器官的表面积与其重量或体积之比（cm^2/g、cm^2/cm^3）称为表面积比。果蔬失水从其表面进行，表面积比越大，蒸散失水越多。叶子的表面积比最大，失水要比果实大。而个头小的果蔬要比那些个头大的果蔬表面积比大，因此失水较快，在贮藏中更易萎蔫。

（2）表面组织结构。表面组织结构对果蔬组织的水分蒸腾有很大影响。果蔬水分蒸腾主要通过自然孔道和角质层进行。

气孔、皮孔是植物失水和气体交换的主要通道。水果的角质层为3～8μm，果菜类的角质层为1～3μm。幼嫩器官表皮角质层未充分发育，透水性强，极易失水，随着成熟，表皮角质发育完整健全，也阻塞了一部分气孔和皮孔，有的还覆盖着致密的蜡质果粉，利于保水。

（3）细胞的持水力。细胞保持水分的能力与细胞中可溶性物质的含量、亲水胶体的含量和性质有关。原生质中有较多亲水性强的胶体，可溶性固形物含量高，使细胞渗透压高，保水力强。如洋葱的含水量比马铃薯高，但在相同贮藏条件下失水反而比马铃薯少。

（4）机械损伤。机械损伤能加速产品失水，虽然组织在生长和发育早期，伤口处可形成木栓化细胞，使伤口愈合，但部分产品的这种愈伤能力随着植物器官的成熟而降低，所以采后操作应尽量避免机械损伤。表面组织遭到虫害、病害时也会形成伤口，从而增加水分的损失。

2. 环境因素

（1）空气湿度。直接影响果蔬蒸散强度的环境条件是空气的湿度饱和差。空气从含水物中吸取水分的能力，取决于空气的湿度饱和差，湿度饱和差越大，吸水力能力越强。

（2）温度。温度越高，蒸散作用越强。这是因为温度高，水分子移动速度快；同时由于温度高，细胞液黏度下降，使水分子容易自由移动，利于水分的蒸发。另外，温度升高，湿度饱和差增大，也利于水分的蒸发。湿度大小与蒸散量成反比，而蒸散量的大小与湿度饱和差成正比。当绝对湿度不变时，温度越低，相对湿度越大，湿度饱和差越小，蒸散作用越慢。

（3）空气流速。空气流动速度快，将潮湿的空气带走，降低空气的绝对湿度。在一定的时间内，空气流速越快，果蔬水分损失越大。

（4）其他因素。

①气压影响蒸散作用，气压越低，液体沸点越低、越易蒸发。

②光照也影响蒸散作用，原因是光照可使气孔开放，促进蒸散；光照还能使果蔬体温增高，提高组织内蒸汽压而加快蒸散。因此，贮藏场所无窗户。

3. 控制果蔬采后失水的措施

（1）包装、涂膜。对果蔬产品进行适当的包装，有利于减缓库房温湿度变化带给产品的不利影响，减少失水；在产品表面人为地涂一层薄膜，堵塞产品表面部分皮孔、气孔，可以有效地阻止产品失水。

（2）适当的低温高湿。适当的低温高湿可以最大限度地减少产品失水，有利于贮藏。

（3）适当通风。适当的通风是必要的，它可以将贮藏库内的热负荷带走，并且防止贮藏库内温度不均，但要尽量减少风速，0.3～3m/s的风速对产品水分蒸发的影响不大。

（4）保持贮藏库库温的恒定。贮藏库库温波动，库房内的湿度饱和差和相对湿度都会发生变化，促使果蔬失水加快，不利于贮藏。

（三）结露对果蔬产品贮藏的影响

1. 结露现象

结露（又叫出汗），是露点温度下过多的水蒸气从空气中析出而造成的。在贮藏中，果蔬表面有时会出现水珠凝结的现象，特别是用塑料薄膜帐或袋贮存时，帐或袋内壁上结露现象更严重。堆贮的果蔬，由于呼吸作用的进行，在通风不好时，堆内温湿度均高于堆外，部分水汽在冷面上凝成水珠。贮藏库内温度波动也会造成结露现象。在果蔬表面凝结的水本身是微酸性的，利于微生物的生长繁殖，造成果蔬腐烂。

2. 防止结露的措施

（1）维持稳定的低温。贮藏场所要求有良好的隔热条件，避免当外界气温剧烈变化时，贮藏库内的温度随之波动。

（2）适宜通风。通风时，贮藏库内外温差不宜过大，一般温差超过5℃就会出现结露。当贮藏库内外温差较大又必须通风时，一定要缓慢通风。

（3）设发汗层。在产品周围填充一些吸水性的包装材料，如包装纸、干净的纸屑、瓦楞纸板等，既保护产品，又能及时吸收产品所蒸散出来的水分，保持产品表面干燥。

（4）堆积大小适当。果蔬堆积过厚、过大，堆内通风不良，果蔬品温与库温的差值过大，易出现结露。

三、休眠生理

（一）休眠与贮藏

植物在生长发育过程中，遇到与自身不适宜的环境条件，为了适应环境，保持生命能力，有的器官产生暂时停止生长的现象叫作休眠。

有休眠特性的果蔬在采收后，就会逐渐进入休眠状态，各种代谢活动都降到最低水平，即使有适宜生长的环境条件也不发芽生长，因此得以渡过严寒、酷暑、干旱缺水等恶劣环境，保持其生命力和繁殖力。这一特性对贮藏保鲜十分有利，起到保存产品质量、延长贮藏寿命的作用。

1. 休眠的种类

休眠可分为生理休眠和被迫休眠两种。

（1）生理休眠。由植物内在因素引起的休眠，即使给予适宜的条件仍要休眠一段时间，暂不发芽，这种休眠称为生理休眠。如洋葱、大蒜、马铃薯等，它们在休眠期内，即使有适宜的生长条件，也不能脱离休眠状态，暂时不会发芽。

（2）被迫休眠。由不适合环境条件造成的暂停生长的现象叫作被迫休眠。当不适因素得到改善后，生长便可恢复。结球白菜和萝卜的产品器官形成以后，冬天来临，它们因外界环境不适宜生长而进入休眠。

2. 休眠生理的特点

(1) 休眠前期（休眠诱导期）。植物采收后，生命活动还很旺盛，为了适应新的环境，植物往往加厚自己的表皮和角质层，或形成膜质鳞片，或形成木栓组织和周皮层，以增强对自身的保护，另外，体内的物质由小分子向大分子转化，为休眠做准备。若环境条件适宜，可迫使其不进入休眠，在这一期间，如给予一定的处理，可以抑制进入下一阶段的生理休眠而开始萌芽或缩短生理休眠期。

(2) 生理休眠（真休眠或深休眠）。这一阶段植物真正处于相对静止的状态，一切代谢活动已降至最低限度，产品外层保护组织完全形成，细胞结构出现了深刻的变化，即使提供适宜的条件也不能发芽生长。

(3) 休眠后期（强迫休眠）。这一时期植物由休眠向生长过渡，体内大分子物质向小分子转化，可利用的营养物质增加。若外界条件适宜生长，则可终止休眠；若外界条件不适宜生长，则可延长休眠期。

（二）休眠的调控

1. 适时收获

用于二季作的土豆，早收易打破休眠，所以作为贮藏的要晚收；而洋葱晚收，易缩短休眠期，提早发芽，所以要适时采收。

2. 化学药剂处理

赤霉素（GA）处理可打破休眠。目前使用的有抑芽效果的化学药剂主要有青鲜素（MH）、萘乙酸甲酯（NNA）等。土豆采前3～4周，用0.3%～0.5%青鲜素（MH）处理喷洒叶面；洋葱、大蒜采前1～2周，用0.25%的MH喷洒植株叶子，均可抑制贮藏期的萌芽。采收后的，马铃薯用0.003%萘乙酸甲酯粉拌撒，也可抑制萌芽。

3. 控制贮藏条件

适当低温、低O_2、高CO_2及相应的相对湿度可延长休眠，抑制发芽。

4. 辐照处理

采用辐照处理块茎类、鳞茎类蔬菜，可防止贮藏中发芽。辐照的时间一般在休眠中期进行，辐照的剂量因产品种类而异。作为种子用的产品不能用辐照处理来抑制其发芽。

四、成熟和衰老

园艺产品采后仍然在继续生长、发育，最后衰老，直到死亡。果实在开花受精后的发育过程中，完成了细胞、组织、器官分化发育的最后阶段，充分长成时，达到生理成熟，有的称为“绿熟”或“初熟”。果实停止生长后还要进行一系列生物化学变化，逐渐形成本产品固有的色、香、味和质地特征，然后达到最佳的食用阶段，称为完熟。我们通常将果实生理成熟到完熟达到最佳食用品质的过程叫作成熟。有些果实，例如巴梨、京白梨、猕猴桃等，其果实虽然已完成发育，达到生理成熟，但果实很硬、风味不佳，并没有达到最佳食用阶段，直到完熟时果肉变软，色香味达到最佳实用品质，才能食用。达到食用标准的完熟过程既可以发生在植株上，也可以发生在采摘后，采后的完熟过程称为后熟。生理成熟的果实在采后可以自然后熟，达到可食用品质，而幼嫩果实则不能后熟。如绿熟期番茄采后可达到完熟以供食用，若采收过早，果实未达到生理成熟，则不能后熟着色而达到可食用状态。

衰老是植物的器官或整体生命的最后阶段，开始发生一系列不可逆的变化，最终导致细胞崩溃及整个器官死亡的过程。从图 2－2 中可以看出，生理成熟、完熟、衰老三者是不易划分严格界限的。果实最佳食用阶段以后的品质劣变或组织崩溃阶段称为衰老。成熟是衰老的开始，两个过程是连续的，二者不易分割。

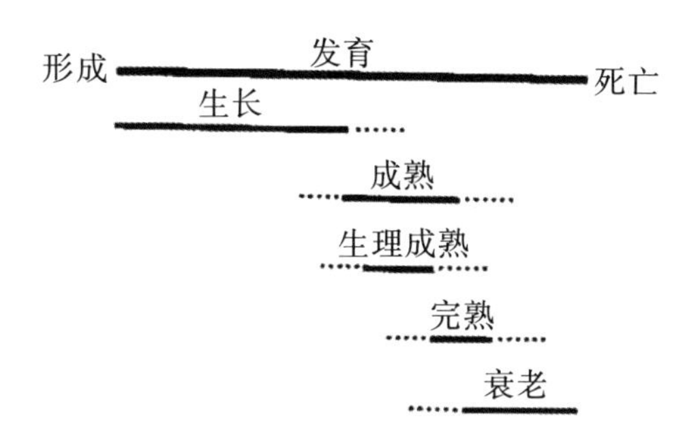

图 2－2　果蔬生命的不同阶段

果蔬的根、茎、叶、花及变态器官从生理上不存在成熟，只有衰老问题。园艺学上，一般当果蔬器官细胞膨大定型、充分长成，由营养生长开始转向生殖生长或生理休眠时，或根据人们的食用习惯达到最佳食用品质时，称果蔬已经成熟。

（一）成熟和衰老期间果蔬的变化

1. 外观品质

果蔬外观最明显的变化是色泽，常作为成熟的指标。果实未成熟时叶绿素含量高，外观呈现绿色；成熟期间叶绿素含量下降，果实底色显现，同时色素（如花青素和胡萝卜素）积累，呈现其固有的特色。成熟期间，果实会产生一些挥发性的芳香物质，使产品出现特有的香味。茎、叶菜衰老时与果实一样，叶绿素分解，色泽变黄并萎蔫；花则出现花瓣脱落和萎蔫现象。

2. 质地

果肉硬度下降是许多果实成熟时的明显特征。此时，一些能水解果胶物质和纤维素的酶类活性增加，水解作用使中胶层溶解，纤维分解，细胞壁发生明显变化，结构松散失去黏结性，造成果肉软化。有关的酶主要是果胶甲酯酶（PE）、多聚半乳糖醛酸酶（PG）和纤维素酶。PE 能从酯化的半乳糖醛酸多聚物中除去甲基。PG 水解果胶酸中非酯化的 1，4－α－D－半乳糖苷键，生成低聚的半乳糖醛酸。根据 PG 作用于底物的部位不同，可分为内切酶和外切酶。内切酶可随机分解果胶酸分子内部的糖苷键；外切酶只能从非还原性末端水解多聚半乳糖醛酸。由于PG作用于非甲基化的果胶酸，故在PE、PG共同作用下，便能将中胶层的果胶水解。纤维素酶即$\beta-1,4-D-$葡聚糖酶，能水解纤维素、一些木葡聚糖和交错连接的葡聚糖中的$\beta-1,4-D-$葡萄糖苷键。近来还发现其他一些相关的水解酶，但果实的软化机理仍不是十分清楚。

甘蓝叶球、花椰菜花球发育良好、充分成熟就坚硬，品质好。茎、叶菜衰老时，主要表现为组织纤维化。甜玉米、豌豆、蚕豆等采后硬化，都导致品质下降。

3．口感风味

采收时不含淀粉或含淀粉较少的果蔬，如番茄和甜瓜等，随贮藏时间的延长，含糖量逐渐减少。采收时淀粉含量较高（1%～2%）的果蔬（如苹果），采后淀粉水解，含糖量暂时增加，果实变甜；达到最佳食用阶段后，含糖量因呼吸消耗而下降。通常果实发育完成后，含酸量最高，随着成熟或贮藏期的延长逐渐下降，因为果蔬贮藏时更多的是利用有机酸为呼吸底物，有机酸的消耗比可溶性糖更快，贮藏后的果蔬糖酸比增加，风味变淡。未成熟的柿、梨、苹果等果实细胞内含有单宁物质，使果实有涩味，成熟过程中被氧化或凝结成不溶性物质，涩味消失。

4．呼吸跃变

一般来说，受精后的果实在生长初期呼吸强度急剧上升，呼吸强度最高，是细胞分裂的旺盛期；之后随果实的生长而急剧下降，逐渐趋于缓慢；生理成熟时呼吸强度平稳，并因果实类型不同而不同。当有呼吸高峰的果实达到完熟时，呼吸强度急剧上升，出现跃变现象，果实就进入完全成熟阶段，品质达到最佳可食状态。香蕉、洋梨最为典型，收获时，充分长成，但果实硬、糖分少，食用品质不佳；在贮藏期间后熟，当达到呼吸高峰时风味最好。跃变期是果实发育进程中的一个关键时期，对果实贮藏寿命有重要影响，既是成熟的后期，又是衰老的开始，之后果蔬产品就不能继续贮藏了。生产中要采取各种手段来推迟跃变果实的呼吸高峰以延长贮藏期。

不同种类跃变型果实的呼吸高峰出现的时间和峰值不完全相同（图2－3）。一般原产于热带和亚热带的果实如鳄梨和香蕉，跃变顶峰的呼吸强度分别为跃变前的3～5倍和10倍，且跃变时间维持很短，很快完熟而衰老。原产于温带的果实如苹果、梨等，跃变顶峰的呼吸强度只比跃变前增加1倍左右，跃变时间维持也长，成熟比前一类型慢，因而更耐贮藏。有些果实如苹果，留在树上也可以出现呼吸跃变，但比采摘果实出现得晚，峰值高。另外一些果实如鳄梨，只有采后才能成熟而出现呼吸跃变，若留在植株上可以维持不断地生长而不能成熟，当然也不会出现呼吸跃变。某些未成年的幼果如苹果、桃、李，采摘或脱落后也可发生短期的呼吸高峰。甚至某些非跃变型果实如甜橙的幼果，采后会出现呼吸强度上升的现象，而长成的果实反而没有。此类果实的呼吸强度上升不伴有成熟过程，因此称为跃变现象。

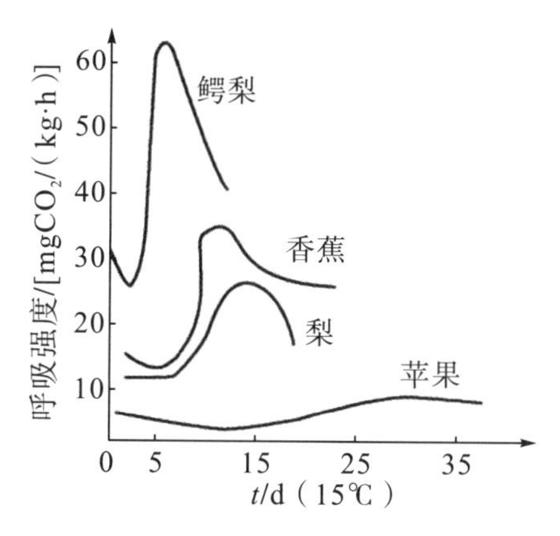

图 2－3　几种跃变果实的呼吸曲线

在某些蔬菜和花卉的衰老中，发现有类似果实呼吸跃变的现象。嫩茎花椰菜采后的呼吸漂移呈现高峰型变化；某些叶菜的幼嫩叶片呼吸快，长成后呼吸强度降低，衰老变黄阶段重新上升，然后又降低；麝香石竹采切后呼吸强度急剧下降，花瓣枯萎时，再度上升，有典型跃变现象；但玫瑰切花衰老期间呼吸强度则逐渐下降。

5. 乙烯合成

乙烯属植物激素，是一种化学结构十分简单的气体。几乎所有高等植物的器官、组织和细胞都具有产生乙烯的能力，一般生成量很少，不超过 0.1mg/kg。在某些发育阶段（如果实成熟期）急剧增加，对植物的生长发育起着重要的调节作用。乙烯对园艺产品保鲜的影响极大，主要是它能促进成熟和衰老，使产品寿命缩短，造成损失。

6. 细胞膜

果蔬采后劣变的重要原因是组织衰老或遭受环境胁迫时，细胞的膜结构和特性将发生改变。膜的变化会引起代谢失调，最终导致产品死亡。细胞衰老时普遍的特点是正常膜的双层结构转向不稳定的双层和非双层结构，膜的液晶相趋向于凝胶相，膜透性和微黏度增加，流动性下降，膜的选择性和功能受损，最终导致死亡。这些变化主要是由于膜的化学组成发生了变化造成的，多表现在总磷脂含量下降，固醇/磷脂、游离脂肪酸/酯化脂肪酸、饱和脂肪酸/不饱和脂肪酸等几种物质比上升，过氧化脂质积累和蛋白质含量下降等方面。衰老中膜损伤的重要原因之一就是磷脂的降解。细胞衰老中，约 50％以上的膜磷脂被降解，积累各种中间产物（图 2－4）。

磷脂降解的第一步是在磷脂酶 D 作用下转化成磷脂酸，此产物不积累，在磷脂磷酸酶作用下水解生成甘油二酯，然后在脂酰水解酶作用下脱酰基释放游离脂肪酸。其中含有顺、顺－1，4－戊二烯结构的脂肪酸，在脂肪氧合酶作用下形成脂肪酸氢过氧化物，该物质不稳定，生成中经历各种变化，包括生成游离基。脂肪酸氢过氧化物在氢过氧化物水解酶和氢过氧化物脱氢酶作用下转变成短链酮酸、乙烷等，脂肪酸也可氧化降解，产生 CO_2 和醛等。

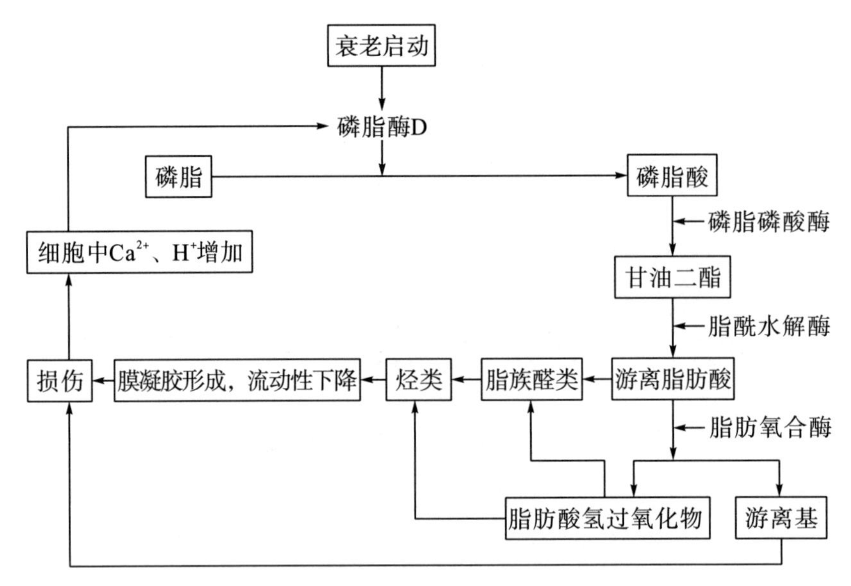

图 2−4　衰老中磷脂降解的自动催化循环

（二）乙烯对成熟和衰老的影响

早在 1924 年，Denny 就发现乙烯能促进柠檬变黄及呼吸作用加强。1934 年，Gane 发现乙烯是苹果果实成熟时的一种天然产物，并提出乙烯是成熟激素的概念。1959 年，人们将气相色谱用于乙烯的测定，由于可测出微量乙烯，证实其不是果实成熟时的产物，而是在果实发育中慢慢积累，当增加到一定浓度时，启动果实成熟，从而证明乙烯的确是促进果实成熟的一种生长激素。

1. 乙烯对成熟和衰老的促进作用

（1）乙烯与成熟。许多园艺产品采后都能产生乙烯（表 2−4）。

表 2−4　园艺产品的乙烯生成量　单位：$\mu LC_2H_2/(kg \cdot h)$（20℃）

乙烯生成量		产品名称
非常低	<0.1	朝鲜蓟，芦笋，菜花，樱桃，柑橘类，枣，葡萄，草莓，石榴，甘蓝，结球甘蓝，菠菜，芹菜，葱，洋葱，大蒜，胡萝卜，萝卜，甘薯，多数切花，石刁柏，豌豆，菜豆，甜玉米
低	0.1～1.0	黑莓，蓝莓，红莓，酸果蔓，橄榄，柿子，菠萝，黄瓜，绿菜花，茄子，秋葵，甜椒，南瓜，西瓜，马铃薯，卡沙巴甜瓜
中等	1.0～10.0	香蕉，无花果，番石榴，白兰瓜，荔枝，番茄，大蕉，甜瓜（蛮王、蜜露等品种）
高	10.0～100.0	苹果，杏，鳄梨，公爵甜瓜，罗马甜瓜，猕猴桃，榴梿，油桃，桃，番木瓜，梨
非常高	>100	南美番荔枝，曼蜜苹果，西番莲，番荔枝

跃变型果实成熟期间自身能产生乙烯，只要有微量的乙烯（表2—5），就足以启动果实成熟，随后内源乙烯迅速增加，达到释放高峰，此期间乙烯累积在组织中的浓度可高达10～100mg/kg。虽然乙烯峰和呼吸高峰出现的时间有所不同，但就多数跃变型果实来说，乙烯高峰常出现在呼吸高峰之前，或与之同步，只有在内源乙烯达到启动成熟的浓度之前采用相应的措施，抑制内源乙烯的大量产生和呼吸跃变，才能延缓果实的后熟，延长产品贮藏期。非跃变型果实成熟期间自身不产生乙烯或产量极低，因此后熟过程不明显。麝香石竹花衰老时乙烯合成也明显增加，类似于成熟的果实。紫露草属植物切花衰老时乙烯自动催化能力提高，然后随衰老的进程下降。

表2—5　几种果实成熟的乙烯阈值

果实	乙烯阈值/(μg/g)	果实	乙烯阈值/(μg/g)
香蕉	0.1～0.2	梨	0.46
鳄梨	0.1	甜瓜	0.1～1.0
柠檬	0.1	甜橙	0.1
杧果	0.04～0.4	番茄	0.5

外源乙烯处理能诱导和加速果实成熟，使跃变型果实呼吸强度上升和内源乙烯大量生成，乙烯浓度的大小对呼吸高峰的阈值无影响，浓度大时，呼吸高峰出现得更早。乙烯对跃变型果实呼吸的影响只有一次，且只有跃变前处理起作用。对非跃变型果实，外源乙烯在整个成熟期间都能促进呼吸强度上升，在很大的浓度范围内，乙烯浓度与呼吸强度成正比，乙烯除去后，呼吸强度下降，恢复原有水平，不会促进乙烯增加（图2—5）。

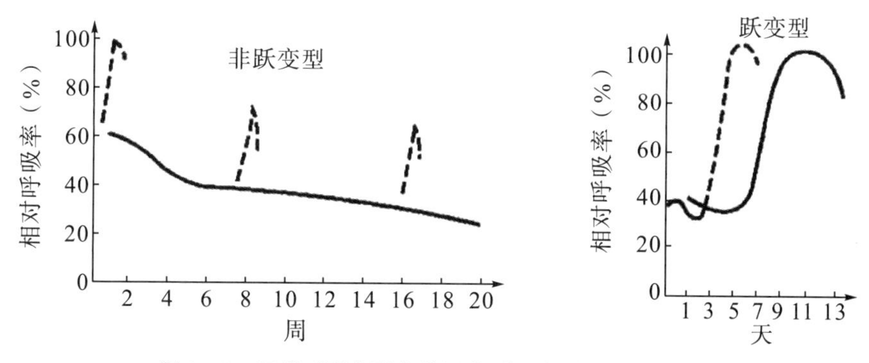

图2—5　乙烯对跃变型和非跃变型果实呼吸强度的影响

（2）其他生理作用。伴随对园艺产品呼吸的影响，乙烯促进成熟过程的一系列变化。其中最为明显的包括使果肉很快变软、产品失绿黄化和器官脱落。如仅0.02mg/kg乙烯就能使猕猴桃在冷藏期间的硬度大幅度降低；0.2mg/kg乙烯就使黄瓜变黄；1mg/kg乙烯使白菜和甘蓝脱帮，加速腐烂。植物器官的脱落，使装饰植物加快落叶、落花瓣、落果，如0.15mg/kg乙烯使石竹花瓣脱落；0.3mg/kg乙烯使康乃馨3天败落，缩短花卉的保鲜期。此外，乙烯还加速马铃薯发芽；使萝卜积累异香豆素，造成苦味；刺激石刁柏老化，合成木质素而变硬。乙烯也造成产品的伤害，使花芽不能很好地发育。

2. 乙烯的生物合成途径

乙烯生物合成途径是：蛋氨酸（Met）→S－腺苷蛋氨酸（SAM）→1－氨基环丙烷－1－羧酸（ACC）→乙烯。

乙烯来源于蛋氨酸分子中的 C_2 和 C_3，Met 与 ATP 通过腺苷基转移酶催化形成 SAM，这并非限速步骤，体内 SAM 一直维持着一定水平。SAM→ACC 是乙烯合成的关键步骤，催化这个反应的酶是 ACC 合成酶，专一以 SAM 为底物，需磷酸吡哆醛为辅基，强烈受到磷酸吡哆醛酶类抑制剂氨基乙氧基乙烯基甘氨酸（AVG）和氨基氧乙酸（AOA）的抑制。该酶在组织中的浓度非常低，为总蛋白量的 0.0001%，存在于细胞质中。果实成熟、受到伤害、吲哚乙酸和乙烯本身都能刺激 ACC 合成酶活性。最后一步是 ACC 在乙烯形成酶（EFE）的作用下，在有 O_2 的参与下形成乙烯，一般不成为限速步骤。EFE 是膜依赖的，其活性不仅需要膜的完整性，且需要组织的完整性，组织细胞结构破坏（匀浆时）时合成停止。因此，跃变后的过熟果实细胞内虽然 ACC 大量积累，但由于组织结构瓦解，乙烯的生成降低了。多胺、低氧、解偶联剂（如氧化磷酸化解偶联剂二硝基苯酚 DNP）、自由基清除剂和某些金属离子（特别是 CO^{2+}）都能抑制 ACC 转化成乙烯。

ACC 除了氧化生成乙烯外，另一个代谢途径是在丙二酰基转移酶的作用下与丙二酰基结合，生成无活性的末端产物丙二酰基－ACC（MACC）。此反应是在细胞质中进行的，MACC 生成后，转移并贮藏在液泡中。果实遭受胁迫时，因 ACC 含量升高而形成的 MACC 在胁迫消失后仍然积累在细胞中，成为一个反映胁迫程度和进程的指标。果实成熟过程中也有类似的 MACC 积累，成为成熟的指标。

3. 影响乙烯合成和作用的因素

乙烯是果实成熟和植物衰老的关键调节因子。贮藏中控制产品内源乙烯的合成和及时清除环境中的乙烯气体都很重要。乙烯的合成能力及其作用受自身种类和品种特性、发育阶段、外界贮藏环境条件的影响（图 2－6），了解了这些因素，才能从多途径对其进行控制。

（1）果实的成熟度。跃变型果实中乙烯的生成有两个调节系统：系统Ⅰ负责跃变前果实中低速率合成的基础乙烯；系统Ⅱ负责成熟过程中跃变时乙烯自我催化大量生成。有些品种在短时间内由系统Ⅱ合成的乙烯可比系统Ⅰ合成的增加几个数量级。两个系统的合成都遵循蛋氨酸途径。不同成熟阶段的组织对乙烯作用的敏感性不同。跃变前的果实对乙烯作用不敏感，系统Ⅰ生成的低水平乙烯不足以诱导成熟；随果实发育，在基础乙烯不断作用下，组织对乙烯的敏感性不断上升，当组织对乙烯敏感性增加到能对内源乙烯（低水平的系统Ⅰ）作用起反应时，便启动了成熟和乙烯的自我催化（系统Ⅱ），乙烯便大量生成，长期贮藏的产品一定要在此之前采收。采后的果实对外源乙烯的敏感程度也是如此，随成熟度的提高，对乙烯越来越敏感。非跃变型果实中乙烯生成速率相对较低，变化平稳，整个成熟过程只有系统Ⅰ活动，缺乏系统Ⅱ的活动。这类果实只能在树上成熟，采后呼吸强度一直下降，直到衰老死亡，所以应在充分成熟后采收。

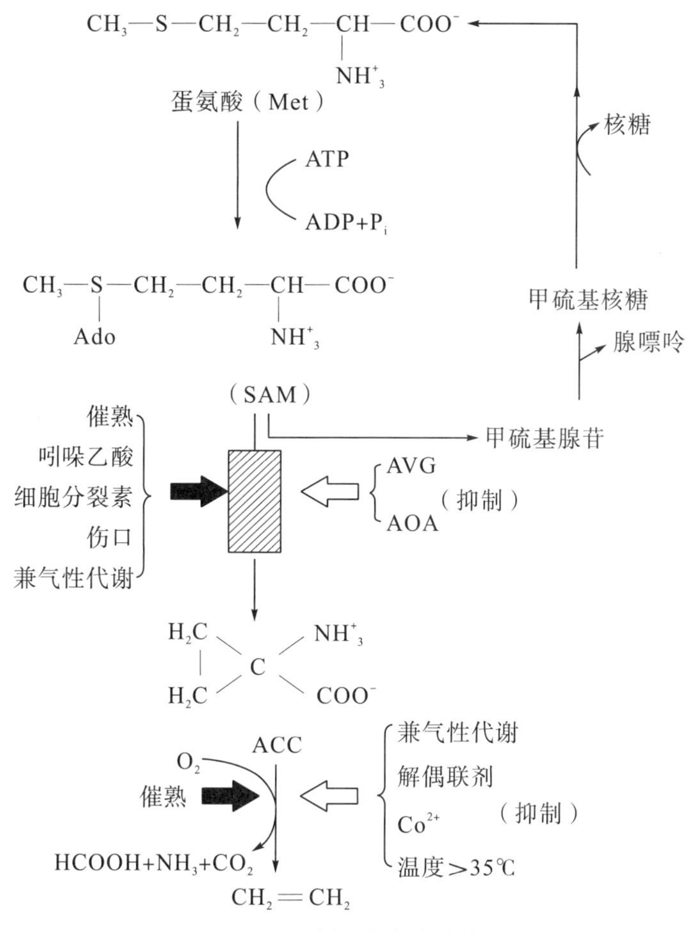

图 2—6 乙烯生物合成的控制

（2）伤害。贮藏前要严格去除有机械损伤、病虫害的果实，这类产品不但呼吸旺盛，传染病害，还由于其产生伤害性乙烯，会刺激成熟度低且完好的果实很快成熟衰老，缩短贮藏期。干旱、淹水、温度等胁迫以及运输中的振动都会使产品形成伤害性乙烯。

（3）贮藏温度。乙烯的合成是一个复杂的酶促反应，一定范围内的低温贮藏会大大降低乙烯合成。一般在 0℃左右，乙烯合成很弱，后熟得到抑制，随温度上升，乙烯合成加速。如苹果在 10℃～25℃之间，乙烯增加的 Q_{10} 为 2.8；荔枝在 5℃下，乙烯合成只有常温下的 1/10 左右；许多果实的乙烯合成在 20℃～25℃最快。因此，采用低温贮藏是控制乙烯的有效方式。一般低温贮藏产品的 EFE 活性下降，乙烯产量少，ACC 积累；回到室温下，乙烯合成能力恢复，果实能正常后熟。但冷敏感果实于临界温度下贮藏时间较长，如果受到不可逆伤害，细胞膜结构遭到破坏，EFE 活性就不能恢复，乙烯产量少，果实则不能正常成熟，使口感、风味或色泽受到影响，甚至失去实用价值。

此外，多数果实在 35℃以上时，因高温抑制了 ACC 向乙烯的转化，乙烯合成受阻，有些果实如番茄则不出现乙烯峰。近年来发现，用 35℃～38℃热处理能抑制苹果、番茄、杏等果实的乙烯合成和后熟衰老。

（4）贮藏气体条件。

①O_2。乙烯合成的最后一步是需氧的，低浓度 O_2 可抑制乙烯产生。一般 O_2 浓度低于8%，果实乙烯的合成和对乙烯的敏感性下降；一些果蔬在浓度为3%的 O_2 中，乙烯合成能降到空气中的5%左右。如果 O_2 浓度太低或在低浓度 O_2 中放置太久，果实就不能合成乙烯，或丧失合成能力。例如，香蕉在 O_2 浓度为10%～13%时乙烯合成量开始降低；空气中 O_2 浓度<7.5%时，便不能合成乙烯；从浓度为5%的 O_2 中移至空气中后，乙烯合成恢复正常，能后熟；若在浓度为1%的 O_2 中放置11天，移至空气中后乙烯合成能力不能恢复，丧失原有风味。跃变上升期的“国光”苹果经低浓度 O_2（O_2 浓度为1%～3%，CO_2 浓度为0%）处理10天或15天，ACC明显积累；回到空气中30～35天，乙烯的产量不及对照水平的1/100，ACC含量始终高于对照水平；若处理时间短（4天），回到空气中后，乙烯合成将逐渐恢复接近对照水平。

②CO_2。提高 CO_2 浓度能抑制ACC向乙烯的转化和ACC的合成，CO_2 还被认为是乙烯作用的竞争性抑制剂，因此，适宜的高浓度 CO_2 从抑制乙烯合成及乙烯的作用两方面都可推迟果实后熟。但这种效应在很大程度上取决于果实种类和 CO_2 浓度。3%～6%的 CO_2 浓度抑制苹果乙烯合成的效果最好，CO_2 浓度在6%～12%时效果反而下降。在鳄梨、番茄、辣椒上也有此现象。高浓度 CO_2 做短期处理，也能大大抑制果实乙烯合成，如对苹果用高浓度 CO_2（O_2 浓度为15%～21%，CO_2 浓度为10%～20%）处理4天，回到空气中后乙烯合成能恢复；处理10天或15天，回到空气中后乙烯合成回升变慢。

在贮藏中，需创造适宜的温度、气体条件，既要抑制乙烯的生成和作用，也要使果实产生乙烯的能力得以保存，才能使贮藏后的果实能正常后熟，保持特有的品质和风味。

③乙烯。产品一旦产生少量乙烯，会诱导ACC合成酶活性，造成乙烯迅速合成，因此，贮藏中要及时排出已经生成的乙烯。采用高锰酸钾等作乙烯吸收剂，方法简单、价格低廉。一般采用活性炭、珍珠岩、砖块和沸石等小碎块为载体，以增加反应面积，将它们放入饱和的高锰酸钾溶液中浸泡15～20分钟，自然晾干。制成的高锰酸钾载体暴露于空气中会氧化失效，晾干后应及时装入塑料袋中密封，使用时放到透气袋中。乙烯吸收剂用时现配更好，一般生产上采用碎砖块更为经济，用量约为果蔬的5%。适当通风，特别是贮藏后期要加大通风量，可减弱乙烯的影响。使用气调库时，焦炭分子筛气调机进行空气循环可脱除乙烯，效果更好。

对于自身产生乙烯少的非跃变型果实或其他蔬菜、花卉等产品，绝对不能与跃变型果实一起存放，以避免受到这些果实产生的乙烯的影响。同一种产品，特别对于跃变型果实，贮藏时要选择成熟度一致的，防止成熟度高的产品释放的乙烯刺激成熟度低的产品，加速其后熟和衰老。

（5）化学物质。一些药物处理可抑制内源乙烯的生成。ACC合成酶是一种以磷酸吡哆醛为辅基的酶，强烈受到磷酸吡哆醛酶类抑制剂氨基乙氧基乙烯基甘氨酸（AVG）和氨基氧乙酸（AOA）的抑制。Ag^+ 能阻止乙烯与酶结合，抑制乙烯的作用，在花卉保鲜上常用银盐处理。Co^{2+} 和二硝基苯酚（DNP）能抑制ACC向乙烯的转化。还有某些解偶联剂、铜螯合剂、自由基清除剂、紫外线也能破坏乙烯并消除其作用。最近发现，多胺也具有抑制乙烯合成的作用。

有研究表明，一些环丙烯类化合物可以通过与乙烯受体的结合而表现出对乙烯效应的强烈抑制，这些化合物包括 1－MCP、CP、3，3－DMCP，其中 1－MCP 对乙烯的抑制效果最佳，是这类环丙烯类乙烯受体抑制剂的优秀代表，现在已经被商业合成。1－MCP 易于合成，无明显难闻气味，所需浓度极低，在延缓果实采后衰老、提高果实贮藏品质方面展现了美好前景。

（三）其他植物激素对果实成熟的影响

果实生长发育和成熟并非某一种激素单一作用的结果，还受到其他激素的调节（图 2－7）。1973 年，Coombe 提出跃变型果实有明显呼吸高峰，由乙烯调节成熟；非跃变型果实中很少生成乙烯，而由 ABA 调节成熟进程。

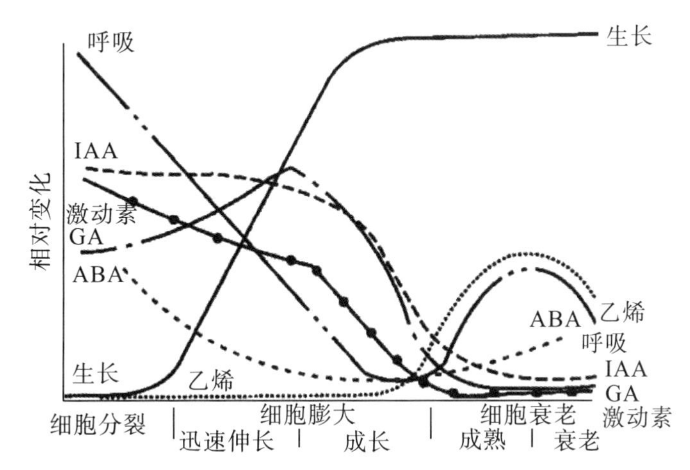

图 2－7　跃变型果实生长、发育成熟过程中的生长、呼吸和激素水平的理论动力曲线

1. 脱落酸（ABA）

许多非跃变型果实（如草莓、葡萄、伏令夏橙、枣等）在后熟中，ABA 含量剧增；且外源 ABA 促进其成熟，而乙烯则无效。但近年来的研究又对跃变型果实中 ABA 的作用给予重视。苹果、杏等跃变型果实中，ABA 积累发生在乙烯生物合成之前，ABA 首先刺激乙烯的生成，然后间接对后熟起调节作用。果实的耐贮性与果肉中 ABA 含量有关。猕猴桃 ABA 积累后出现乙烯峰，外源 ABA 促进乙烯生成，加速果实软化，用 $CaCl_2$ 浸果能显著抑制 ABA 合成的增加，延缓果实软化。还有研究表明，减压贮藏能抑制 ABA 积累。无论怎样，贮藏中减少 ABA 的生成能更进一步延长贮藏期。如果能了解抑制 ABA 产生的各种相关条件，将会使贮藏技术更为有效。

2. 生长素

生长素可抑制果实成熟。IAA（吲哚乙酸）必须先经氧化而浓度降低后，果实才能成熟。IAA 可能影响着组织对乙烯的敏感性。幼果中 IAA 含量高，对外源乙烯无反应；自然条件下，随幼果发育、生长，IAA 含量下降，乙烯增加，最后达到敏感点，才能启动后熟。同时，乙烯抑制生长素合成及其极性运输，增强吲哚乙酸氧化酶活性，使用外源乙烯（10～36mg/kg）就引起内源 IAA 减少。因此，成熟时外源乙烯也使果实对乙烯的敏感性更大。

外源生长素既有促进乙烯生成和后熟的作用，又有调节组织对乙烯的响应及抑制后熟的效应。在不同的浓度下表现的作用不同：1～10μmol/L IAA 能抑制呼吸强度上升和乙烯生成，延迟成熟；100～1000μmol/L IAA 能刺激呼吸作用和乙烯产生，促进成熟，IAA 浓度越高，乙烯诱导就越快。外源生长素能促进苹果、梨、杏、桃等成熟，但却延缓葡萄成熟。这可能是由于外源生长素并不能引起非跃变型果实（如葡萄）乙烯合成，或者虽能促进合成乙烯，但合成量太少，不足以抵消生长素延缓衰老的作用；但对跃变型果实来说，外源生长素能刺激乙烯合成，促进成熟。

3. 赤霉素（GA）

幼小的果实中赤霉素含量高，种子是其合成的主要场所，果实成熟期间水平下降。在很多生理过程中，赤霉素和生长素一样，与乙烯和 ABA 有拮抗作用，在果实衰老中也是如此。初花期、着色期喷施或采后浸入外源赤霉素，可明显抑制一些果实（鳄梨、香蕉、柿子、草莓）呼吸强度和乙烯的释放。GA 处理减少乙烯合成是由于其能促进 MACC 积累，抑制 ACC 的合成。GA 还抑制柿果内 ABA 的积累。

外源赤霉素对有些果实的保绿、保硬有明显效果。用 GA 处理树上的橙和柿，能延迟叶绿素消失和类胡萝卜素增加，还能使已变黄的脐橙重新转绿，使有色体重新转变为叶绿体；在番茄、香蕉、杏等跃变型果实中也有效，但保存叶绿素的效果不如对橙的明显。

4. 细胞分裂素（CTK）

细胞分裂素是一种衰老延缓剂，能明显推迟离体叶片衰老，但外源细胞分裂素对果实延缓衰老的作用不如对叶片那么明显，且与产品有关。例如，它可抑制跃变前或跃变中苹果和鳄梨中乙烯的合成；使杏的呼吸强度下降，但均不影响呼吸跃变出现的时间；抑制柿采后乙烯的释放和呼吸强度，减慢软化（但作用均小于 GA）；加速香蕉果实软化，使其呼吸强度和乙烯都增加；对绿色油橄榄的呼吸强度、乙烯合成和软化均无影响。

细胞分裂素处理保绿效果明显。卞基腺嘌呤或激动素处理香蕉果皮、番茄、绿色的橙，均能延缓叶绿素消失和类胡萝卜素的变化。甚至在高浓度乙烯中，细胞分裂素也延缓果实变色，如用激动素渗入香蕉切片，然后放在足以启动成熟的乙烯浓度下，虽然明显出现呼吸跃变、淀粉水解、果肉软化等成熟现象，但果皮叶绿素消失显著被延迟，形成了绿色成熟果。卞基腺嘌呤（BA）和激动素（KT）还可阻碍香石竹离体花瓣将外源 ACC 转变成乙烯。

细胞分裂素对果实后熟的作用及推迟某些果实后熟的原因还不太清楚，可能主要是抑制了蛋白蛋的分解。

总之，许多研究结果表明，果实成熟是几种激素平衡的结果。果实采后，GA、CTK、IAA 含量都高，组织抗性大，虽有 ABA 和乙烯，却不能诱发后熟，随着 GA、

CTK、IAA 含量逐渐降低，ABA 和乙烯逐渐积累，组织抗性逐渐减小，ABA 或乙烯达到后熟的阈值，果实后熟启动。例如，苹果、梨、香蕉等果实在树上的成熟进程比采后缓慢，用 50mg/kg 乙烯利处理挂树鳄梨，48h 不发生作用；但同样浓度处理采后果实，则很快促熟。

思考题

1. 什么是果蔬品质？果蔬品质的鉴定步骤是什么？
2. 果蔬在贮运过程中会发生哪些化学变化？
3. 简述呼吸作用对果蔬采后生理作用的影响。
4. 什么是结露现象？其防治措施有哪些？
5. 如何对果蔬休眠阶段进行调控？
6. 果蔬在成熟和衰老期间有哪些方面的变化？
7. 乙烯对果蔬贮藏有哪些积极和消极作用？影响乙烯合成和作用的因素有哪些？
8. 哪些植物激素对果实成熟有影响？

第三章　果蔬采收及商品化流通

【本章重点】

1. 了解果蔬采收方法和注意事项。
2. 掌握果蔬采后商品化处理。
3. 掌握果蔬的运输方式和运输阶段管理技术。

第一节　果蔬的采收

采收是果蔬生产的最后一个环节，也是贮藏加工开始的第一个环节。果蔬的采收成熟度与其产量、品质有着密切关系。采收过早，不仅产品的大小和质量达不到标准，而且风味、品质和色泽也不好；采收过晚，产品已经成熟衰老，不耐贮藏和运输。采收工作有很强的时间性和技术性，必须及时，并且由经过培训的工人操作，才能取得良好的效果，否则会造成不应有的损失。

一、确定采收期的依据

确定果蔬的采收期，应该考虑果蔬的采后用途、产品类型、贮藏时间长短、运输距离远近和销售期长短等。一般就地销售的产品，可以适当晚采收；而作为长期贮藏和远距离运输的产品，应该适当早采收；一些有呼吸高峰的产品，应在呼吸高峰前采收。果蔬的采收期取决于它们的成熟度，果蔬成熟度的判断要根据种类和品种特性及其生长发育规律，从果蔬的形态和生理指标上加以区分。生理成熟度与商业成熟度之间有着明显的区别，前者是植物体生命中的一个特定阶段，后者涉及能够转化为市场需要的特定销售期有关的采收时期。判断成熟度主要有以下几种方法。

（一）果梗脱离的难易度

有些种类的果实，在成熟时果柄与果枝间常产生离层，稍一振动就可脱落，此类果实离层形成时为品质最好的成熟度，也是采收的适宜时期，如不及时采收就会造成大量落果。

（二）果实形态

果实成熟后，产品本身会表现出固有的形态，生产经验可以作为判别成熟度的指标。如香蕉未成熟时果实的横切面呈多角形，充分成熟后，果实饱满、浑圆，横切面呈圆形。

（三）生长期和成熟特征

不同品种的果蔬从开花到成熟都具有一定的生长期和成熟特征。不同地区可根据当地的气候条件结合多年的经验得出适合当地采收的平均生长期。例如，山东元帅苹果的生长期为145d左右，红星苹果的生长期为147d左右，国光苹果的生长期为160d左右，四川青苹果的生长期为110d左右，青香蕉苹果为156d左右。此外，不同的果蔬产品在成熟过程中会表现出许多不同的特性，一些瓜果可以根据其种子的变色程度来判别其成熟度，种子从尖端开始由白色逐渐变褐、变黑是瓜果充分成熟的标志之一；豆类蔬菜应该在种子膨大硬化以前采收，其食用和加工品质才好，但作为种用的则应该在充分成熟时采收较好。苹果、葡萄等果实成熟时，表面产生的一层白色粉状蜡质也是成熟的标志之一。还有一些产品生长在地下，可以从地上部分植株的生长情况来判断其成熟度，如洋葱、马铃薯、芋头、姜的地上部分变黄、枯萎和倒伏时，为最适采收期，此时收获的产品最耐贮藏。

（四）表面色泽的变化

许多果实在成熟时都显示出其特有的颜色。一般而言，当果实尚未成熟时，表皮中含有大量的叶绿素，故呈现青绿色；而随着成熟，叶绿素逐渐降解，类胡萝卜素、花青素等色素逐渐形成，故表皮绿色减退，产品的固有色泽逐渐显现。因此，果蔬的表面色泽可以作为判断果蔬成熟度的重要标志。根据不同的需求，可以通过表皮色泽来判断正确的采收时间。大规模商品生产往往要求有数量化的采收指标，故光凭借感官评定误差太大，应当尽量降低感官评定的主观性，如采用果实底色比色板，可以通过与标有数字级别的比色板进行对照分析果实的色泽变化，从而得到较客观的指标。但对于果实表皮颜色的变化，除受果实本身成熟度影响外，光照、温度、湿度等环境条件对果实中色素的形成也有影响。因此，为了准确判断果实的成熟度，还必须结合其他因素综合考虑。

（五）质地和硬度

果实的硬度是指果肉抵抗外界压力的强弱，抗压力越强，果实的硬度就越大；反之，果实的硬度越小。一般未成熟的果实硬度较大，达到一定成熟度时变得柔软多汁，硬度下降。只有掌握适当的硬度，在最佳质地采收，产品才能耐贮藏和运销，如苹果、梨等都要求在果实有一定的硬度时采收。桃、李、杏的成熟度与硬度的关系也十分密切。一般情况下，蔬菜不测硬度，而是用坚实度来表示其发育状况。有一些蔬菜的坚实度大，表示发育良好、充分成熟和达到采收的质量标准，如甘蓝的叶球和花椰菜的花球都应在坚硬、致密紧实时采收，此时产品品质好，耐贮性强。但也有一些蔬菜，其坚实度高表示品质下降，如莴笋、芥菜应该在叶变得坚硬以前采收，黄瓜、茄子、凉薯、豌豆、甜玉米等都应该在幼嫩时采收。

（六）主要化学物质含量的变化

果蔬中的主要化学物质有淀粉、糖、酸和维生素等。果蔬产品在生长、成熟过程中，其主要化学物质如糖、淀粉、可溶性固形物、有机酸和抗坏血酸等物质的含量都在不断发生变化。随着成熟度的不断提高，果实体内可溶性固形物、糖、酸及其他化学物质的含量和组成比例也会不断发生变化，故可根据果实的化学成分变化来判断果蔬的采收成熟度，常用的指标有可溶性固形物含量、酸分含量、固酸比和糖酸比。这些含量的动态变化和比例情况可以作为衡量产品品质和成熟度的标志。可溶性固形物中主要是糖分，其含量高标志着含糖量高，成熟度也高。总糖含量与总酸含量的比值称为糖酸比；可溶性固形物含量与总酸含量的比值称为固酸比，它们可以用于衡量果实的风味及判断其成熟度。猕猴桃果实在果肉可溶性固形物含量为6.5%～8%时采收较好；苹果在糖酸比为30～35时采收，果实酸甜适宜，风味浓郁，鲜食品质好；四川甜橙以固酸比不低于10∶1作为采收成熟度的标准；美国甜橙将糖酸比为8∶1作为采收成熟度的低限标准。糖和淀粉含量的变化也可作为蔬菜成熟采收的指标，甜玉米、青豌豆和菜豆以实用幼嫩组织为主，应以糖多、淀粉少时采收品质较好；马铃薯、甘薯在淀粉含量较高时采收，不仅产量高、营养丰富、更耐贮藏，而且加工淀粉时出粉率高。

果蔬体内的化学物质含量的变化也受到环境条件及栽培管理等因素的影响，故在使用化学方法检测成熟度时须综合考虑各种因素。

果蔬产品由于种类繁多、特性各异，不同产品收获的器官也不同，故其成熟采收标准难以统一。在生产实践中，应根据产区的环境条件、产品的自身特点及采后用途进行全面评价，从而判断出最适宜的采收期，以达到适时采收、长期贮运的目的。国外制定了许多果蔬的成熟标准，见表3－1。

表3－1　部分果蔬成熟标准

指标	案　　例
盛花期至收获的天数	苹果、梨
生长期的平均热量单位	豌豆、苹果、玉米
薄层是否形成	某些瓜类、苹果、费油果
表层形态及结构	葡萄类和番茄角质层的形成，甜瓜类网层、蜡质形成
产品大小	所有水果和多数蔬菜类作物
相对密度	樱桃、西瓜、马铃薯
形状	香蕉棱角、杧果饱满度、青花菜和花菜紧密度
坚实度	莴苣、包心菜、甘蓝
硬度	苹果、梨、核果
软度	豌豆

续表3－1

指标	案　　例
颜色（外部）	所有水果及大部分蔬菜
内部颜色和结构	番茄中果浆类物质的形成，某些水果的肉质颜色
淀粉含量	苹果、梨
糖含量	苹果、梨、葡萄
酸含量、糖酸比	石榴、柑橘、木瓜、猕猴桃
果汁含量	柑橘类水果
油质含量	鳄梨
收敛性单宁含量	柿子、海枣
内源乙烯浓度	苹果、梨

二、采收方法

果蔬采收时除了掌握适当的成熟度外，还要注意采收方法。果蔬的采收主要有人工采收和机械采收两大方式。

（一）人工采收

鲜销和长期贮藏的果蔬最好采用人工采收方式。人工采收灵活性很强，可以针对不同的产品、不同的形状、不同的成熟度，及时进行分批分次采收和分级处理。且同一棵植株上的果实，因成熟度不一致，分批采收可提高产品的品质和产量。人工采收还可以减少机械损伤，保证产品质量。另外，有的供鲜销和贮藏的果品要求带有果柄，失掉了果柄，产品就得降低等级，造成经济损失，人工采收可做到最大限度地保留果柄。因此，目前世界各国鲜食和贮藏的果品蔬菜，人工采收仍然是最主要的方式。具体的采收方法一般视果蔬特性而异。

具体的采收方法应根据水果和蔬菜的种类决定。如柑橘、葡萄等果实的果柄与枝条不易脱离，需要用采果剪采收，为了使柑橘的果蒂不被拉伤，柑橘多用复剪法采收，即一果两剪法。而在美国和日本，柑橘类果实都要求带有果柄，通常用圆头剪齐萼片处剪断果柄。苹果和梨成熟时，其果柄和短果枝间产生离层，采收时以手掌将果实向上一托，果实即可自然脱落。采收香蕉时，用刀先切断假茎，紧扶母株让其徐徐倒下，接住蕉穗并切断果轴，要特别注意减少擦伤、跌伤和碰伤。果实采后装入随身携带的特制帆布袋中，装满后打开袋子的底扣，将果实漏入大木箱内。

蔬菜由于植物器官类型的多样性，其采收与水果有所不同。例如，果菜类、瓜类的采收方法与苹果、梨等水果相似，逐个从植株上用手摘取；根茎类蔬菜从土中挖出，但要掌握好适宜的深度，否则会伤及产品；叶菜类常用手摘或刀割，以避免叶的大量破损；叶球、花球类蔬菜采收时须留 2～3 片外叶作为保护产品器官之用；蒜薹用手逐根从叶鞘中抽拔出来，抽拔时要用力均匀，以免拔断。

果蔬的采收时间应选择晴天的早晚，要避免在雨天和正午采收。同一棵树上的果实，由于花期的参差不齐或者生长部位不同，不可能同时成熟，分期进行人工采收既可提高产品品质，又可提高产量。在一棵树上采收时，应按由外向里、由下向上的顺序进行。采收还要做到有计划性，根据市场销售及出口贸易的需要决定采收期和采收数量。

目前国内劳动力价格相对便宜，绝大部分果蔬产品可采用人工采收。就现阶段来讲，国内的人工采收仍存在许多问题，主要表现为工具原始、采收粗放、缺乏可操作的果蔬产品采收标准。因此，需要对采收人员进行认真管理，对新上岗的工人进行培训，使他们了解产品的质量要求，尽快达到应有的操作水平和采收速度。

（二）机械采收

对于果品，机械采收只适用于那些成熟时果梗与果枝间形成离层的果品种类，一般使用强风压或强力振动机械，迫使离层果实脱落，在树下布满柔软的帆布篷和传送带，承接果实并自动将果实送到分级包装机内。对于蔬菜，由于其成熟期较一致，适于一次性采收，且田间采收面基本为一平面，故机械采收是比较适用的采收方法。地下根茎类蔬菜是机械采收特性最好的蔬菜，采收机械由挖掘器、收集器及分级装置、运输带等组成，采收效率极高。甘蓝和芹菜、叶用莴苣也用机械收割。果菜类则可用机械收割，然后清除枝叶获得果实；也可用振动落果或梳果的方法进行机械采收。目前，用于加工的果蔬产品或能一次性采收且对机械损伤不敏感的产品多选用机械采收。根茎类蔬菜（如马铃薯、萝卜、胡萝卜等）使用机械采收；豌豆、甜玉米采用机械采收，但要求成熟度一致。美国目前对葡萄、苹果、柑橘、番茄、樱桃、坚果类等使用机械采收。

为了便于机械采收，采收前常喷洒果实脱落剂，如乙烯利、萘乙酸等，以提高采收效果。催熟剂和脱落剂的应用在机械采收中也越来越被重视。如桃、杏、李、枣、番茄等可采前在植株上喷布一定浓度的乙烯利，以促进果柄与果枝间形成离层。但是，机械采收的水果和蔬菜容易遭受机械损伤，贮藏时腐烂严重，因此，目前国内外机械采收主要用于采后即行加工的果蔬。

目前各国科技人员正在努力培育适于机械采收的新品种，并已有少数品种开始用于生产。机械采收较人工采收效率高、节省劳动力、减少采收成本，在改善采收工人工作条件的同时，可减少因大量雇佣和管理工人所带来的一系列问题。但是，机械采收还有一些具体要求和局限性。首先，机械采收需要可靠的、经过严格训练的技术人员进行操作，因为不恰当的操作不仅会造成果蔬产品的损失，而且会带来严重的设备损坏和大量的机械损伤。其次，机械设备必须进行定期保养维修。最后，机械采收不能进行选择采收，可能会造成产品的损伤严重，影响产品的质量、商品价值和耐贮性。因此，大多数新鲜果蔬产品还不能完全采用机械采收。

三、采收时应注意的问题

（1）采收人员要剪平指甲，戴手套，在采收过程中做到轻拿轻放、轻装轻卸。

（2）采收前，必须将所需的人力、果箱、果袋、果剪及运输工具等准备充足。

（3）采收应在晴天早晨露水干后进行，避免在雨天和正午采收。如炎热的夏天，因中午温度高，田间热不易散发，会促使果实衰老及腐烂，叶菜类会迅速失水而萎蔫，因此不宜采收。

（4）采果顺序应按照“先下后上、先外后内”逐渐进行，否则，常会因上下树或搬动梯子而碰伤果实，降低其品质和等级。

（5）周转箱大小适中，不能太大，否则容易造成底部产品的压伤。

（6）应合理选用周转箱的材料。柳条箱、竹筐对产品伤害较重；木箱、防水纸箱和塑料周转箱对产品伤害较轻。

第二节 果蔬采后商品化处理

果蔬采后商品化处理的主要环节包括预冷、清洗、愈伤、催汗与晾晒、选别、分级、化学药剂处理与涂膜、催熟和脱涩、包装、成件等。目的是有效地降低采后产品不利的生理过程，使之处在维持产品良好品质的基本水平上，延缓品质败坏，同时也为提高商品价值、防止产品贮藏结露、降低贮藏成本和损失以及加工某些产品做好准备工作。

一、预冷

（一）预冷的概念及作用

所谓预冷，是指果蔬在贮藏或运输之前，迅速将其温度降低到规定温度的措施。规定温度因果蔬的种类、品种而异，一般要求达到或者接近该种果蔬贮藏的适温水平。预冷与一般冷却的主要区别在于降温的速度，预冷要求尽快降温。恰当的预冷可以减少产品的腐烂，最大限度地保持产品的新鲜度和品质。

有研究指出，苹果在常温下（20℃）延迟 1d，就相当于缩短冷藏条件下（0℃）7～10d的贮藏寿命。可见，果蔬收获后及时而迅速地预冷，对保证良好的贮运效果具有重要的意义。

（二）预冷的方法

1. 空气预冷

（1）自然对流预冷。在预冷装置缺少，大量果蔬仍需在常温库内贮藏的情况下，把产品放在阴凉通风处，利用昼夜温差散去田间热。此法简便，冷却时间较长，难以达到产品所需的预冷温度。但是在没有更好的预冷条件时，自然对流预冷仍是一种应用较普遍的方法。

（2）强制通风预冷。这种方法采用专门的快速冷却装置，通过强制空气高速循环，使产品温度快速降下来。强制通风预冷多采用隧道式预冷装置，即将果蔬包装箱放在冷却所有隧道的传送带上，高速冷风在隧道内循环而使产品冷却。强制通风预冷需冷量大，比普通冷库高 4～6 倍，所以预冷效果也高出 4～6 倍，成本也不高。大部分果蔬适合强制通风冷却，对草莓、葡萄、甜瓜和红熟的番茄，使用效果显著。

（3）冷库空气预冷。此法制冷量小，风量小，由空气自然对流或风机送入冷风，使之在果蔬包装箱的周围循环，箱内产品因外层和内部产生温差，再通过对流和传导逐渐使箱内产品温度降低。这种方法冷却速度很慢，一般需要 24h 甚至更长时间。但此法不需另增设冷却设备，冷却和贮藏同时进行。可用于苹果、梨、柑橘等耐贮藏的品种。

2. 水预冷

（1）接触冰预冷。此法是利用天然冰、人造冰直接接触产品，降低体温的措施，可以是冰仓方式，也可以是预冰方式。预冷方式是在产品包装箱内放入冰与水的混合物，通过冰的融化吸收热量，带走产品释放的田间热。该法操作简单，不需特殊设备，成本低，但预冷效果一般，应用规模小，适用产品范围小，容易使产品发生冷害或冻害。只适合耐寒耐水的苹果、梨、葡萄、猕猴桃等水果，以及白菜类和葱蒜类蔬菜。

（2）流动水预冷。此法是采用流动的冷水（0℃～3℃）或自来水进行预冷的一种技术。冷水机传送带将产品带到流动的冷水中，产品释放的田间热被冷水吸收而降温，加热的冷水通过冷水循环系统回到冷水机中，重新冷却，循环利用。流动水预冷的预冷时间短，20～50min 可以达到预冷温度，主要用于胡萝卜、芹菜、柑橘、甜玉米、菜豆、桃的预冷。但是，流动水预冷容易传染病菌，引起产品腐烂，因此，预冷水应符合卫生标准；产品预冷后应及时将水沥干，并用吹风设施吹干产品；循环水要经常更换，冷水机系统应定期消毒。

3. 真空预冷

大气压力降低，水的沸点也相应降低。水在 101.3kPa 下，100℃才能沸腾；当压力降到 533.3Pa 时，0℃就可以沸腾。该法是将产品置于真空设备中，关闭开口以及阀门，迅速抽出容器内的空气和水蒸气，使产品表面水分在真空负压下迅速蒸发，带走田间热，通过排气阀门将田间热排出容器。

该法降温速度快，预冷效果好、操作简单，如莴苣、甜玉米、龙须菜、花椰菜等在 20～30min 便可以达到预冷效果。对易发生品质变化的产品如草莓、蘑菇，预冷效果也不错。但是，真空预冷很容易使产品变形，外观品质低劣。同时，真空预冷还易使产品失水过多，引起产品萎蔫失鲜。因此，真空预冷仅适于比表面积大的产品（如绿叶菜）。

（三）预冷应注意的事项

1. 预冷要及时

必须在产地采收后尽快进行预冷处理，故需建设降温冷却设施。

2. 采用适当的预冷方法

根据果蔬产品的形态结构选用适当的预冷方法，一般体积越小，冷却速度越快，并便于连续作业，冷却效果好。

3. 掌握适当的预冷温度和速度

冷却的最终温度应在冷害温度以上，否则造成冷害和冻害，尤其是对于不耐低温的果蔬产品。预冷温度应以接近最适贮藏温度为宜。

4. 预冷后处理要适当

果蔬产品预冷后要在适宜的贮藏温度下及时进行贮运，若仍在常温下进行贮藏运输，不仅达不到预冷的目的，甚至会加速腐烂变质。

二、愈伤

果蔬在收获、分级、包装、运输及装卸等操作过程中，很难避免机械损伤，特别是那些块茎、鳞茎、块根类蔬菜，如马铃薯、洋葱、大蒜、芋头和山药等，其微小伤口也会感染病菌而使产品在贮运期间腐烂变质，造成严重损失。因此，在各个环节都应精细操作，尽可能减少对果蔬造成的机械损伤。另外，可以通过愈伤处理，使轻度受损伤的组织得以修复愈合，从而阻止病菌侵染危害。

在愈伤过程中，周皮细胞的形成要求高温多湿的环境条件。例如，马铃薯块茎采后保持在18.5℃以上2d，之后在7.5℃～10℃和相对湿度90%～95%下保持10～12d，可延长贮藏期，减少腐烂；山药在38℃和相对湿度95%～100%下愈伤24h，可完全抑制表面微生物的生长，取得较好的贮藏效果；甘薯的愈伤处理一般是在温度为32℃～35℃，湿度为85%～90%的条件下预贮4d，这不仅能愈合伤口，而且能增强抵抗力，防止病菌侵染，温度过低或高于36℃都不利于愈伤组织的形成，会降低愈伤和贮藏的效果。愈伤时也有要求湿度较低的，如洋葱、蒜头，在收获后经过晾晒，使外部鳞片干燥，一方面可以减少微生物侵染；另一方面对鳞茎的伤口有愈合作用，对贮藏有利。

（一）田间愈伤

甘薯和其他热带块根类作物如果堆放在有部分遮光的地方，就可以进行室外愈伤。割下的杂草或稻草都可用作隔热材料，可在作物上部盖上粗帆布、粗麻布或编织草垫。愈伤要求高温、高湿，因此这种覆盖层可以维持产品本身的热量和水分。作物一般应堆置约4d。如果收获时正好是干旱季节，洋葱和大蒜可进行田间愈伤，其可摊开晾干或放在纤维袋或网袋中，可在田间放置5d，然后每天检查，直至外皮和外层组织干至适当程度。由于天气条件不同，愈伤可能需要长达10d。日照强、相对湿度较高而自然风流速较小的地区，可在通风棚子里进行愈伤。产品可装在袋子和麻袋里，置于阴凉处，在天花板上装1台或多台风扇。

（二）热空气愈伤

当热气通到预处理房的近地面时，热量的分布最为均匀。加热器可装在靠近产品堆的地面上，或者用管子从外面导入到预处理房里。如果把地面弄湿或在房间里使用挥发性冷却剂不让外部空气进入，则可使相对湿度增高。

如果将加热器装在天花板附近，天花板上的风扇可使热量分布到产品中。如果产品大量堆放在一起，每排（层）之间应留空 10～15cm，以保证有足够的空气流通。

（三）应急愈伤

如果愈伤条件不好，如下雨或农田受浸等，造成不能进行田间愈伤，又没有现代化的愈伤设备，可以临时使用帐篷进行愈伤。帐篷用大麻袋组成，将热空气通入空隙处（称为强制通风），进入洋葱中间。用几台风扇使热空气在洋葱中间循环。

三、催汗与晾晒

催汗就是为了防止果蔬产品在运输、贮藏过程中可能出汗，而在果蔬采收后促使其出汗，上面用麻袋片盖上，等出汗后，把麻袋片拿走，晾干。

晾晒处理也称为贮前干燥，或者萎蔫处理。果蔬采收时含水量高，组织脆嫩，贮运中易遭受机械损伤；或因蒸腾旺盛，使贮运环境中湿度过大，促使微生物活动而导致腐烂。有些种类的果蔬，因含水量高而发生某些贮藏生理病害，使其质量和耐贮性受到影响。因此，应根据果蔬的种类、贮藏条件及方式，进行适当的贮前晾晒处理。这种处理主要用于柑橘、叶菜类的大白菜和甘蓝，以及葱蒜类蔬菜。

我国北方一些地区，对于需要贮藏的大白菜，在大白菜砍倒后，要在田间直接晾晒，或者集中起来晾晒数日，达到菜棵直立但外叶垂而不折的程度，即失水 10%左右为好。晾晒使外层叶片变得柔软，保护内层叶片免受损伤，降低水分蒸腾和呼吸消耗，同时可以增强其越冬抗寒能力。但是，如果晾晒过度，不但会造成质量损失，而且会降低白菜的耐贮性。甘蓝在贮藏前进行晾晒处理，也有类似的效果。

柑橘贮藏后期易出现枯水现象。如果将柑橘在贮藏之前于干燥、冷凉、通风的场所放置一段时间，使其质量减轻 3%～5%，果皮膨压风干到某种松弛程度，就可明显减轻枯水病的发生。

四、选别、分级

（一）选别

图 3-1 表示用于产品选别的三种传送方式。最简单的是带传送，选果者必须用手来挑选，以便看到果实的各个方面，剔除坏果。推杆传送可使果实向前滚动着通过选果者的面前。滚筒传送则使产品朝后转动着通过选果者。

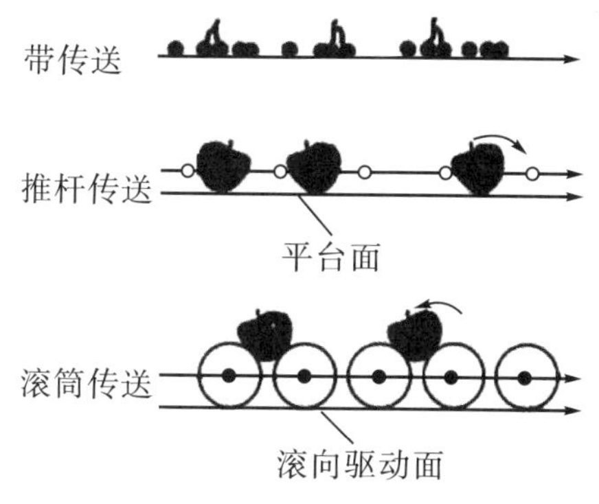

图 3-1 用于产品选别的三种传送方式

（资料来源：Lisa K，Adel A K. 果蔬花卉采后处理实用技术手册［M］. 华南农业大学果蔬采后生理研究室，译. 北京：中国农业出版社，2000.）

选果时，操作者伸向工作台手臂的角度建议为 45°（图 3-2），并且工作台的宽度应小于 0.5m，以避免过度伸展。分选剔除太小的、腐烂或受损的次果时，选果台要设定到适宜选果者操作的高度。另外，设置垫脚的矮凳或结实的橡皮垫，可减轻疲劳。选果台与选果箱的摆放位置要尽量减少手的移动幅度。良好的光线将会提高选果者发现次果的能力，深暗色的输送带或台面可减轻眼睛的过度疲劳。传送系统在运转时，产品通过选果者的速度不能太快。推杆传送或滚筒传送的旋转速度应调整至产品在选果者的正常视野内旋转 2 圈。

图 3-2 操作者与选果台

（资料来源：Lisa K，Adel A K. 果蔬花卉采后处理实用技术手册［M］. 华南农业大学果蔬采后生理研究室，译. 北京：中国农业出版社，2000.）

（二）分级

1. 分级标准

在国外，果蔬等级标准分为国际标准、国家标准、协会标准和企业标准。我国把果蔬等级标准分为 4 级：国家标准、行业标准、地方标准和企业标准。

我国现有的果品质量标准约有 16 个，其中鲜苹果、鲜梨、鲜柑橘、香蕉、鲜龙眼、核桃、板栗、红枣等都已制定了国家标准。此外，还制定了一些行业标准，如《香蕉等级规格》《梨销售质量》《出口鲜甜橙》《宽皮柑橘》《出口鲜柠檬》等。另外，国家还针对一些蔬菜等级及鲜蔬菜的通用包装技术制定了国家或行业标准，如大白菜、花椰菜、青椒、黄瓜、番茄、蒜薹、芹菜、菜豆和韭菜等。

我国水果的分级标准是在果形、新鲜度、颜色、品质、病虫害和机械损伤等方面已符合要求的基础上，根据果实横径最大部分直径分为若干等级。

我国出口鲜苹果的等级规格见表 3－2 和表 3－3。

表 3－2　出口鲜苹果的等级规格

等级	规格	限度
AAA（特级）	①有本品种特征果形，果梗完整。 ②具有本品种成熟度时应有的色泽，各品种最低着色度应符合表3－3规定。 ③大型果果实横径不低于 65mm，中型果果实横径不低于 60mm。 ④果实成熟，但不过熟。 ⑤红色品种轻微碰压伤总面积不超过 1.0cm^2，其中最大处面积不超过0.5cm^2。不得有其他缺陷和损伤	总不合格果不超过 10%
AA（一级）	①有本品种特征果形，果梗完整。 ②具有本品种成熟度时应有的色泽，各品种最低着色度应符合表3－3规定。 ③大型果果实横径不低于 65mm，中型果果实横径不低于 60mm。 ④果实成熟，但不过熟。 ⑤缺陷与损伤不超过下列两项：轻微碰压伤总面积不超过 1.0cm^2，其中最大处面积不超过 0.5cm^2。轻微枝、叶磨伤，其面积不超过1.0cm^2。金冠品种的锈斑面积不超过 3.0cm^2。水锈和蝇点病面积不超过 1.5cm^2。未破皮雹伤 2 处，总面积不超过 0.5cm^2。红色品种桃红色的日灼伤面积不超过 1.0cm^2，黄、绿色品种白色日灼伤面积不超过 1.0cm^2。不得有破皮伤、虫伤、病害、萎缩、冻伤和瘤子	总不合格果不超过 10%
A（二级）	①有本品种特征果形，带有果梗，无畸形。 ②具有本品种成熟度时应有的色泽，各品种最低着色度应符合表3－3规定。 ③大型果果实横径不低于 65mm，中型果果实横径不低于 60mm。 ④果实成熟，但不过熟。 ⑤缺陷与损伤不超过下列三项：碰压伤、磨伤、锈斑、水锈或蝇点病、日灼面积标准同 AA 级。轻微药害面积不超过 1/10，轻微雹伤总面积不超过 1.0cm^2。干枯虫伤 3 处，每处面积不超过 0.03cm^2。小疵点不超过 5 个。不得有刺伤、破皮伤、病害、萎缩、冻伤、食心虫伤和已愈合的面积不大于 0.03cm^2 的其他虫伤	总不合格果不超过 10%

注：参考《出口鲜果专业标准》（ZB B31006—1988）。

表 3－3　出口鲜苹果各品种、等级的最低着色度

品种	AAA	AA	A
元帅系	90%	70%	
富士	70%	50%	40%

续表3－3

品种	AAA	AA	A
国光	70%	50%	40%
其他同类品种	70%	50%	40%
金冠	黄或金黄色	黄或黄绿色	黄、绿黄或黄绿色
青香蕉	绿色不带红晕	绿色，红晕不超过果面的 1/4	绿色，红晕不限

注：参考《果蔬产品贮藏加工学·贮藏篇》。

形状不规则的蔬菜产品，如西芹、花椰菜、青花菜等，按重量进行分级。蒜薹、豇豆、甜豌豆、青刀豆等按长度进行分级。蒜薹等级规格见表 3－4。

表 3－4　蒜薹等级规格

等级	规格	限度
特级	①质地脆嫩，色泽鲜绿，成熟适度，不萎缩糠心，去两端保留嫩茎，整洁均匀。 ②无虫害、损伤、划薹、杂质、病斑、畸形、霉烂等现象。 ③蒜薹嫩茎粗细均匀，长度 30～45cm。 ④扎成 0.1kg 的小捆	每批样品不合格率不得超过 1%（以重量计）
一级	①质地脆嫩，色泽鲜绿，成熟适度，不萎缩糠心，薹茎基部无老化，薹苞绿色，不膨大，不坏死，允许顶尖稍有黄色。 ②无明显的病虫害、损伤、划薹、斑点、畸形、腐烂等现象。 ③薹茎粗细均匀，长度≥30cm。 ④扎成 0.5～1.0kg 的小捆	每批样品不合格率不得超过 10%（以重量计）
二级	①质地脆嫩，色泽淡绿，不脱水萎蔫，薹茎基部无老化。薹苞稍大，允许顶尖发黄或干枯，但不开散。 ②无严重病虫害、斑点、损伤、腐烂、杂质等现象。 ③薹茎长度≥20cm。 ④扎成 0.5～1.0kg 的小捆	每批样品不合格率不得超过 10%（以重量计）

注：参考《蒜薹》(GB 8866—1988)。

2. 分级方法

（1）人工分级。人工分级是最常用的分级方法，适应于形状不规则和易受伤产品的分级，如绿叶菜、草莓、蘑菇等。当然，形状规则产品也可以采用人工分级，如苹果、柑橘、番茄、马铃薯等。人工分级有感官分级（目测分级）、选果板分级两种。感官分级是以人的视觉判断作为分级的定性标准，没有分级设备或以比色卡为参考设备，视觉误差大，有很大的人为性和灵活性；选果板分级利用带有不同孔径的选果板进行，是一种将分级标准实物化的分级方法，分级比较规范、严谨，人为性较小，适合于多种球形果实（图 3－3）。

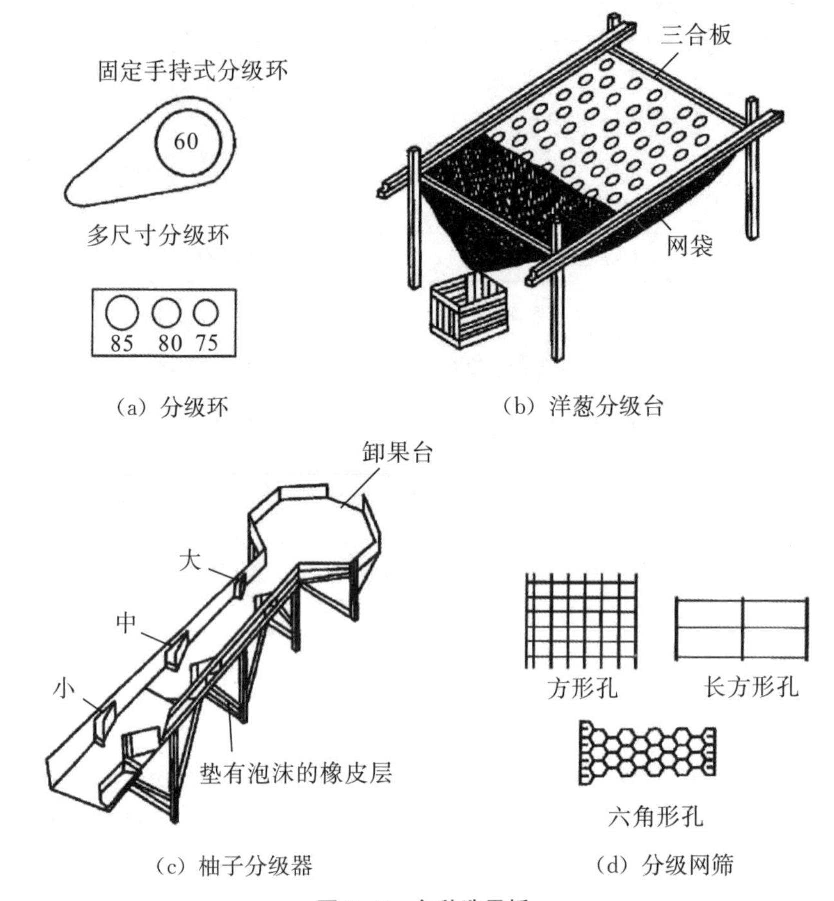

（a）分级环　　（b）洋葱分级台

（c）柚子分级器　　（d）分级网筛

图 3—3　各种选果板

（资料来源：Lisa K，Adel A K. 果蔬花卉采后处理实用技术手册［M］. 华南农业大学果蔬采后生理研究室，译. 北京：中国农业出版社，2000.）

（2）机械分级。采用专门的分级机械进行，是先进的分级方法，常与选别、清洗、干燥、打蜡、包装等同时进行（图 3—4）。然而，由于产品外形存在一定差别，同时完成多项操作的自动化处理有困难，因此，常采用人工分级与机械分级相结合的方法进行。机械分级广泛地应用于多种产品，在美国、日本、荷兰等国，除易受损伤产品采用人工分级外，其余产品均采用机械分级。我国很少采用机械分级。

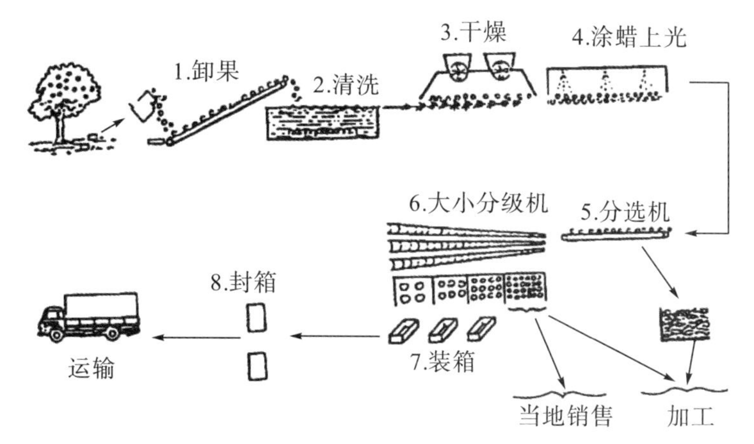

图 3－4　选别、清洗、干燥、打蜡、分级、包装系统

（资料来源：Lisa K，Adel A K. 果蔬花卉采后处理实用技术手册［M］. 华南农业大学果蔬采后生理研究室，译. 北京：中国农业出版社，2000.）

目前，分级机械主要有以下几种：

①形状分级机。按照产品大小分级，形状分级机有机械式和光电感应式两种。机械式分级机是当产品通过由小逐渐变大的缝隙或筛孔时，小的产品先被分选出来，大的产品后分选出来的一种装置（图 3－5）。机械式分级机构造简单，机械故障小，工作效率高，但对产品形状有一定要求，如产品为规则的圆形、球形或粗细均匀的长方形，有时也会出现精度不高以及产品磨损大的问题。光电感应式分级机有多种类型，有的利用产品通过光电系统时的遮光，测量产品外径大小；有的利用红外线扫描、数码摄像拍摄产品照片，用三维图像处理技术计算出产品的面积、直径、弯曲度和高度等外观指标，进行产品分级。光电感应式分级机是一种智能化分级设备，不易为普通操作者掌握。

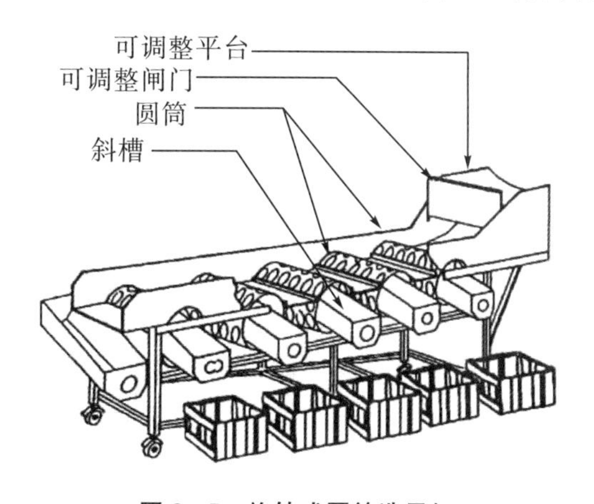

图 3－5　旋转式圆筒选果机

（资料来源：Lisa K，Adel A K. 果蔬花卉采后处理实用技术手册［M］. 华南农业大学果蔬采后生理研究室，译. 北京：中国农业出版社，2000.）

②质量分级机。质量分级机有机械秤式和电子秤式两种。机械秤式分级机是将产品放在固定在传送带上可回转的托盘里，当托盘移动到装有不同质量等级固定秤的分口处

时，称重，如果托盘内产品质量达到固定秤设定的质量，托盘翻转，卸下产品，产品进入下面的接收装置；如果产品质量小于第一次遇到的固定秤，托盘随传送带继续前进，直到达到与其质量一致的固定秤并被卸下产品。这种机械秤式分级机虽然精度较高，但不断卸下产品会对其产生伤害。电子秤式分级机的工作原理与机械秤式分级机基本相似，仅将一次只能分选一种质量的固定秤换成了一次可分选多个质量的固定秤，节约了安装在传送带上的电子秤，简化了装置，提高了工作效率。质量分级机仅适合球形产品，如苹果、梨、杏、桃、番茄、西瓜、甜瓜、洋葱等。

③颜色分级机。颜色分级机又称为色选机，已广泛地用在大米的分级中，在果蔬产品分级上的应用历史不长。色选机的分级原理是利用彩色摄像机和计算机处理 RG（红绿）二色型装置进行分级，是以色泽和成熟度为标准的一种分级。目前，颜色分级机在番茄、柑橘和柿子的分级上有一定的应用。

五、化学药剂处理与涂膜

（一）化学药剂处理

化学药剂处理包括植物生长调节物质处理和化学防腐两个方面，其目的主要是抑制果蔬后熟与衰老，杀灭微生物或抑制其生长。

（二）涂膜

涂膜指在果蔬表面涂上一层蜡质原料，起“果蜡”作用。

1. 涂膜的目的和作用

涂膜能够适当堵塞果蔬表面的气孔和皮孔，对气体的交换起到一定的阻碍作用，因而抑制产品的呼吸，减缓养分损耗和延缓产品后熟。涂膜能减少水分蒸发，增加水果和蔬菜的光泽，改善外观品质，提高商品价值。涂膜还可以作为防腐剂的载体，起到抑制病原微生物侵染的作用。此外，涂膜对减轻表皮的机械损伤也有一定的保护作用。

2. 涂料的种类和应用效果

目前，商业上使用的大多数蜡涂料都以石蜡和巴西棕榈蜡混合作为基础原料，石蜡可以很好地控制失水，而巴西棕榈蜡能使果实产生诱人的光泽。近年来，含有聚乙烯、合成树脂物质、乳化剂和润滑剂的蜡涂料逐渐被使用，它们常作为杀菌剂的载体或作为防止衰老、生理失调和发芽抑制剂的载体。在涂料中也可以加入 2,4-D、多菌灵及某些中草药成分，制成各种配方的复合剂，既有防腐作用，又有保鲜作用。用淀粉、蛋白质等高分子溶液，加上植物油制成混合涂料，喷在新鲜的柑橘和苹果上，干燥后可在产品表面形成有很多直径为 0.001mm 小孔的薄膜，它能抑制呼吸作用，使果实的贮藏寿命延长 3～5 倍。

3. 使用涂料应注意的事项

涂膜应厚薄均匀、适当，过厚会影响呼吸，导致呼吸代谢失调，引起生理伤害。涂料必须安全无毒，无损于人体健康，成本低廉，使用简单，材料易得。涂料处理只能在短期贮藏或上市前进行处理，以改善果蔬外观品质。

4. 涂膜的方法

可采用浸涂、刷涂、喷涂。涂膜可用人工或人工与机器配合进行，国外由于劳动力缺乏及需要商品化处理的果蔬数量大，一般使用机器打蜡。新型的喷蜡机大多与洗果、干燥、喷涂、低温干燥、分级、包装、装订成件、贮运等工序联合配套进行。我国许多地方还在使用手工打蜡。

六、催熟和脱涩

（一）催熟

果蔬在采收时成熟度往往不一致，为了使产品以最佳食用成熟度和风味品质提前上市，需要对其进行人工处理，促进其后熟，这就是催熟。如香蕉、洋梨、柿子、番茄、猕猴桃、菠萝等，为了运输途中的安全，在果实尚未完全成熟之前就会进行采收，但此时果实青绿、肉质坚硬、风味欠佳，如果经过自然后熟，虽然能达到各种果实固有的风味，但所需时间长，达不到提早上市的目的，所以可采用人工催熟的方法。

1. 催熟原理

乙烯被称为成熟激素，当果蔬体内的乙烯浓度累积到其阈值时，就会启动果实的成熟进程，促进果蔬的成熟。果蔬种类不同，引起果实成熟生理反应的乙烯最低浓度（阈值）不同。乙烯促进果蔬成熟所需要的浓度很低，因而，生产中可以通过高浓度外源乙烯进行处理，使得果蔬内源乙烯浓度达到或超过作用阈值，从而加快成熟进程。

2. 催熟条件

果实的后熟是一系列极其复杂的生理生化变化的过程，所以催熟需具备一定条件。首先，催熟的果实必须达到一定的生理成熟；其次，要有适宜的温度、湿度、充足的 O_2 和适宜的催熟剂。

（1）催熟剂。乙烯、丙烯、丁烯、乙炔、乙醇等化合物对果实均有催熟作用，其中乙烯的应用最为普遍，适合于各种果实的催熟。

（2）环境条件。乙烯催熟处理措施必须在密闭环境中进行。温度是催熟的首要条件，过高或过低都会抑制酶的活性，一般认为 21℃～25℃是果实催熟的适宜温度。保持空气中有充足的 O_2 含量是催熟不可缺少的条件，但过多 O_2 的累积也会抑制催熟。因此，需要每隔一段时间对催熟室通风换气，再密闭输入乙烯。环境湿度在催熟中也不可忽视，湿度过低，产品会失水萎蔫；湿度过高，产品又易感病腐烂。一般相对湿度以85%～90%为宜。由于催熟环境的温度和湿度都比较高，致病微生物容易生长，因此要注意催熟室的消毒。

3. 催熟方法

（1）香蕉的催熟。可利用乙烯催熟，在温度 20℃和 80%～85%的相对湿度下，向催熟室内加入 1g/m^{3}的乙烯，处理 24～28 h，当果皮稍黄时取出即可。为了避免催熟室内累积过多的 CO_2，而导致生理病害的发生，每隔 24h 要通风 1～2h，密闭后再加入乙烯。使用乙烯利的浓度因温度而异，在 17℃～19℃、20℃～23℃和 23～27℃条件下，使用乙烯利的质量浓度分别为 2～4g/L、1.5～2g/L 和 1g/L。将乙烯利稀释液与香蕉接触后，一般经过 3～4d 香蕉就可变黄。此外，还可以用熏香法，点线香 30 余支，保持室温在 21℃左右，密闭 20～24h 后，将密闭室打开，过 2～3h 后将香蕉取出，再放在温暖通风处 2～3d，香蕉的果皮由绿变黄，涩味消失。

（2）番茄的催熟。将绿熟番茄放在温度为 20℃～25℃和相对湿度为 85%～90%的条件下，用 0.1～0.15g/m^{3}的乙烯处理 48～96 h，果实可由绿变红。也可直接将绿熟番茄放入密闭环境中，保持温度为 22℃～25℃和相对湿度为 90%，利用其自身释放的乙烯催熟，但是采用这种方法催熟的时间较长。

（3）柑橘的脱绿。一般早熟的柑橘品种在果皮完全绿色时就可采摘上市；但一些中、晚熟品种成熟时由于在田间气温偏低而不易脱绿，采后果皮仍然呈青绿色，影响销售。上市前可以人为地进行脱绿处理。密封室内保持温度为 25℃～30℃、相对湿度为 85%～90%，并保持 20～100mg/m^{3}的乙烯浓度，经过 2～3d，果实就能脱绿。CO_2 体积分数一般不宜超过 1%，处理果实数量较大时，需要对室内进行适当通风，避免由于 CO_2 过高或者 O_2 过低而影响脱绿效果。用乙烯利代替乙烯对柑橘进行脱绿处理时，乙烯利的使用质量浓度为 2000mg/L 左右。这种处理方法简便易行，但若使用不当，易引发果实的腐烂病害。

（二）脱涩

柿果等一些果实含有较多的单宁物质，完熟之前有强烈的涩味而不能食用，这是因为食用时存在于果肉细胞中的部分单宁细胞破裂，可溶性单宁物质流出，与口舌上的黏膜蛋白质结合，产生收敛性涩味。因此，必须经过脱涩处理才能上市。

1. 脱涩机理

柿子果实体内一种特殊细胞的原生质里含有很多单宁物质，而单宁细胞数量的多少和大小因品种而异，可溶性单宁有涩味，而不溶性单宁不具有涩味。涩柿果实中的单宁，绝大多数以可溶状态存在，易使人感到强烈的收敛性涩味。甜柿中的单宁绝大多数以不溶性状态存在，当果实被咬破后，单宁不被唾液溶解，所以人们不会感到有涩味。脱涩的基本原理就是在一定的条件下，将可溶性单宁转变为不溶性单宁，从而使柿果失去涩味。

2. 影响脱涩的因素

品种、成熟度、环境温度以及药剂的处理浓度等因素与柿果脱涩密切相关。

（1）品种。由于柿果品种之间的单宁细胞大小和数量、可溶性单宁含量及乙醇脱氢酶的活化程度不同，脱涩难易程度也各异。

（2）成熟度。随着柿子果实的成熟，可溶性单宁含量逐渐减少，所以在脱涩过程中，成熟果实催熟所需的时间比未成熟的短，脱涩较容易。

（3）温度。温度是影响柿果脱涩的重要因素之一。温度高，呼吸作用强，产生醇、醛类物质多，容易脱涩；温度低，呼吸作用弱，醇、醛类物质产生少，脱涩慢。

（4）化学物质的浓度。在一定浓度范围内，能使柿果脱涩的化学物质浓度越高，脱涩越快。用乙烯利催熟，浓度越高，后熟脱涩越快。鲜果脱涩时，放入的鲜果越多，产生乙烯越多，脱涩时间就越短。但是化学物质过多，往往会损坏柿果的风味，如酒精脱涩时，酒精过量，会使果面变褐，产生刺激性的异味。

3. 脱涩方法

（1）温水脱涩。将涩柿浸泡在40℃左右的温水中，经20h左右，柿果即可脱涩。温水脱涩的柿果质地硬，风味好，方法简单，但产品的货架期短，容易败坏。

（2）石灰水脱涩。将涩柿浸入7%的石灰水中，经3～5d即可脱涩，果实脱涩后，质地脆硬，不易腐烂。但果面有石灰痕迹，影响产品外观，最好用清水冲洗后上市。

（3）酒精脱涩。将35%～75%的酒精或白酒喷洒在涩柿表面上，用5～7mL/kg体积分数为35%的酒精，将果实密闭于容器中，在室温下保持4～7d，即可脱涩。此法可用于运输途中的柿果脱涩。

（4）高浓度CO_2脱涩。将柿果装箱后，密闭于塑料大帐内，通入CO_2并保持其浓度为60%～80%，在室温下2～3d即可脱涩。若温度升高，脱涩时间可相应缩短。采用此法脱涩的柿果，质地脆硬，货架期长，成本低，可进行大规模生产。但有时处理不当，脱涩后会产生CO_2伤害，使果心褐变或变黑。

（5）乙烯及乙烯利脱涩。将涩柿放入催熟室内，保持温度为18℃～21℃和相对湿度为80%～85%，通入1000mg/m^{3}的乙烯，2～3d即可脱涩；或用250～500mg/kg的乙烯利喷果或蘸果，4～6d后可脱涩。果实脱涩后，风味佳，色泽艳，但质地软，不宜长期贮藏和运输。

七、包装、成件

包装（package）是果蔬商品化处理中十分重要的环节，是使果蔬产品标准化、商品化，保证安全贮运的重要措施。合理、适宜的包装可以有效增加果品的商品附加值。

（一）包装的作用

包装处理可以减少产品摩擦、碰撞和挤压造成的机械损伤，防止产品受到空气中尘土和微生物等不利因素的污染，减少病虫害侵染和水分蒸发，缓冲环境条件急剧变化引起的产品损失。此外，包装还可促使果蔬产品在流通中保持良好的稳定性，从而提高商品价值。

（二）包装的要求

果蔬产品的包装具备如下特点。

1. 保护性

有足够的机械强度，能承受一定的压力，坚固、耐用、轻便，内部平整、光滑，有利于保护产品并方便装卸运输。

2. 通透性

利于贮藏中热量的排放和气体交换，如呼吸热及氧、二氧化碳、乙烯等气体。

3. 防潮性

避免由于容器的吸水变形而致内部产品腐烂。

4. 安全性

包装材料需卫生、美观、无污染、无异味，其中不含有会转移到产品中并对人体有毒性的化学物质。

（三）包装类型

根据使用目的不同，果蔬产品包装的类型可分为贮运包装和销售包装、外包装和内包装、产地包装和消费地包装等多种形式。习惯上以外包装和内包装分类的较多。

1. 外包装

果蔬产品的外包装种类很多。目前在我国有筐、木箱、瓦楞纸箱、泡沫保温箱、塑料周转箱等。

2. 内包装

与产品直接接触的包装称为内包装，其主要类型有塑料薄膜袋包装、单果包装、小盒和塑料托盘包装等。

3. 填充物

填充物是包装箱内不可缺少的一种辅助性包装，起缓冲作用。使用填充物的目的在于缓冲振动冲击产生的能量，可减轻外力对内容物的影响。填充物要符合柔软、干燥、不吸水、无异味、无毒等要求，如刨花、稻壳、纸条等。

（四）包装方法

在现代产品包装中，水果一般都采用定位放置法或制模放置法进行包装。

1. 定位放置法

使用一种带有凹坑的特殊抗压垫，凹坑大小根据果实的大小设计，使一个果实占据一个凹坑，当将一层放满后，在其上面再放一个带凹坑的抗压垫，使果实逐个分层隔开。抗压托盘常用纸浆模压盘或者塑料托盘。定位放置法能有效地减少果实损伤，但包装速度慢、费用高，适用于一些价值高的果蔬产品包装。

2. 制模放置法

将果实逐个放在固定的位置上，使每个包装能有最紧密的排列和最大的净质量，包装的容量是按果实个数计量。

第三节　果蔬的运输

运输是新鲜果蔬从产地运往销地的桥梁，通过运输可以满足人们的生活需要，运输的发展可以推动新鲜果蔬生产的发展。新鲜果蔬的运输出口，可换取外汇。出口产品的质量关系我国对外贸易的信誉。

运输是动态贮藏，要在运输途中保持产品品质和延长其采后寿命，与果蔬的采收成熟度、采后处理、预冷、包装、装卸水平、运输中的环境条件、运输工具、路途状况和组织工作都有着密切的关系。

一、运输方式与工具

（一）公路运输

公路运输是我国最重要和最普通的中、短途运输方式。公路运输的优点是投资少，机动灵活，能减少转运次数，缩短运输时间，货物送达速度快，且不需要换装，即能做到从产地到销售地“门对门”的运输。但是公路运输的成本高，载运量小，耗能大，劳动生产率低。同时，公路运输的损失因道路条件和汽车性能的不同差异很大。若道路条件好、汽车性能好，则可减少运输损失。公路运输有普通车和冷藏车等运输车体。但目前我国由于道路条件、运输车辆的性能和冷藏车辆较少，还不能很好地满足果蔬运输的需求。

近几年从国外引进一种平板冷藏拖车，其是一节单独的隔热、制冷拖车车厢（类似于冷藏集装箱），这种拖车移动方便灵活，可在高速公路上运输，也可直接拖运进铁路站台安放在平板车皮上或进码头上船舱，运到目的地后，再用汽车牵引到批发市场或销售点。整个运输过程中减少了搬运装卸次数，从而可避免损伤，运输温度变化不大，有利于保持产品质量，提高效益，适应日益发展的新鲜果蔬的公路运输。

（二）铁路运输

铁路运输是目前我国物资运输的主要方式。据了解，果蔬采用铁路运输方式占果蔬总运量的1/3左右。铁路运输具有运输量大、速度快、准时、运输成本低、连续性强、不受季节影响等优势，但运输起止点都是车站的大宗货场，前后都需要其他方式的短途运输，增加了装卸次数。铁路运输适合于中、长途大宗果蔬运输。铁路运输一般采用普通棚车、通风隔热车、加冰冷藏车、机械冷藏车和冷冻板式冷藏车等。

1. 普通棚车

普通有棚的车厢内没有温度调节控制设备，受自然气温的影响大。车厢内的温湿度通过通风，草帘、棉毯覆盖或加冰等措施来调节。这种土法保温难以达到果蔬理想的温度，因而会导致果蔬腐烂损失，损耗可达15%～40%。

2. 通风隔热车

通风隔热车具有隔热的车体和良好的通风性能，但车内无任何制冷和加温设备。在运输过程中，主要依靠隔热体的保温和通风使产品的运输温度控制在允许范围内。

3. 冷藏车

目前我国的冷藏车有加冰冷藏车、机械冷藏车和冷冻板式冷藏车。

(1) 加冰冷藏车（冰保车）。各类型加冰冷藏车内部都装有冰箱，具有排水设备、通风循环设备以及检温设备等。我国加冰冷藏车均为国产车，以B6型车顶冰箱冰保车为主。车体为钢结构，隔热材料为聚苯乙烯，顶部有7个冰箱（其他冰保车为6个冰箱）。运输货物时在冰箱内加冰或冰盐混合物，控制车内低温条件。

在运输途中，冰保车内的冰融化到一定程度时要加冰，因此在铁路沿线每350～600km距离处要设置加冰站，使车厢能在一定时间内得到冰盐的补充，维持较为稳定的低温。站内有制冰池、贮冰库，使用时将冰破碎。也有把管冰机运用到铁路运输中，制冰在封闭系统中进行，管状冰在蒸发器上直接冻结，管冰为直径小的结冻块，用时不需另行破碎，此外，还可加入天然冰。加入的冰块最好为1～2kg，冰块过大，盐会从冰块间隙掉到冰箱底部而不起作用；冰块太细，又会彼此结成团，使制冷面积减少。加入的盐应该干净、松散，如黄豆大小。

冰保车的缺点是盐液对车体和线路腐蚀严重，车内温度不能灵活控制，往往偏高或偏低，且车辆重心偏高，不适于高速运行。

(2) 机械冷藏车（机保车）。机械冷藏车采用机械制冷和加温，配合强制通风系统，能有效控制车厢内温度，装载量比冰保车大。可分为集中供电、集中制冷，集中供电、单独制冷，单独供电和制冷3种。

机保车使用制冷机，可以在车内获得低温，在更广泛的范围内调节温度，有足够的能力使产品迅速降温，并可在车内保持均匀的温度，因而能更好地保持易腐货物的质量。机保车备有电源，便于实现制冷、加温、通风、循环、融霜的自动化。由于运行途中不需要加冰，可以加快货物送达，加速车辆周转。与冰保车相比，机保车存在着造价高、维修复杂、需要配备专业乘务人员等缺点。

(3) 冷冻板式冷藏车（冷板车）。冷冻板式冷藏车是一种低共晶溶液制冷的新型冷藏车。冷冻板安装在车棚下，并具有温度调节设施，在车外30℃的条件下，采用−18.5℃的冷冻板能使车内温度达到−10℃～6℃。

冷板车的充冷是通过地面充冷站进行的，一次充冷时间约12h，充冷后可制冷120h。若外温低于30℃，充冷后的制冷时间可达140h。车内两端的顶部各装有两台风机，开动风机加速空气循环，使果蔬含有的大量田间热被带走，从而迅速冷却到要求的温度。

冷板车具有稳定的恒温性能，而这种恒温特性是机械冷藏车不能实现的。将冷板车的直接制冷成本和能源消耗与冰保车、机保车相比较，其经济效益是很好的。

冷板车是一种耗能少、制冷成本低、冷藏效能好的新型冷藏车。其缺点是必须依靠地面的专用充冷设施为其提供冷源，因此，使用范围局限在铁路大干线上。

4. 集装箱

集装箱是便于机械化装卸的一种运输货物的容器，集装箱运输是当今世界发展的运输工具，既省人力、时间，又保证产品质量，可实现“门对门”的服务。1970年，国际标准化组织对集装箱下了定义：第一，能长期反复使用，有足够的机械强度；第二，在途中转运时，不动箱内货物，可直接从一种运输工具转换到另一种上；第三，具有$1m^3$以上的容积；第四，便于货物的装卸。

二、运输管理技术

（一）装卸、堆码要求

装卸和堆码是保证运输质量的基本技术环节。对果蔬运输前后装卸的最基本要求为：轻搬轻放，防止野蛮装卸造成严重机械损伤；快装快卸，防止品温因装卸耗时太长而升高，造成低温冷链断链的现象，降低运输品质。合理的堆码可以减轻运输过程中的振动，有利于保持产品内部良好的通风环境及运输环境内温度的均衡调节，同时还可以增加装载量，有效利用空间。果蔬在运输工具中堆码应遵循的原则为：单位货物间留有适当的空隙，以使运输环境中的空气顺利流通；每件货物都不能与车厢的底板和壁板相接触；货物不能紧靠机械冷藏出风口或加冰冷藏冰箱隔板或气调出气口处，以免造成低温伤害、二氧化碳中毒或无氧呼吸。对于冷藏运输，必须保证运输环境内温度均衡，每件货品都能接触冷却空气；对于保温运输，应使货堆内外温度一致。在装载堆码前，要注意在车厢底板上垫加一定高度的垫板或其他有利于通风换气和减振的物品。同时，在装载完毕后，应适当捆绑固定，避免运输途中的摇晃和振动。

（二）运输环境条件控制

果蔬运输的环境条件控制主要是指温度、湿度、气体等的控制。

1. 温度的控制

温度是运输过程中的重要环境条件之一。低温运输对保持果蔬的品质及降低运输中的损耗十分重要。随着冷库的普及使用，运输工具性能的改进，国内果蔬流通对于果蔬运输中温度的控制逐渐完善，运输过程中逐渐实现了冷链流通，如加冰冷藏车、机械冷藏车、冷藏集装箱等都为低温运输提供了方便。对于有些耐贮运的果蔬，预冷后采用普通保温运输工具即可进行中、短途运输，也能达到同样的效果。但在秋冬季节，将南方果蔬向北方调运时，要注意加热、保暖、防冻。

2. 湿度的控制

湿度在运输中对果蔬的影响较小。但如果是长距离运输或运输所需时间较长时，就必须考虑湿度的影响。尤其是水分含量较高的蔬菜，在运输途中要观察水分的散失状况，及时增加环境中的湿度，防止过度失水造成萎蔫，从而影响产品品质。环境湿度的调节与加湿方法可参照所运果蔬在贮藏时的相关要求和技术进行。果品由于有良好的内外包装，在运输途中失水而造成品质下降的可能性不大，但要注意因温度控制不稳定，造成结露现象的发生。

3. 气体成分的控制

采用冷藏气调集装箱运输方式和长距离运输时，要注意气体成分浓度的调节和控制，气体成分浓度的调节和控制方法可参照所运果蔬在气调贮藏时的相关要求和技术进行。对较耐 CO_2 的果品，可采用塑料薄膜袋内包装的方式，达到微气调的效果；对 CO_2 敏感的果品，应注意包装不能太严密或进行通风处理。

4. 防振动处理

在运输途中，剧烈的振动会造成新鲜果品的机械损伤，机械损伤会促使水果乙烯的产生，加快果品的成熟；同时易受病原微生物的侵染，造成果品的腐烂。因此，在运输中应尽量避免剧烈的振动。比较而言，铁路运输的振动强度小于公路运输，水路运输又小于铁路运输。振动的程度与道路的状况、车辆的性能有直接关系，路况差，振动强度大；车辆减振效果差，振动强度也会加大。在启运前一定要了解路途状况。对产品进行包装时，应增加填充物；装载堆码时尽可能使产品稳固或加以牢固捆绑，以免造成挤、压、碰撞等机械损伤。

思考题

1. 简述果蔬采收的依据和方法。
2. 为什么要对采后的果蔬进行预冷处理？常见的预冷处理方法有哪些？
3. 什么是愈伤？哪些果蔬适合愈伤处理？
4. 我国关于果蔬的等级标准有哪些？请搜集资料，以一种果蔬为例，对其标准进行描述。
5. 目前果蔬分级方法有哪些？机械分级的主要形式有哪些？
6. 什么是涂膜？涂膜的目的和作用有哪些？使用涂膜材料时的注意事项有哪些？
7. 如何对采收后的果蔬进行人工处理促进后熟？请描述一种果蔬的后熟方法。
8. 哪些果蔬需要进行脱涩处理？脱涩的方法有哪些？
9. 如何对果蔬进行包装？
10. 简述果蔬运输的条件控制。

第四章　果蔬贮藏方式

【本章重点】

掌握机械冷藏和气调贮藏。

果蔬采收以后，仍进行着以呼吸作用为主要形式的生命活动。果蔬贮藏的原理就是根据果蔬生物学特性，创造适宜的低温、低氧、高二氧化碳、高湿度的贮藏环境条件，以维持果蔬正常的、最低的生命活动，把一切生理生化变化降到最低水平，从而延长果蔬贮藏寿命，达到长期贮藏保鲜的目的。

人们在长期生产实践中，根据各种果蔬的特性，结合各地的自然经济特点，积累了丰富的贮藏经验，也创造了各种有效控制贮藏环境的贮藏方式。贮藏方式有很多，例如，可按温度条件分为自然温度贮藏，如堆藏、埋藏、窖藏等简易贮藏和通风库贮藏等；人工冷却贮藏，如机械冷却贮藏、气调贮藏。若按贮藏场所的结构和控温、控湿、通风调气等设施设备的不同，可分为简易贮藏、机械冷藏、气调贮藏等。在具体操作时，应根据当地的气候特点及其变化规律，以及地势、地形、土壤等自然环境和经济情况，结合各种果蔬的贮藏特性，选择适宜的贮藏方式及采取相应的管理措施。

第一节　自然温度贮藏

主要包括简易贮藏和通风库贮藏。

一、简易贮藏

简易贮藏方式包括堆藏、沟藏和窖藏 3 种基本形式，以及由此而延伸的冻藏和假植贮藏。

简易贮藏是利用较低的气温和土温降低果蔬贮藏场所的温度；利用土壤、稻草以及其他覆盖物的蓄冷、隔热、隔气、保湿性能保持贮藏环境低而稳定的温度、低的氧气和高的二氧化碳浓度、高的相对湿度，从而达到保鲜果蔬的目的。

简易贮藏的主要特点是结构、设备简单，建造方便，可就地取材，经济实用，投资少，费用低。但产品贮藏寿命不太长。然而对于某些种类的果蔬，却有其特殊的应用价值。

（一）堆藏

1. 特点

堆藏是将采后的果品和蔬菜直接堆放在果园、田间、空地或浅沟中，根据气温的变化，用麦秸、席子、草帘等进行增减覆盖，以维持贮藏环境适宜的温度、湿度，从而达到贮藏目的的一种方法。

由于堆藏是将果蔬直接堆积在地上，因此受气温的影响较大，受地温的影响较小。当气温过高时，覆盖有隔热的作用；当气温过低时，覆盖有保温防冻的作用，从而缓解了不适气温对贮藏果蔬的影响。

堆藏一般只适用于北方秋季果蔬的贮前短贮和果蔬采收后入库前的预贮。堆藏适合大白菜、洋葱、大蒜、马铃薯、苹果、梨、冬瓜、柑橘等果蔬的短期存放。另外，由于堆藏产品内部散热慢，容易使内部发热，所以叶菜类产品不宜采用堆藏形式。

2. 结构与管理

（1）结构。堆藏果蔬的宽度和高度没有一定的规格和模式，一般宽 1.5～2m，高 0.5～2m，长度不限，视贮藏的种类及用途而定。宽度过大，易造成通风散热不良，导致腐烂；堆码过高，则易倒塌，造成大量的机械损伤。覆盖时间和厚度依气候变化情况而定，不同地区、不同季节以及不同的果蔬种类，应采用不同的覆盖措施。堆藏结构见图 4－1。

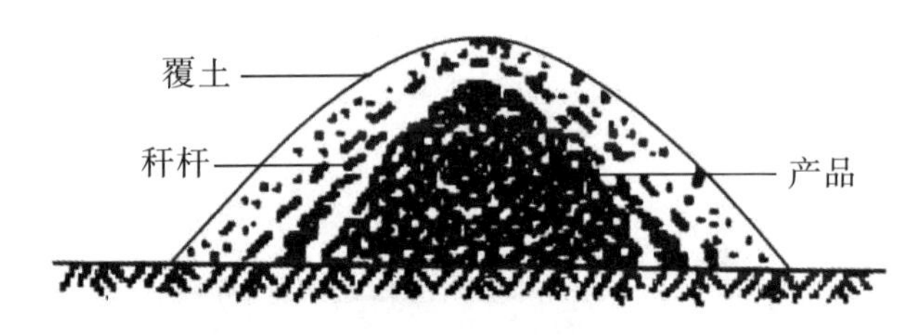

图 4－1　堆藏

（资料来源：潘静娴．园艺产品贮藏加工学［M］．北京：中国农业大学出版社，2007.）

（2）管理。在果蔬采收前，选择通风良好、阴凉干燥、水位低的地势，由于南方与北方的自然条件差异很大，因此堆藏形式也不尽相同，如堆藏大白菜时，南方多采用架堆式，北方则采用堆积式。堆的形状以长条形为好，在冬季不十分寒冷的地区，室外堆藏的堆向可东西延长，以利于维持堆内低温。冬季非常寒冷的地区，南北延长的堆向为好，以减少西北风的吹袭面。马铃薯、洋葱等可堆积 1.5～2m 高，1.5m 宽。苹果、梨等的预贮堆放，宽度 1.2～1.5m，高度 4～5 层果。

果蔬采收后，应先选果后，在通风阴凉处预贮，散发田间热，霜降后贮藏。贮藏时先对畦面喷清水，将果蔬逐层轻放，以免碰压果蔬。堆顶部摆成小圆弧形，中堆顶垂直高 70～80cm，摆好后，随即用纸或塑料薄膜盖严封好，再横盖一层草帘。为了加强内部的通风，每隔3m长竖一通气把。当外界温度高于0℃时，应在白天覆盖遮阴，夜间取掉覆盖物，进行通风散热；当外界温度低于0℃时，应在果蔬堆上再盖一层草帘或其他覆盖物防寒。

（二）沟藏

1. 特点

沟藏也叫作埋藏，是将果蔬堆放在挖好的沟内，堆积到一定的厚度，在上面进行覆盖，进行贮藏的一种方法。

沟藏主要是利用晚秋和早春夜间低的气温来降低沟和果蔬的温度，利用土壤的蓄冷和隔热性能保持沟内适宜、稳定的低温；土壤具有的一定的隔气性使果蔬处于低氧、高二氧化碳的气调环境，从而降低了果蔬的呼吸代谢。土壤的保湿作用使贮藏的果蔬更加新鲜。

因此，沟藏的果蔬失重率很低。但是由于果蔬一直处于高湿环境，果实的腐烂率高。沟藏是在田间或空地上的临时场所，应用时修建，贮藏时填平。沟藏的保温性能比堆藏好，在北方，多用来贮藏萝卜、胡萝卜、白菜、苹果、板栗、山楂等果蔬，如北京的萝卜贮藏。

2. 结构与管理

（1）结构。贮藏沟应选在地势干燥、土质黏重、排水良好、地下水位较低之处，沟底部与地下水位的距离应在1m以上。寒冷地区，沟的方向以南北延长为宜，可减少冬季寒风的直接袭击面；较温暖的地区，沟的方向则以东西延长为宜，可增大迎风面，增强贮藏前期的降温效果。沟深宜在冻土层深度以下，但是不同地区冻土层的深度不同，徐州、开封一带沟深为0.6m，北京地区为1～1.2m，辽宁省为1.5m。一般沟宽以1～1.5m为宜。沟的长度对沟温影响不大，视贮藏量而定。沟的断面设一条通风沟，沟自一端壁中央直下，贯穿沟底，从另一端通出地面。在积雪较厚和雨水较多的地方，贮藏沟的两侧应开排水沟，以防沟内积水。

一般直接在果树行间、田间挖沟。山东改良式沟藏选择房屋或院墙北侧背阴处。沟藏结构见图4－2。

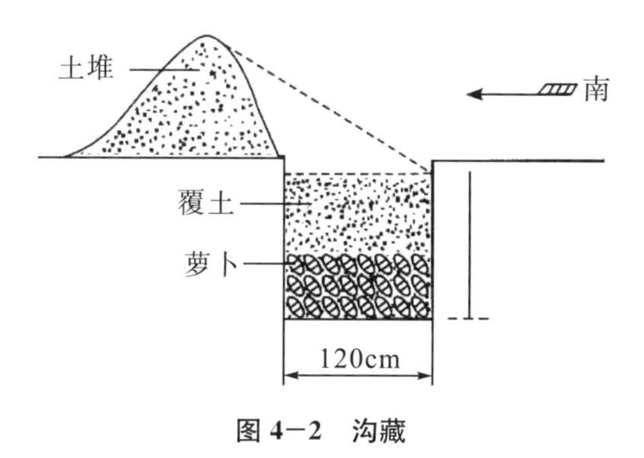

图4－2　沟藏

（资料来源：潘静娴．园艺产品贮藏加工学［M］．北京：中国农业大学出版社，2007．）

（2）管理。果蔬入沟前的准备工作：果蔬入沟前，沟内先铺垫玉米秸、麦草或干净的湿沙。对沟进行预冷的方法：白天用草帘遮盖地沟，夜间打开，利用夜间的低温对沟进行降温。

果蔬的挑选、预贮：果蔬采收后，会带有大量的田间热和本身高的呼吸热，因此，应先挑选无病、无机械损伤的果蔬装入筐或塑料袋中，或直接堆放通风阴凉处预贮，当沟温降到5℃时入沟。

果蔬的贮藏：贮后的果蔬可直接整齐地堆放在沟内，也可装入筐或塑料袋内摆放在沟内。为了防止贮藏过程中果蔬温度过高和气体伤害，在果堆中每隔7～8m插一把玉米秸扎成的捆把，白天覆盖，夜间揭开通风降温，以充分利用夜间低温使沟内快速降温，当沟温降至0℃～2℃时封沟。冬季根据气温增减覆盖物。在比较寒冷的地区，常在贮藏沟的北侧设置风障，防止温度过低。在冬季较为温暖的地区，常在沟的南侧设置前障，以减少阳光的照射，有利于降温。最好在有代表性的部位放一支温度计经常观察，保持沟内的温度在0℃～3℃的范围内。早春气温和土温开始回升，这时可采用晚秋的温度管理方法。

沟藏果蔬一经开封取用，沟、坑中适宜的温度、湿度、气体含量均被破坏，沟、坑内剩余的果蔬不宜继续久贮，应及时处理，以免品质变劣。

（三）窖藏

1. 特点

窖藏在性能上与沟藏相似，主要是利用地下温度、湿度受外界环境影响较小的原理，创造一个温度、湿度、气体含量都比较稳定的贮藏环境。

2. 结构

根据窖的结构不同，可分为棚窖、井窖和窖窑。

（1）棚窖。棚窖的结构多为地下式或半地下式。寒冷的东北多建地下式窖，即在地面挖一个长方形的窖身，入土深度一般为2.5～3m，长度一般为20～50m，宽度有的为2.5～3m，称为“条窖”；有的为4～6m，称为“方窖”。

棚窖建造的方法是先挖窖身，再夯垒土墙或架设棚顶，棚顶的架设用竹、木梁，下立支柱，梁架上用捆扎成把的秸秆铺设，然后覆土踏实，也可用秸秆与泥土相间覆盖。覆盖层的厚度依地区而不同，华北地区不少于25cm，东北地区要加厚至40～50cm，棚顶要留天窗，用于通风散热或工作人员及货物进出的通道。天窗数量和大小因气候条件而异，一般天窗的大小为50～70cm见方，天窗与天窗间的距离为3～4m。较大型的棚窖在窖的一端或两端设有窖门，以便产品入贮初期的通风散热，当气温下降后，将窖门严密封堵，然后改从天窗出入。棚窖结构见图4-3。

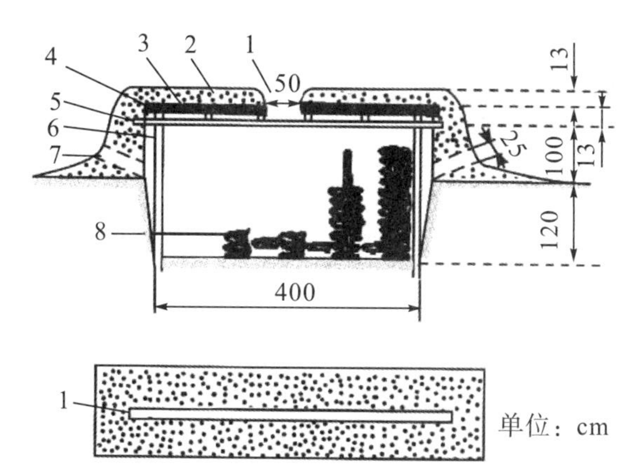

1—天窗；2—覆土；3—秸秆；4—枕木；5—横梁；6—支柱；7—气孔；8—白菜

图 4−3　棚窖（北京白菜棚窖示意图）

（资料来源：潘静娴．园艺产品贮藏加工学［M］．北京：中国农业大学出版社，2007.）

棚窖常用来贮藏苹果、梨、葡萄、柑橘、大白菜、马铃薯等果蔬。

（2）井窖。井窖多建于地下水位低、土质黏重坚实的地区，如四川、重庆、湖南、山西等地。井窖的形式多种多样，坚固耐用，一次建成后可连续使用多年。井窖的窖身全部在地下，只有窖口露于地面。窖口可设在室内，也可设在室外。挖掘时，先由地面垂直向下挖一井筒，达到一定深度后，再向一侧或四周扩展挖出窖身，窖身可以是一个，也可几个连在一起。南方的井窖深度较浅，约为 1.5m；北方的井窖较深，为 3～4m。井窖的窖口要高出地面，并用砖石砌牢，周围封土，井口要安设井盖，井盖用厚 3～5cm的石板或水泥板做成。井窖有较好的密封和保温性能，果蔬腐烂率低，只要注意加强管理，一窖挖成后，可多年连续使用。但井窖容量较小，入窖操作和产品出入也不方便。井窖结构见图 4−4。

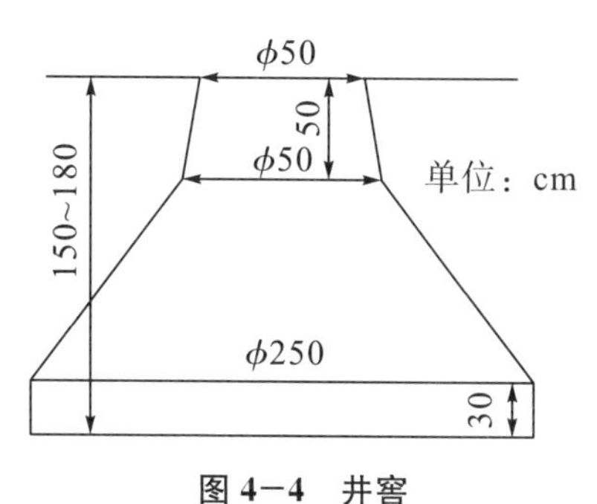

图 4−4　井窖

（资料来源：潘静娴．园艺产品贮藏加工学［M］．北京：中国农业大学出版社，2007.）

（3）窑窖。窑窖通常是建在土质坚实的山坡或土丘上，是目前我国北部地区主要的果蔬贮藏场所。南方窑窖较小，用于贮藏山药、山芋、芋头等地下根茎类蔬菜。西北地区窑窖一般都较大，用于贮藏苹果、梨和蔬菜。

一般山坡地，小型窑窖进深 6～8m，宽 1～2m，高 2～2.5m，窖顶呈拱形。窖门较窖身矮小，窖门上常开设小窗，大小约 30cm，窖顶开一穿顶通气孔直通窖外。果蔬入贮初期，小窗和气孔都可打开，便于通气散热。

黄土高原土层深厚，地下水位低，可建造大型的直窑型的砖窑，同时配备机械排气装置，可贮藏数万千克的果蔬。窖址选择坡地或平地。进口高 2m，宽 1～1.4m，进洞口由长 4m、宽 1.5m 的坡道作为缓冲地带，洞口内设栏栅门为第一道门，紧靠栏栅门设第二道门，第二道门要能关严，坡道末端与窖室交接处设第三道棉门帘。窖室长 30m，高 3～3.2m，宽 2.6～3.2m，窖室内顶呈拱形或人字形，窖顶土层厚度不少于 5m。窖室末端向窖顶开设排气筒，贯穿窖顶土层直达窖外，筒下口内径 1～1.2m，上口内径 0.8～1m，排气筒的口径和高度与窖室长度有关，一般排气筒的高度为窖室长度的 1/3～1/2（从窖室内顶部量起），如果排气筒不便加大加高，应装配机械排气设备。窑窖结构见图 4－5。

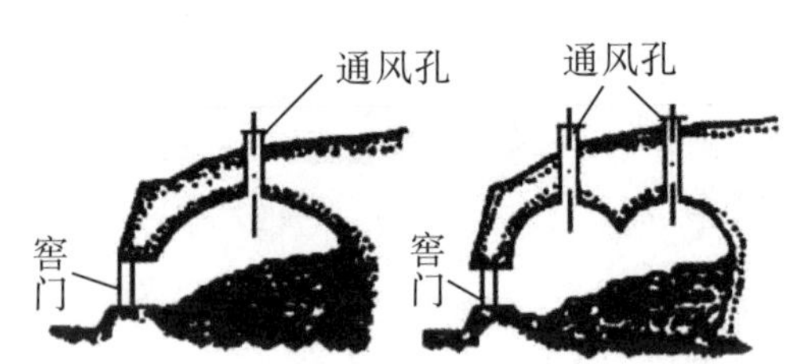

图 4－5　窑窖

（资料来源：潘静娴．园艺产品贮藏加工学［M］．北京：中国农业大学出版社，2007.）

3. 管理

窖藏是依靠地温、土壤的隔热保温性能以及土壤的密闭性，保持适宜而稳定的温度、湿度和气体环境。当果蔬入贮后，由于气温的变化，特别是呼吸作用使窖内温度上升，加之二氧化碳和乙烯浓度增大等不利于贮藏的因素产生，而窖藏本身只能通过窖内外空气的交换来进行调节控制，因此，抓好窖藏的科学管理就显得特别重要。

贮藏窖的消毒：由于窖的温、湿度较高，利于微生物的生长和繁殖，因此，在果蔬入窖之前首先要对贮藏窖进行消毒。通常在果蔬入窖前 3～5d，用 20g/m^3 硫黄熏蒸 24h，或用漂白粉或高效库房消毒剂及其他的消毒剂进行消毒。

入窖贮藏：果蔬先进行预贮，待窖温降到 0℃后再入窖贮藏。在此期间，应白天关闭气口，晚间或寒冷的白天打开进气口，迅速降低窖内的温度。当外界气温降到更低时，立即用多层牛皮纸盖严进气口，以防发生冻害，且起到保温的作用。此时贮藏窖的温度应保持在－1℃～0℃。当外界温度为 0℃时，打开进气口进行通风换气，有利于降低窖内的湿度和排除窖内果实放出的有害气体。翌年的 4 月应夜间打开进气口进行通风换气。

（四）冻藏和假植贮藏

冻藏和假植贮藏是沟藏和窖藏的特殊形式。如东北地区菠菜、苹果、梨、柿子的冻藏及山东、辽宁、北京、天津地区菜花、芹菜的假植贮藏等，其贮藏时间长、贮藏量大，是某些地区仍然采用的贮藏方法。

1. 冻藏

冻藏是在入冬上冻时将收获的果品蔬菜放在背阴处的浅沟内，稍加覆盖，利用自然低温，使果品蔬菜入沟后能迅速冻结，并且在整个贮藏过程中处于冻结状态。这种方法只适合于能忍耐低温冻结的果蔬，如柿子、苹果、芫荽、菠菜、芹菜等。由于0℃以下的低温可以有效抑制果品蔬菜的新陈代谢和微生物的活动，但是仍然保持果品蔬菜的生命活动，因此果蔬经解冻后能恢复新鲜状态，并且保持原有的品质。但是在贮藏过程及解冻时，要小心搬动，以防损伤果蔬的组织，解冻应在4℃下缓慢进行。冻藏见图4－6。

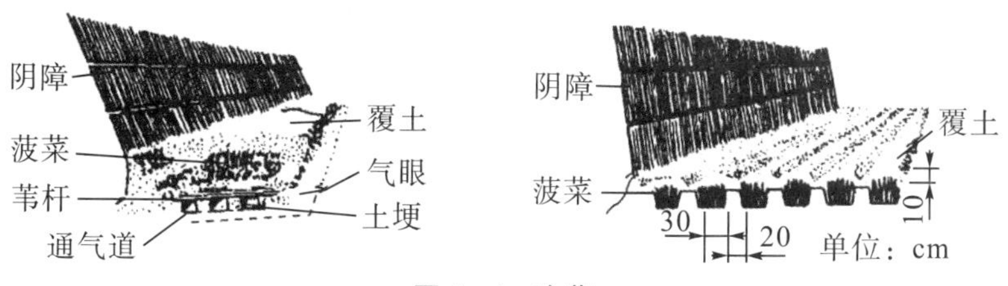

图4－6　冻藏

（资料来源：潘静娴．园艺产品贮藏加工学［M］．北京：中国农业大学出版社，2007.）

2. 假植贮藏

假植贮藏是把蔬菜密集假植于沟内或窖内，使蔬菜处于微弱的生长过程，所以假植贮藏实质上是一种抑制生长贮藏法。该贮藏方法适用于在结构和生理上较特殊，易于脱水萎蔫的蔬菜，如芹菜、油菜、花椰菜、莴苣、水萝卜等。用一般方法贮藏时，这类蔬菜容易脱水萎蔫，代谢失常，从而使耐贮性、抗病性急速下降。而假植贮藏可使蔬菜继续从土壤中吸收一些水分，有的还能进行微弱的光合作用或使叶片中的营养向食用部分转移，从而保持正常的生理状态，从而使贮藏期得以延长，甚至改善贮藏产品品质。假植时，蔬菜带根贮藏，可单株或成簇，株行间应留适当通风空隙，菜面可作稀疏的覆盖，以利于透入部分散射光，土壤干燥时也可适当灌水。假植贮藏见图4－7。

图4－7　假植贮藏

（资料来源：潘静娴．园艺产品贮藏加工学［M］．北京：中国农业大学出版社，2007.）

二、通风库贮藏

（一）贮藏原理

通风库是棚窖的发展，棚窖为临时性的贮藏场所，而通风库为永久性建筑。通风库造价比棚窖高，但贮藏量大。通风库是指具有完善的隔热层和防潮层的永久性建筑物，是通过通风系统将果蔬产生的呼吸热以及乙醇、乙醛、乙烯等有害物质排除库外，使外界温度较低的新鲜空气进入库内，从而降低库内的温度，并通过隔热系统的作用保持果蔬处于相对稳定的贮藏环境，由此延长了果蔬的贮藏寿命。

（二）通风库的类型及特点

目前所用的通风库主要有 3 种类型：地上式通风库、半地下式通风库、地下式通风库。

1. 地上式通风库

地上式通风库的库体建于地面上，受气温影响大，通风效果好，降温速度快，保温性能差。适于温暖地区及地下水位较高地区。见图 4－8。

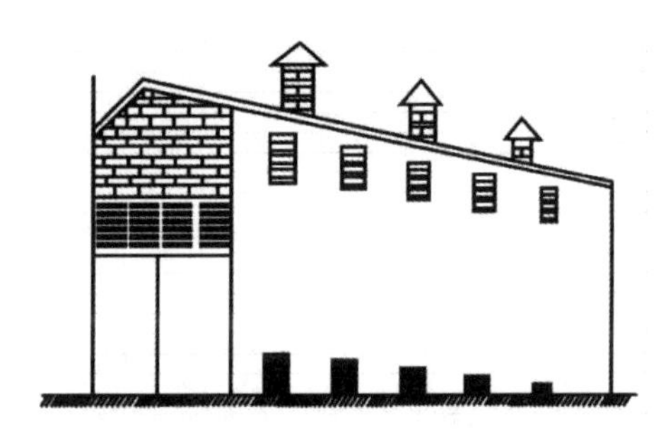

图 4－8　地上式通风库

2. 半地下式通风库

半地下式通风库的库体一半建在地上，一半建在地下，既受气温的影响，又受土温的影响，通风性能较好。适于华北地区。见图 4－9。

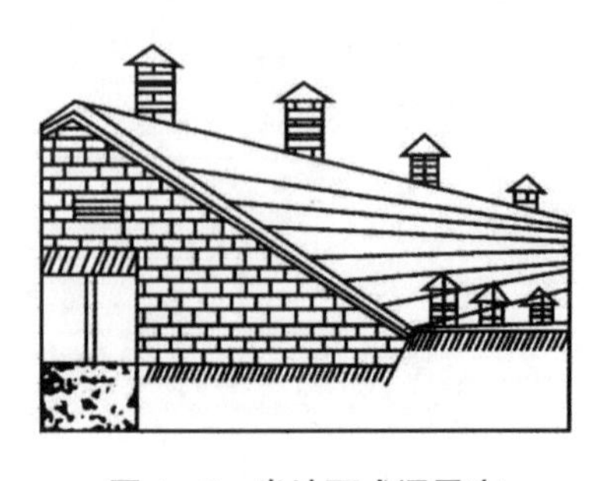

图 4－9　半地下式通风库

3. 地下式通风库

地下式通风库的库体全部在地面之下，受气温影响小，通风换气效果差，保温效果好。适于北方寒冷地区。

（三）通风库设计

1. 地址选择与库形设计

库房应选择地势高、通风好、交通方便、宽敞的地方。在寒冷的北方地区，通风库应以南北走向为佳，以减少冬季寒风的直接吹袭面，防止冬季库房温度过低；在温暖地区，通风库以东西走向为佳，以减少阳光东晒和西晒的照射面，加大迎风面，以避免库温过高。

库形一般为长方形，在我国多为长 30～50m，宽 9～12m，以长宽比为 3∶1 最佳。面积为 250～600m^2，高度为 3.5～4.5m，贮藏量为 10～20kg。

根据贮藏量的大小，可建单库或库群。库群是由多个库体组成的，中间设缓冲间。

根据排列方式不同，库群可分为分列式、连接式、单列连接式。

分列式是每个库房都自成独立的一个贮藏单位，互不相连。库房之间有一定的距离。其优点是每个库房都可以在两侧的库墙上开窗作为通风口，以提高通风效果。但其缺点是每个库房都须有两道侧墙，建筑费用较大，也增加了占地面积。

连接式是相邻库房之间共用一道侧墙，一排库房侧墙的总数是分列式的 1/2 再多一道。这样建造库房时可大大节约建筑费用，也可以缩小占地面积。然而，连接式的每个库房不能在侧墙上开通风口，须采用其他通风形式来保证适宜的通风量。

单列连接式是小型库群的一种结构，是各库房的一头都设一条共用走廊，或把中间的一个库房兼作进出通道，在其侧墙上开门通入各库房。

2. 隔热系统

通风库主要利用通风来降低库内和果蔬的贮藏温度，但是为了防止库外过高或过低的温度通过屋顶或墙壁影响库内温度，贮藏库的 6 面需设隔热层，从而保持库内比较稳定而适宜的贮藏条件。

隔热系统的隔热性能的好坏与隔热材料的隔热性能及隔热层的厚度有关。

（1）隔热材料。用作通风库的隔热材料应因地制宜、就地取材，要选择具有较好隔热性能的隔热材料。良好的隔热材料要求具有导热性能差、不易吸水霉烂、不易燃烧、无臭味和取材容易等特点。材料的隔热性能一般用热阻值（或导热系数）来表示。导热系数是用来说明材料传导热量能力大小的物理指标，指在稳定传热条件下，1m 厚的材料，两侧表面的温差为 1℃，在 1h 内，通过 1m^2 面积传递的热量，单位为 kJ/(m·h·℃)。

表 4－1 为部分材料的隔热性能。

表 4－1　部分材料的隔热性能

材料	导热系数	热阻值	材料	导热系数	热阻值
静止空气	0.105	9.52	加气混凝土	0.335～0.502	1.99～2.99

续表4－1

材料	导热系数	热阻值	材料	导热系数	热阻值
聚氨酯泡沫塑料	0.084	11.9	泡沫混凝土	0.586～0.670	1.49～1.71
聚苯乙烯泡沫塑料	0.155	6.5	普通混凝土	5.233	0.19
聚氯乙烯泡沫塑料	0.155	6.45	普通砖	2.847	0.35
膨胀珍珠岩	0.126～0.167	5.99～7.94	干土	1.047	0.96
油毛毡、玻璃胶	0.21	4.76	干沙	3.14	0.32
纤维板	0.226	4.42	湿土	13.607	0.07
稻壳、锯屑	0.255	3.92	湿沙	31.401	0.03
刨花	0.339	2.95	雪	1.675	0.6
炉渣	0.754	1.33	冰	8.374	0.12

注：导热系数（K）的单位为kJ/(m·h·℃)；热阻值为$R=1/K$。

聚氨酯泡沫塑料、聚氯乙烯塑料、膨胀珍珠岩、软木都是隔热性能较好的材料，但是造价高，通风库一般不采用。稻草秸、锯屑、炉渣是通风库常选用的隔热材料。

（2）隔热层的厚度。由于各种隔热材料的导热性能不同，所以为了达到相同的隔热效果，当选用不同的隔热材料时，必须通过厚度进行调节。在实践中，建造通风贮藏库常用夹层墙，两层墙之间充填锯末、矿渣、稻壳等隔热材料。

在华北和华中地区，外墙和内墙空间用稻壳或矿渣填充，已能满足果蔬通风贮藏库隔热的基本要求。在北京地区，一般通风贮藏库墙壁隔热材料有相当于7.6cm厚的软木的隔热性能，折合成热阻值为1.52。也就是说，墙体各材料的总热阻值达到1.52，即可满足通风库的隔热要求。

例如，一通风库的墙体是在两层砖墙中添加炉渣，其外墙厚37cm，内墙厚24cm，炉渣厚13cm，则：

外墙热阻值为$0.37\times1.5=0.56$

内墙热阻值为$0.24\times1.5=0.36$

炉渣热阻值为$0.13\times5.6=0.73$

墙体总热阻值为$0.56+0.36+0.73=1.65>1.52$

所以，此通风库的墙体符合隔热要求。

3．库顶

因受阳光照射时间长、照射面积大，故库顶的热阻值应比库墙增加25%。隔热材料的厚度不但与隔热材料的热阻值有关，而且与库内外的温差有关，特别与当地的气候有关。

如辽宁、吉林中部地区，冬季最低温度可达－30℃，地上部分墙体的总热阻值应相当于30cm厚的软木的热阻值。如果最低温度为－20℃，需要有相当于25cm厚的软木的热阻值。在生产中要注意水的导热性能很强，材料一经潮湿，其隔热性能会大大降低。因此，材料必须干燥，注意防潮。通风库的防潮一般指对地面进行防潮，防潮材料一般选用塑料膜、沥青等。

4. 库门

库门的建造一般是在两层木板间充填锯屑、稻壳、沸石、聚苯乙烯泡沫塑料板或软木板等，使库门同库墙一样，具有良好的隔热效能。库门的大小应根据库形结构、库房大小以及操作方便等方面的情况综合考虑。

5. 通风系统

通风系统是通风贮藏库的重要组成部分，通风系统的好坏直接影响通风库贮藏前期库内的降温速度及库温的均匀性，通风库的降温主要根据冷空气下沉、热空气上升形成对流的原理进行通风换气。将库内的热空气通过排气窗或排气筒排出库外，新鲜的冷空气则通过导气窗或导气筒进入库内，从而维持一定的贮温。

通风系统的设置：通风库通风系统的设置是否合理直接影响通风速度，目前有多种形式，但比较合理的是具有进气口和出气口，下面是常见的 4 种通风设置形式。

（1）屋顶烟囱通风：在库墙下部或基部设导气窗或导气筒，库顶开设天窗或排气筒，库内易形成空气对流，通风降温效果较好。常见于地上式通风贮藏库。

（2）屋檐小窗通风：在库墙上部开设小窗，兼作导气和排气窗。一些地下式通风贮藏库有时采用这种形式，其通风效果较差。

（3）混合式通风：一般地下式和半地下式通风贮藏库多采用这种类型，在库墙的下部和上部均设有导气筒，在库顶设排气筒或天窗，通风换气效果好，降温速度快。

（4）地道式通风：库外冷空气经地道式导气筒进入库内，库墙上部设有排气窗，库顶开设天窗或排气筒。这种方式适用于地上式或半地下式通风贮藏库，通风效果好，并有利于维持库内一定的空气湿度，但修建费用较高（图 4－10）。

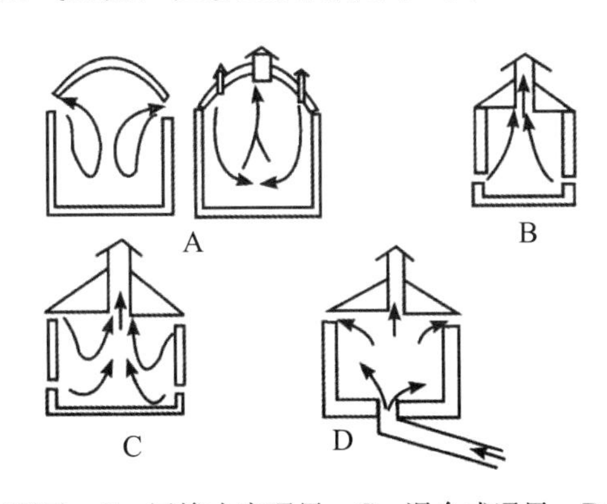

A—屋顶烟囱通风；B—屋檐小窗通风；C—混合式通风；D—地道式通风

图 4－10　通风贮藏库通风系统设置类型

（资料来源：雷宗中．果蔬贮运学［M］．北京：中国农业出版社，1989.）

影响通风库通风换气速度的因素如下：

（1）进、排气口的压差。压差越大，排气效果越好。因此，应设法使进、排气口有最大的压差（即最大垂直距离）。为此，进气口应尽量设置在库房的基部或下部，排气口应尽量设置在库房的上部。也可在排气烟囱的顶上安装风罩，当外风吹过风罩时，会对排气烟囱造成抽吸力，从而可进一步增大气流速度。

(2) 通风口的数量。当总通风面积相等时，排气口小而多的系统较排气口大而少的系统具有更好的通风效能。因此，排气口的面积不宜过大［一般为（25cm×25cm）～（40cm×40cm)］。一般每隔 5～6m 设置一个排气口。

(3) 通风面积。通风面积越大，通风量越大。设计通风面积时，要根据贮藏的产品种类及其特性进行确定。例如，贮藏大白菜的通风贮藏库，其通风面积比贮藏马铃薯和洋葱等大得多。屋顶的排气筒应有隔热层，以防排出的湿热空气在筒壁凝水或结霜，阻碍空气流通或回滴到库内，排气筒底口与库内顶板齐平，安装能开闭的活动门调节换气量。

在通风贮藏库管理中，正常的换气方式是将进气口和排气口同时打开，冷空气从进气口进入库内，库内热空气向上由排气口排出库外。

（四）通风库的管理

1. 温度管理

秋季：产品带入很高的田间热，又由于呼吸强度高，产生大量的呼吸热，因此，应利用一切可利用的外界低温，于夜晚和凌晨日出前进行通风降温，使冷空气导入库内，热空气排出库外。

冬季：这是全年温度最低的时节，因此，应注意对果蔬进行防冻保温，减少通风次数。

春、夏季：外界气温开始回升，当外温高于库温时，应紧闭库门、进气窗、导气筒，减少库内蓄冷流失；当外温低于库温时，一定要抓住时机通风，一则降温，二则可以排除库内的有害气体。

2. 湿度管理

通风库贮藏中，最容易出现的问题就是湿度过低导致的萎蔫。可在地面洒水、墙壁上喷水、房间里挂湿草帘或放盛水的容器以增湿。

3. 消毒

应在产品出库后或入库前对库房、工具和设施进行消毒。

可在库内燃烧硫黄：每 100m^3体积用硫黄粉 1.0～1.5kg，燃烧后密闭 2～3d，通风后即可入贮。也可用 2%的福尔马林或 4%的漂白粉进行喷雾消毒。

第二节　机械冷藏

机械冷藏是目前国内外应用最广的一种新鲜果蔬的贮藏方式。机械冷藏是利用制冷剂的相变特性，通过制冷机械的循环运动使制冷剂产生冷量并将其导入有良好隔热效能的库房中，根据不同贮藏商品的要求，将库房内的温度、湿度条件控制在合理的水平，并适当加以通风换气的一种贮藏方式。

机械冷藏采用坚固耐用的贮藏冷库，且库房设置有隔热层和防潮层，以满足人工控制温度和湿度等贮藏条件的要求，适用果蔬产品和使用地域广泛，库房可以周年使用且贮藏效果好。机械冷库根据制冷要求不同，可分为高温库（0℃左右）和低温库（低于－18℃）两类，用于贮藏新鲜果蔬产品的冷库为前者。

一、机械冷库的设计与构建

机械冷库建好后应具有良好的隔热性、防潮性和牢固性。其设计与构建主要由库房结构和机械制冷系统及辅助性建筑等组成。有些大型冷库可分出控制系统、电源动力和仪表系统。小型冷库和一些现代化的新型冷库（如挂机自动冷库）无辅助性建筑。

机械冷库围护结构是冷库的主体结构之一，以提供一个结构牢固、温湿度稳定的贮藏空间。围护结构主要由支撑系统、隔热保温系统和防潮系统构成。

（一）支撑系统

支撑系统是冷库的骨架，是保温系统和防潮系统赖以敷设的主体。目前，围护支撑系统主要有三种基本形式，即土建式、装配式及土建装配复合式。土建式冷库的围护结构采用夹层保温形式（早期的冷库多是这种形式）。装配式冷库的围护结构由各种复合保温板现场装配而成，可拆卸后异地重装，又称活动式冷库。土建装配复合式冷库的围护结构中，承重和支撑结构为土建形式，而保温结构则是各种保温材料的内装配形式，如常用的保温材料有聚苯乙烯泡沫板多层复合贴敷或聚氨酯现场喷涂发泡。目前，现代冷库结构正向着组装式发展，其库体由金属构架和预制成（包括防潮层和隔热层）的彩镀夹心板拼装而成，虽然施工方便、快速，但造价较高。

（二）隔热保温系统

冷库的隔热性要求比通风库更高，库体的六个面都要隔热，以便在高温季节也能很好地保持库内的低温环境，尽可能降低能源的消耗。隔热层的厚度、材料选择、施工技术等对冷库的隔热性有重要影响。冷库隔热材料应选择隔热性能好（导热系数小）、造价低廉、无毒、无异味、难燃或不燃、保持原形不变的隔热材料。

根据我国冷库设计规范（GB 50072—2010）的规定，冷库外围护结构的单位面积的热流量一般控制在 $7\sim11W/m^2$，冷库冷间隔墙之间的热流量控制在 $10\sim12W/m^2$。冷库外围护结构（墙体、屋面或顶棚）的热阻值根据设计采用的室内外两侧温度差，结合单位面积热流量而确定，如一般的园艺产品冷库，设计采用的室内外温差为40℃，单位面积热流量为 $7W/m^2$，则冷库外围护结构的热阻值应达到 $5.71(m^2 \cdot ℃)/W$。一般来讲，选取确定的单位面积热流量越小，冷库外围护结构的热阻值越大，冷库的保温性越好，反之亦然。

结合冷库外围护结构及冷间隔墙隔热材料厚度的要求，依据确定的热阻值及隔热材料的导热系数进行计算，其计算公式为

$$d = \lambda R_0$$

式中，d——隔热材料厚度，m；

λ——隔热材料的导热系数，W/(m·℃)；

R_0——围护结构总热阻，(m^2·℃)/W。

在隔热材料的选择上，除考虑其导热系数小、吸湿性小之外，还应考虑造价。20世纪80年代以前，冷库常用的隔热材料有稻壳、软木、炉渣和膨胀珍珠岩等；80年代以后，新型保温材料迅速发展，岩棉、玻璃棉、聚苯乙烯泡沫塑料和聚氨酯泡沫塑料等的应用越来越广泛，施工方法也多种多样。目前冷库广泛使用的保温材料主要有聚苯乙烯泡沫塑料、挤塑聚苯乙烯泡沫塑料和聚氨酯泡沫塑料。

（三）防潮系统

冷库的防潮系统用来防止隔热层表面结露。空气中的水蒸气分压随气温升高而增大，由于冷库内外温度不同，水蒸气不断由高温侧向低温侧渗透，通过围护结构进入隔热材料的空隙，当温度达到或低于露点温度时，就会产生结露现象，导致隔热材料受潮，导热系数增大，隔热性能降低，同时也使隔热材料受到侵蚀或发生腐烂。因此，防潮性能对冷藏库的隔热性能十分重要。

通常在隔热层的外侧或内外两侧敷设防潮层，形成一个闭合系统，以阻止水汽的渗入。常用的防潮材料有塑料薄膜、金属箔片、沥青、油毡等。无论何种防潮材料，敷设时都要完全封闭，不能留有任何微细的缝隙，尤其是在温度较高的一面。如果只在绝热层的一面敷设防潮层，就必须敷设在绝热层温度较高的一面。

二、制冷系统及冷却方式

（一）制冷系统

制冷系统是机械冷库的核心部件，机械冷库主要依赖于制冷系统持续不断地运行，排除冷库内各种来源的热能，从而使库温达到并保持适宜的低温。制冷系统（图4-11）是由压缩机、冷凝器、蒸发器和调节阀等制冷设备组成的一个密闭循环系统，其工作原理是，具有低沸点、高气化潜热的制冷剂，从蒸发器进入压缩机时为气态，经加压后成为高温高压气体，再经冷凝器与冷却介质进行热交换而液化，液化后的制冷剂通过节流阀的节流作用和压缩机的抽吸作用，使制冷剂在蒸发器中汽化吸热，并与蒸发器周围介质进行热交换而使介质冷却，制冷系统是冷库最重要的设备。

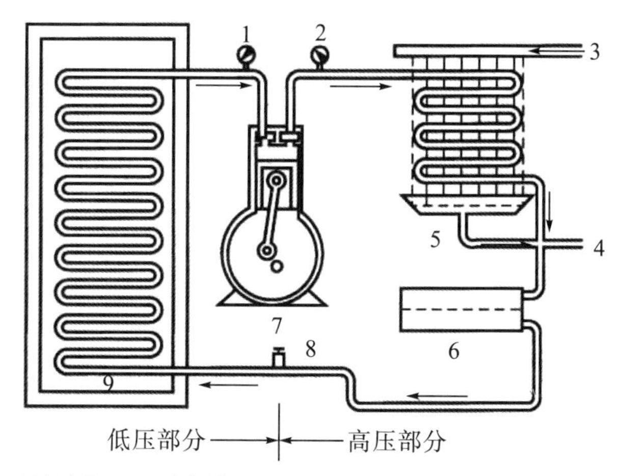

1—回路压力；2—开始压力；3—冷凝水入口；4—冷凝水；5—冷凝器；6—贮液（制冷剂）器；
7—压缩机；8—调节阀（膨胀阀）；9—蒸发（制冷）器

图 4-11　制冷循环原理图（直接蒸发系统）

1. 蒸发器

蒸发器是由一系列蒸发排管构成的换热器，液态制冷剂由高压部分经调节阀进入低压部分的蒸发器时达到沸点而蒸发，吸收载冷剂所含的热量。蒸发器可安装在冷库内，也可安装在专门的制冷间。

2. 压缩机

在整个制冷系统中，压缩机起着心脏的作用，是冷冻机的主体部分。目前常用的是活塞式压缩机，压缩机通过活塞运动吸进来自蒸发器的气态制冷剂，将制冷剂压缩成高压状态而进入冷凝器中。

3. 冷凝器

冷凝器有风冷和水冷两类，主要是通过冷却水或空气，带走来自压缩机的制冷剂蒸气的热量，使之重新液化。

4. 调节阀

调节阀又叫膨胀阀，它装在贮液器和蒸发器之间，用来调节进入蒸发器的制冷剂流量，同时起到降压作用。

（二）制冷剂

在制冷系统中，蒸发吸热的物质称为制冷剂。制冷系统的热传递任务是靠制冷剂来进行的。制冷剂具备沸点低、冷疑点低、对金属无腐蚀作用、不易燃烧、不爆炸、无刺激性、无毒无味、易于检测、价格低廉等特点。

制冷系统中使用的制冷剂有很多种，归纳起来大体上可分 4 类：无机化合物、甲烷和乙烷的卤素衍生物、碳氢化合物、混合制冷剂。目前在实际生产中常用的制冷剂主要有氨（R717）、氟利昂等。

氨是目前使用最为广泛的一种中压、中温制冷剂。氨的凝固温度为-77.7℃，标准蒸发温度为-33.3℃，在常温下冷凝压力一般为1.1~1.3MPa。氨的单位标准体积制冷量大约为520kW/m^3，蒸发压力和冷凝压力适中。氨有很好的吸水性，即使在低温下，水也不会从氨液中析出而冻结，故系统内不会发生“冰塞”现象。氨对钢铁没有腐蚀作用，但氨液中含有水分后，对铜及铜合金有腐蚀作用，且使蒸发温度稍许提高。因此，氨制冷装置中不能使用铜及铜合金材料，并规定氨中含水量不应超过0.2%。

氟利昂属于甲烷和乙烷的卤素衍生物，是小型制冷设备中较好的制冷剂，最早使用的氟利昂制冷剂有R12（CF_2Cl_2）、R22（CHF_2Cl），但是其对臭氧层有破坏作用，目前已限制使用。许多国家在生产制冷设备时已采用了代用品，目前常用的主要有氟利昂502（R502）、氟利昂134a（R134a，四氟乙烷）等。R502是由质量分数为48.8%的R22和51.2%的R115组成，属共沸制冷剂。R502与R115、R22相比具有更好的热力学性能，更适用于低温，其标准蒸发温度为-45.6℃，正常工作压力与R22相近，用于全封闭、半封闭或某些中、小制冷装置，其蒸发温度可低至-55℃。R502在冷藏柜中使用较多。R134a是一种新开发的制冷剂，在标准大气压下沸点为-26.25℃，凝固点为-101℃，临界温度为101.05℃，临界压力为4.06MPa。R134a的热力学性质与R12非常接近，安全性好、无色、无味、不燃烧、不爆炸、基本无毒性、化学性质稳定，不会破坏空气中的臭氧层，是近年宣传的一种环保制冷剂，但会造成温室效应，是比较理想的R12替代品。生产中开发的不破坏大气臭氧层的环保新型制冷剂还有R407C、IH10A、R417A、R404A等。

（三）冷库的冷却方式

冷库的冷却方式有直接冷却、间接冷却、鼓风冷却三种。现代新鲜果蔬产品贮藏库普遍采用鼓风冷却方式，即将蒸发器安装在空气冷却器内，借助鼓风机的吸力将库内的热空气抽吸进入空气冷却器而降温，冷却的空气由鼓风机直接或通过送风管道（沿冷库长边设置于天花板）输送至冷库的各部位，形成空气的对流循环。这种方式冷却速度快，库内各部位的温度较为均匀一致，并且通过在冷却器内增设加湿装置可调节空气湿度。鼓风冷却由于空气流速较快，若不注意湿度的调节，会加重新鲜果蔬产品的水分损失，导致产品新鲜程度和质量下降。

三、果蔬机械冷藏的技术管理

（一）库房清洁与消毒

果蔬贮藏环境中的病、虫、鼠害是引起果蔬产品贮藏损失的主要原因之一。果蔬贮藏前，库房及用具均应进行认真彻底的清洁消毒，做好防虫、防鼠工作。用具（包括垫仓板、贮藏架、周转箱等）用漂白粉水进行认真的清洗，晾干后入库。用具和库房在使用前需进行消毒处理，常用的方法有硫黄熏蒸、福尔马林熏蒸、过氧乙酸熏蒸、0.3%~0.4%有效氯漂白粉或0.5%高锰酸钾溶液喷洒等。以上处理对虫害有良好的抑制作用，对鼠类也有驱避作用。

（二）入贮与堆放

新鲜果蔬入库贮藏时，若已经预冷，可在一次性入库后建立适宜条件进行贮藏；若未经预冷处理，则应分次、分批进行，入贮量第一次应不超过该库总量的 1/5，以后每次以 1/10～1/8 为好。果蔬入贮时堆放的科学性对贮藏有明显影响。堆放的总要求是“三离一隙”，“三离”指的是离墙、离地坪、离天花板。离墙是指一般产品堆放距墙 20～30cm。离地是指产品不能直接堆放在地面上，应用垫仓板架空，可以使空气在垛下形成循环，保持库房各部位温度均匀一致。离天花板是指应控制堆的高度，不要离天花板太近，一般原则为离天花板 0.5～0.8m，或者低于冷风管道送风口 30～40cm。“一隙”是指垛与垛之间及垛内要留有一定的空隙，以保证冷空气进入垛间和垛内，排除热量。留空隙的大小与垛的大小、堆码的方式密切相关。“三离一隙”的目的是使库房内的空气循环畅通，避免存在死角，及时排除田间热和呼吸热，保证各部分温度稳定均匀。商品堆放时要防止倒塌情况的发生（底部容器不能承受上部重力），可采用在搭架或堆码到一定高度时（如 1.5m）用垫仓板衬一层再堆放的方式解决。

新鲜果蔬堆放时，要做到分等、分级、分批次存放，尽可能避免混贮情况的发生。不同种类产品的贮藏条件是有差异的，即使是同一种类，品种、等级、成熟度不同以及栽培技术措施不一样等也可能对贮藏条件的选择和管理产生影响。混贮对于产品是不利的，尤其对于需长期贮藏，或相互间有明显影响的（如串味、对乙烯敏感的产品等），更是如此。

（三）温度控制

温度是决定新鲜果蔬贮藏成败的关键。冷库温度管理要把握“适宜、稳定、均匀及产品进出库时合理升降温”的原则。不同果蔬冷藏的适宜温度是有区别的，即使是同一种类，品种不同也会存在差异，甚至成熟度不同也会产生影响（表 4－2）。例如，苹果和梨，前者贮藏温度稍低些，苹果中晚熟品种如国光、红富士、秦冠等应采用 0℃的贮藏温度，而早熟品种则应采用 3℃～4℃的贮藏温度。选择和设定的温度太高，贮藏效果不理想；温度太低，则易引起冷害，甚至冻害。

表 4－2 主要果蔬机械冷藏的适宜条件（参考值）

种类	温度/℃	相对湿度/%	种类	温度/℃	相对湿度/%
苹果	－1.0～4.0	90～95	猕猴桃	－0.5～0	90～95
杏	－0.5～0	90～95	柠檬	11.0～15.5	85～90
鸭梨	0	85～90	枇杷	0	90
香蕉（青）	13.0～14.0	90～95	荔枝	1.5	90～95
香蕉（黄）	13.0～14.0	85	杧果	13	85～90
草莓	0	90～95	油桃	－0.5～0	90～5
酸樱桃	0	90～95	甜橙	3～9	85～90

续表4-2

种类	温度/℃	相对湿度/%	种类	温度/℃	相对湿度/%
甜樱桃	-1.0~-0.5	90~95	桃	-0.5~0	90~95
无花果	-0.5~0	85~90	中国梨	0~3	90~95
葡萄柚	10.0~15.5	85~90	西洋梨	-1.5~-0.5	90~95
葡萄	-1.0~-0.5	90~95	柿	-1	90
菠萝	7.0~13.0	85~90	菠菜	0	95~100
宽皮橘	4	90~95	绿熟番茄	10.0~12.0	85~95
西瓜	10.0~15.0	90	硬熟番茄	3.0~8.0	80~90
黄瓜	10.0~13.0	95	石刁柏	0	95~100
茄子	8.0~12.0	90~95	青花菜	0	95~100
大蒜头	0	65~70	大白菜	0	95~100
生姜	13	65	胡萝卜	0	98~100
生菜（叶）	0	98~100	花菜	0	95~98
蘑菇	0	95	芹菜	0	98~100
洋葱	0	65~70	甜玉米	0	95~98
青椒	7.0~13.0	90~95	花椰菜	0	90~95

为了达到理想的贮藏效果和避免田间热的不利影响，绝大多数新鲜果蔬在贮藏初期降温速度越快越好。对于有些果蔬，由于某种原因应采取不同的降温方法，如中国梨中的鸭梨应采取逐步降温方法，避免贮藏中冷害的发生。另外，在选择和设定贮藏温度时，适藏环境中水分过饱和会导致结露现象，这一方面增加了湿度管理的困难；另一方面，液态水的出现有利于微生物的活动繁殖，致使病害发生，腐烂率增加。因此，贮藏过程中温度的波动应尽可能小，最好控制在±0.5℃以内，尤其是当相对湿度较高时（0℃空气的相对湿度为95%时，温度下降至-1.0℃就会出现凝结水）。

此外，库房所有部分的温度要均匀一致，这对于长期贮藏的新鲜果蔬产品来说尤为重要。因为微小的温度差异，长期积累可达到令人难以想象的程度。

最后，当冷库的温度与外界气温有较大的温差（通常超过5℃）时，冷藏的新鲜果蔬在出库前需经过升温过程，以防止“出汗”现象的发生。升温最好在专用升温间或冷藏库房穿堂中进行。升温的速度不宜太快，维持气温比品温高3℃~4℃即可。出库前需催熟的产品可结合催熟进行升温处理。综上所述，冷库温度管理的要点是适宜、稳定、均匀及合理的贮藏初期降温和商品出库时升温的速度。对冷库内温度的监测和控制可采用人工或自动控制系统进行。

（四）湿度控制

对于绝大多数新鲜果蔬来说，相对湿度应控制在80%~95%，较高的相对湿度对于控制新鲜果蔬的水分损失十分重要。水分损失除直接减轻质量以外，还会使果蔬新鲜度和外观质量下降（出现萎蔫等症状），食用价值降低（营养含量减少及纤维化等），促进成熟衰老和病害的发生。与温度控制相似，相对湿度也要保持稳定。要保持相对湿度的稳定，维持温度恒定是关键。建造库房时，增设能提高或降低库房内相对湿度的湿度调节装置是维持湿度符合规定要求的有效手段。人为调节库房相对湿度的措施：当相对湿度低时，需对库房增湿，如地坪洒水、空气喷雾等；当对果蔬进行包装时，应创造高湿度的小环境，如用塑料薄膜单果套袋或以塑料袋作内衬等。库房中空气循环及库房内外的空气交换可能会造成相对湿度的改变，管理时在这些方面应引起足够的重视。蒸发器除霜时不仅影响库内的温度，还常引起湿度的变化。当相对湿度过高时，可用生石灰、草木灰等吸潮，也可以通过加强通风换气来达到降温的目的。

（五）通风换气

通风换气是机械冷库管理中的一个重要环节。新鲜果蔬由于是有生命的活体，贮藏过程中仍在进行各种活动，需要消耗氧气，产生二氧化碳等气体。另外，有些气体对于新鲜果蔬贮藏是有害的，如果蔬正常生命过程中形成的乙烯、无氧呼吸的乙醇、苹果中释放的α-法尼烯等，因此需将这些气体从贮藏环境中除去，其中简单易行的方法是通风换气。通风换气的频率视果蔬产品种类和入贮时间的延长而有所差异。对于新陈代谢旺盛的对象，通风换气的次数可多些。产品入贮时，可适当缩短通风间隔的时间，如10～15d换气一次。一般当建立起符合要求、稳定的贮藏条件后，通风换气频率为一个月一次即可。通风时要求做到充分彻底。确定通风换气时间时，要考虑外界环境的温度，理想的情况是在外界温度和贮温一致时进行，防止库房内外温度不同带入热量或过冷而对果蔬带来不利影响。生产上常在每天温度相对最低的晚上到凌晨这一段时间进行通风换气。

（六）日常检查

新鲜果蔬在机械冷藏过程中，不仅要注意对贮藏条件（温度、相对湿度）及相关制冷和通风系统进行检查、核对和控制，还要根据实际需要记录、绘图和调整等。同时，要对入贮果蔬的外观、颜色、硬度、品质风味进行定期检查，以了解果蔬的质量状况和变化。若发现问题，应及时采取相应的解决措施。对于不耐贮的新鲜果蔬，每间隔 3～5d 检查一次，耐贮性好的可 15d 甚至更长时间检查一次。

第三节　气调贮藏

一、气调贮藏的定义

气调（Controlled Atmosphere，CA）贮藏即调节气体贮藏，是根据不同果蔬的生理特点，通过人为调节控制贮藏环境中的 O_2 浓度、CO_2 浓度、温度、湿度和乙烯浓度等条件，降低果蔬的呼吸强度，延缓养分的分解过程，使其保持原有的形态、色泽、风味、质地和营养，延长贮藏寿命。气调贮藏是在冷藏的基础上进一步提高贮藏效果的措施，包含着冷藏和气调的双重作用，其贮藏效果很好，是当前国际上果蔬保鲜广为应用的现代化贮藏手段。自发气调（Modified Atmosphere，MA）贮藏是指利用包装、覆盖、薄膜衬里等方法，使产品在改变了气体成分的条件下贮藏，环境中的气体成分比例取决于薄膜的厚度和性质、产品呼吸和贮温等因素，故而也有人称之为自动改变气体成分贮藏（self-controlled atmosphere storage）。因自发气调操作简便，设备简单，且易与其他贮藏手段结合，贮藏效果优于低温冷藏，所以其应用广泛。

二、气调贮藏的条件

（一）严格挑选产品，适时入贮

气调贮藏法多用于果蔬的长期贮藏，所以要挑选健康、成熟度一致、无病虫害和机械损伤、适时采收的高质量果蔬产品进行气调贮藏，才能获得良好的贮藏效果。

（二）O_2、CO_2 和温度合理配合

气调贮藏是在一定的温度条件下进行的，温度可影响空气中的 O_2 和 CO_2 对果蔬的影响，只有将三者合理配合才能得到理想的贮藏效果。

1. 温度

气调贮藏可显著抑制果蔬的新陈代谢，尤其是抑制了呼吸代谢过程。新陈代谢的抑制手段主要是降低温度、提高 CO_2 浓度和降低 O_2 浓度等，这些条件均属于果蔬正常生命活动的逆境。任一种逆境都有抑制作用，在较高温度下采用气调贮藏法贮藏果蔬，也能获得较好的贮藏效果。任一种果蔬的抗逆性都有各自的限度。如一些品种的苹果在常规冷藏的适宜温度是 0℃，如果进行气调贮藏，在 0℃下再加以高 CO_2 和低 O_2 的环境条件，则苹果会承受不住这三方面的抑制而出现 CO_2 伤害等病症。这些苹果在气调贮藏时，其贮藏温度可提高到 3℃左右，这样就可以避免 CO_2 伤害。气调贮藏对热带亚热

带果蔬来说有着非常重要的意义，因它可采用较高的贮藏温度，从而避免产品发生冷害。而较高温度也是有限的，气调贮藏必须有适宜的低温配合，才能获得良好的效果。

2. O_2、CO_2 和温度的互作效应

气调贮藏中的气体成分和温度等条件对贮藏产品起着综合的影响，即互作效应，而贮藏效果的好坏正是这种互作效应是否被正确运用的反映。O_2、CO_2 和温度必须最佳配合，才能取得良好的贮藏效果。不同贮藏产品都有各自最佳的贮藏条件组合，且最佳组合不是一成不变的，当某一条件因素发生改变时，可以通过调整别的因素来弥补由这一因素的改变所造成的不良影响。如气调贮藏中，低 O_2 有延缓叶绿素分解的作用，配合适量的高 CO_2 则保绿效果更好，这就是 O_2 与 CO_2 的正互作效应。当贮藏温度升高时，就会加速产品叶绿素的分解，也就是高温的不良影响抵消了低 O_2 及适量 CO_2 对保绿的作用。

3. 贮前高 CO_2 处理

刚采摘的苹果大多对高 CO_2 和低 O_2 的忍耐性较强，而于气调贮藏前以高浓度 CO_2 处理，有助于加强气调贮藏的效果。美国华盛顿州贮藏的金冠苹果在 1977 年已经有 16%经过高 CO_2 处理，其中 90%用气调贮藏。另外，将采后的果实放在 12℃～20℃下，CO_2 浓度维持在 90%，经 1～2d 可杀死所有的蚧壳虫，而对苹果没有损伤。经过高 CO_2 处理的金冠苹果贮藏到 2 月份，比不处理的硬度大 9.81N 左右，风味也更好些。

4. 贮前低 O_2 处理

斯密斯品种（Granny Smith）苹果在贮藏之前放在 O_2 浓度为 0.2%～0.5%的条件下处理 9d 后，贮藏在 CO_2 ∶ O_2 为 1∶1.5 的条件下，结果表明，贮前低 O_2 处理可保持斯密斯苹果的硬度和绿色以及防止褐烫病和红心病，与 Fidler（1971）在橘苹苹果上的试验结果相同。由此可见，低 O_2 处理或贮藏，可能加强气调贮藏中果实的耐藏力。

5. 动态气调贮藏

果实从健壮向衰老不断地变化，其对气体成分的适应性也在不断变化，所以在不同的贮藏时期控制不同的气调指标，得到有效延缓代谢过程、保持更好食用品质的效果，此法称为动态气调贮藏。西班牙 Alique（1982）在气调贮藏金冠苹果的过程中，第一个月维持 O_2 ∶ CO_2=3∶0，第二个月为 3∶2，以后为 3∶5，温度为 2℃，湿度为 98%，贮藏 6 个月比一直贮于 3∶5 条件下的果实保持较高的硬度，含酸量也较高，呼吸强度较低，各种消耗也较少。

（三）气体组成及指标

1. 双指标，总和约为 21%

植物器官在正常生活中主要以糖为底物进行有氧呼吸，呼吸商约为 1，所以贮藏产品在密封容器内，呼吸消耗掉的 O_2 与释放出的 CO_2 体积相等。空气中含 O_2 约 21%，CO_2 仅为 0.03%，二者之和近 21%。气调贮藏时，如果把气体组成定为两种气体之和为 21%，那么只要把果蔬封闭后经一定时间，当 O_2 浓度降至要求指标时，CO_2 浓度也

就上升达到了要求的指标，然后定期或连续从封闭贮藏环境中排出一定体积的气体，同时充入等量新鲜空气，这样就可较稳定地维持这个气体配比。它的优点是管理方便，对设备要求简单。它的缺点是，如果 O_2 浓度较高（>10%），CO_2 浓度就会偏低，不能充分发挥气调贮藏的优越性；如果 O_2 浓度较低（<10%），又可能因 CO_2 浓度过高而发生生理伤害。将 O_2 浓度和 CO_2 浓度控制于相接近的指标（二者各约 10%），简称高 O_2 高 CO_2 指标，可用于一些果蔬的贮藏，但其效果多数情况下不如低 O_2 低 CO_2 指标好。

2. 双指标，总和低于 21%

这种指标的 O_2 和 CO_2 的浓度都比较低，二者之和小于 21%。这是国内外广泛应用的气调指标。在我国，习惯把气体含量在 2%～5%称为低指标，5%～8%称为中指标。低 O_2 低 CO_2 指标的贮藏效果较好，但这种指标所要求的设备比较复杂，管理技术要求较高。

3. O_2 单指标

为了简化管理，或者贮藏产品对 CO_2 很敏感，则可只控制 O_2 浓度，CO_2 用吸收剂全部吸收。O_2 单指标必然是一个低指标，O_2 单指标必须低于 7%才能有效地抑制呼吸强度。对于多数果蔬来说，单指标的效果不如前述第二种指标，但比第一种可能要优越些，操作也比较简单，容易推广。

（四）O_2 和 CO_2 的调节管理

气调贮藏容器内的气体成分，从刚封闭时的正常气体成分转变到要求的气体成分，是一个降 O_2 和升 CO_2 的过渡期，可称为降 O_2 期。降 O_2 以后，则是使 O_2 和 CO_2 稳定在规定指标的稳定期。降 O_2 期的长短以及稳定期的管理，关系到果蔬贮藏效果的好与坏。

1. 自然降 O_2 法（缓慢降 O_2 法）

封闭后依靠产品自身的呼吸作用使 O_2 的浓度逐步减少，同时积累 CO_2。

（1）放风法。当 O_2 浓度降至指标的低限或 CO_2 浓度升至指标的高限时，开启贮藏容器，部分或全部换入新鲜空气，而后再进行封闭。放风法是简便的气调贮藏法。在整个贮藏期间，O_2 和 CO_2 浓度总在不断变动，实际不存在稳定期。每次临放风前，O_2 浓度降到最低点，CO_2 浓度升至最高点；放风后，O_2 浓度升至最高点，CO_2 浓度降至最低点。这首尾两个时期对贮藏产品可能会带来很不利的影响。然而，整个周期内两种气体的平均含量还是比较接近，对于一些抗性较强的果蔬如蒜薹等，采用这种气调贮藏法，效果远优于常规冷藏法。

（2）调气法。双指标，总和低于 21%以及单指标的气体调节，是在降 O_2 期用吸收剂吸除超过指标的 CO_2，当 O_2 浓度降至指标后，定期或连续输入适量的新鲜空气，同时继续吸除多余的 CO_2，使两种气体稳定在要求的指标。

（3）充 CO_2 法。密闭后立即人工充入适量 CO_2（10%～20%），O_2 浓度则自然下降。在降 O_2 期不断用吸收剂吸除部分 CO_2，使其浓度大致与 O_2 接近。这样 O_2 浓度和 CO_2 浓度同时平行下降，直到两者都达到要求的指标。稳定期管理同前述调气法。这

种方法是借 O_2 和 CO_2 的拮抗作用，用高 CO_2 来克服高 O_2 的不良影响，又不使 CO_2 浓度过高造成毒害。据试验，此法的贮藏效果接近人工降 O_2 法。

2. 人工降 O_2 法（快速降 O_2 法）

利用人为的方法使密封后容器内的 O_2 浓度迅速下降，CO_2 浓度迅速上升。

（1）充氮法。封闭后抽出容器内大部分空气，然后充入氮气，由氮气稀释剩余空气中的 O_2，使其浓度达到要求的指标，也可充入适量的 CO_2，使之立即达到要求的浓度。之后的管理同前述调气法。

（2）气流法。把预先配制好的气体输入封闭容器内，代替其中的全部空气。在以后的整个贮藏期间，连续不断地排出部分气体并充入人工配制的气体，控制气流的流速使内部气体稳定在要求的指标。

人工降 O_2 法由于避免了降 O_2 过程的高 O_2 期，所以，能比自然降 O_2 法进一步提高贮藏效果。然而，此法要求的技术和设备较复杂，同时消耗较多的氮气和电力。

三、气调贮藏的方法与管理

气调贮藏的操作管理主要是封闭和调气两部分。调气是创造并维持产品所要求的气体组成；封闭是杜绝外界空气对所要求环境的干扰破坏。目前，国内外气调贮藏按其封闭的设施可分为两类：一类是气调冷藏库法，另一类是塑料薄膜封闭气调法。

（一）气调冷藏库法

气调冷藏库要有机械冷库的保温、隔热、防潮性能，还需有气密性和耐压能力，因为气调库内要达到所需的特定气体成分，并长时间维持，避免气调库内外气体交换；库内气体压力会随着温度变化而变化，形成内外气压差。

用预制隔热嵌板建库。嵌板两面是表面呈凹凸状的金属薄板（镀锌钢板或铝合金板等），中间是隔热材料聚苯乙烯泡沫塑料，采用合成的热固性黏合剂将金属薄板牢固地黏结在聚苯乙烯泡沫塑料板上。嵌板用铝制呈工字形的构件从内外两面连接，在构件内表面涂满可塑性的丁基玛碲脂，使接口完全、永久地密封。这种预制隔热嵌板既可隔热防潮，又可作为隔气层。地板是在加固的钢筋水泥底板上，用一层塑料薄膜（多聚苯乙烯等）作为隔气层（0.25mm），一层预制隔热嵌板（地坪专用），再加一层加固的10cm 厚的钢筋混凝土为地面。为了防止地板由于承受荷载而使密封破裂，在地板和墙的交接处的地板上留一平缓的槽，在槽内灌满不会硬化的可塑酯（黏合剂）。

建成库房后，在内部进行现场喷涂泡沫聚氨酯（聚氨基甲酸酯），可获得性能非常优异的气密结构并兼有良好的保温性能，5.0～7.6cm 厚的泡沫聚氨酯可相当于 10cm 厚的聚苯乙烯的保温效果。喷涂泡沫聚氨酯之前，应先在墙面上涂一层沥青，然后分层喷涂，每层厚度约为 1.2cm，直到喷涂达到所要求的总厚度。

气调贮藏库的库门要做到完全密封，通常有两种做法。第一，只设一道门，门在门框顶的铁轨上滑动，由滑轮连挂。门的每一边有两个插锁，共 8 个插锁把门拴在门框上，把门栓紧后，在四周门缝处涂上不会硬化的黏合剂密封。第二，设两道门，第一道是保温门，第二道是密封门。通常第二道门的结构很轻巧，用螺钉铆接在门框上，门缝处再涂上玛碲脂加强密封。另外，各种管道穿过墙壁进入库内的部位都需加用密封材料，不能漏气。通常要在门上设观察窗和手洞，方便观察和检验取样。

气调库运行过程中，由于库内温度波动或者气体调节会引起压力的波动。当库内外压力差达到58.8Pa时，必须采取措施释放压力，否则会损坏库体结构。具体办法是安装水封装置，当库内正压超过58.8Pa时，库内空气通过水封溢出；当库内负压超过58.8Pa时，库外的空气通过水封进入库内，自动调节库内外压力差不超过58.8Pa。

气调库的主要设备有以下几种：

（1）气体发生器：其基本装置是一个催化反应器。在反应器内，将 O_2 和燃料气体如丙烷和天然气进行化学反应形成 CO_2 和水蒸气。由于库内空气不断地循环通过反应器用于反应，因此库内 O_2 浓度不断地降低而达到所要求的浓度。

（2）CO_2 吸附器：其作用是除去贮藏过程中贮藏产品呼吸释放的以及气体发生器在工作时所放出的 CO_2。当 CO_2 继续积累超过一定限度时，将库内空气引入 CO_2 吸附器中的喷淋水、碱液或石灰水中，或者引入堆放消石灰包的吸收室中，吸收部分 CO_2，使库内 CO_2 维持适宜的浓度。

气体发生器和 CO_2 吸附器配套使用，可随意调节和快速达到所要求的气体成分。

气调库内的制冷负荷要比一般的冷库大，因为装货集中，要求在很短时间内将库温降到适宜贮藏的温度。气调贮藏库还有湿度调节系统、气体循环系统，以及气体、温度和湿度的分析测试记录系统等，这些都是气调贮藏库的常规设施。

（二）塑料薄膜封闭气调法

20世纪60年代以来，国内外对塑料薄膜封闭气调法开展了广泛的研究，并在生产中广泛应用。薄膜封闭容器可安装在普通冷库内或通风贮藏库内，以及窑洞、棚窑等简易的贮藏场所内，还可在运输中使用。

塑料薄膜除使用方便、成本低廉外，还具有一定的透气性，所以能够被广泛应用。通过果蔬的呼吸作用，会使塑料袋（帐）内 O_2 浓度和 CO_2 浓度维持一定的比例，加上人为的调节措施，会形成有利于延长果蔬贮藏寿命的气体成分。

1963年以来，人们开展了对硅橡胶在果蔬贮藏上应用的研究。硅橡胶是一种有机硅高分子聚合物，它由有取代基的硅氧烷单体聚合而成，以硅氧键相连形成柔软易曲的长链，长链之间以弱电性松散地交联在一起。这种结构使硅橡胶具有特殊的透气性。第一，硅橡胶薄膜对 CO_2 的透过率是同厚度聚乙烯膜的200～300倍，是聚氯乙烯膜的20000倍；第二，硅橡胶膜对气体具有选择性透性，其对 N_2、O_2 和 CO_2 的透性比为1∶2∶12，同时对乙烯和一些芳香物质也有较大的透性。

在用较厚的塑料薄膜（如0.23mm厚的聚乙烯）做成的袋（帐）上嵌上一定面积的硅橡胶，就做成一个有气窗的包装袋（或硅窗气调帐），袋内的果蔬进行呼吸作用释放出的 CO_2 通过气窗透出袋外，而所消耗掉的 O_2 则由大气透过气窗进入袋内而得到补充。贮藏一定时间后，袋内的 CO_2 和 O_2 进出达到动态平衡，其含量就会自然调节到一定范围。

有硅橡胶气窗的包装袋（帐）与普通塑料薄膜袋（帐）一样，是利用薄膜本身的透性自然调节袋中的气体成分。因此，袋内的气体成分必然是与气窗的特性、厚薄、大小，袋子容量、装载量，果实的种类、品种、成熟度，以及贮藏温度等因素有关。要通过试验研究，最后确定袋（帐）子的大小、装置和硅橡胶窗的大小。

1. 封闭方法和管理

（1）垛封法。贮藏产品用通气的容器盛装，码成垛。垛底先铺垫底薄膜，在其上摆放垫木，将盛装产品的容器垫空。码好的垛子用塑料帐罩住，帐子和垫底薄膜的四边互相重叠卷起并埋入垛四周的小沟中，或用其他重物压紧，使帐子密闭。也可用活动贮藏架在装架后整架封闭。帐子选用的塑料薄膜一般是厚度为0.07～0.20mm的聚乙烯或聚氯乙烯。在塑料帐的两端设置袖口（用塑料薄膜制成），供充气及垛内气体循环时插入管道之用，也可从袖口取样检查。活动硅橡胶窗也是通过袖口与帐子相连接。帐子还要设取气口，以便测定气体成分的变化，也可从此充入气体消毒剂，平时不用时把气口塞闭。为避免器壁的凝结水侵蚀贮藏产品，应设法使封闭帐悬空，不使之紧贴产品。对帐顶部分凝结水的排除，可加衬吸水层，还可将帐顶做成屋脊形，以免凝结水滴到产品上。

塑料薄膜帐的气体调节可使用气调库调气的各种方法。帐子上设硅胶窗可以实现自动调气。

（2）袋封法。将产品装在塑料薄膜袋内，扎口封闭后放置于库房内。调节气体的方法有：①定期调气或放风。用0.06～0.08mm厚的聚乙烯薄膜做成袋子，将产品装满后入库，当袋内的O_2浓度减少到低限或CO_2浓度增加到高限时，将全部袋子打开放风，换入新鲜空气后再进行封口贮藏。②自动气调，采用0.03～0.05mm厚的塑料薄膜做成小包装。因为塑料膜很薄，透气性很好，在较短的时间内，可以形成并维持适当的低O_2高CO_2的气体成分而不致造成高CO_2伤害。该方法适用于短期贮藏、远途运输或零售的包装。在袋子上，依据产品的种类、品种和成熟度及用途等确定粘贴一定面积的硅橡胶膜后，也可以实现自动调气。③气调包装，运用现代的气调包装设备将塑料薄膜小包装中的气体部分或全部抽出，再将预先混好的气体充入其中，然后密封，通过果蔬呼吸和薄膜的透气性，最后使小包装内部的气体成分稳定。该方法省去了小包装内部的自动降氧期，对多数产品具有更好的贮藏效果，但是需要设备和气体消耗。

2. 温湿度管理

塑料薄膜封闭贮藏时，袋（帐）内部因有产品释放呼吸热，所以内部的温度总会比库温高一些，一般有0.1℃～1℃的温差。另外，塑料袋（帐）内部的湿度较高，接近饱和。塑料薄膜正处于冷热交界处，在其内侧常有一些凝结水珠。如果库温波动，则帐（袋）内外的温差会变得更大、更频繁，薄膜上的凝结水珠也就更多。封闭帐（袋）内的水珠还溶有CO_2，pH约为5，这种酸性溶液滴到果蔬上，既有利于病菌的活动，对果蔬也会造成不同程度的伤害。封闭容器内四周的温度因受库温的影响而较低，中部的温度则较高，这就会发生内部气流的对流，较暖的气体流至冷处，降温至露点以下部分水汽形成凝结水；这种气体再流至暖处，温度升高，饱和差增大，因而又会加强产品的蒸腾作用，不断地把产品中的水抽出来变成凝结水。也可能并不发生空气对流，而由于温度较高处的水汽分压较大，该处的水汽会向低温处扩散，同样导致高温处的产品脱水而低温处的产品凝水。所以薄膜封闭贮藏时，一方面帐（袋）内部湿度很高；另一方面产品仍然有较明显的脱水现象。解决这一问题的关键在于力求库温保持稳定，尽量减小封闭帐（袋）内外的温差。

第四节　其他新技术贮藏

一、保鲜剂贮藏

保鲜剂贮藏是利用一些化学物质或药剂以浸泡、喷布或熏蒸的方式处理果蔬产品，通过控制果蔬的呼吸，减少果蔬营养物质分解和水分的散失；抑制原果胶酶的活性，延缓果蔬的软化；阻止 O_2 的大量吸入，从而减少果蔬乙烯气体的产生数量；利用乙烯吸收剂降低乙烯气体对果蔬的不利影响等；延缓果蔬采后的生理变化，降低果蔬衰老速度，达到保持果蔬良好品质、延长果蔬保鲜期的作用。

果蔬保鲜剂根据其作用可以分为三类。

（一）防腐剂类

防腐剂类保鲜剂利用化学或天然抗菌剂防止霉菌和其他污染菌滋生繁殖，防病、防腐、保鲜。可分为化学防腐保鲜剂和天然防腐保鲜剂两大类。

1. 化学防腐保鲜剂

化学防腐保鲜剂主要以液体浸泡、喷布或熏蒸的方式抑制或杀死果蔬表面的微生物，从而起到防腐保鲜的目的。化学防腐保鲜剂可分为防护型化学防腐保鲜剂、广谱内吸型化学防腐保鲜剂和熏蒸型化学防腐保鲜剂等。

2. 天然防腐保鲜剂

天然防腐保鲜剂采用的材料主要是芸香科、菊科、樟科的植物香料或魔芋等中草药制剂及荷叶、大蒜、茶叶、葡萄色素等提取物。我国在此方面的研究已取得较好的成效。

中草药类植物提取物保鲜果蔬：许多植物可以入药，以煎煮、浸泡的方法提取成分，并配合其他药剂，用于处理采后的果蔬，具有较好的保鲜效果。广泛使用的有魔芋提取液（主要成分为魔芋甘露聚糖）、高良姜煎剂（主要成分为挥发油）、大蒜浸提液[主要成分为大蒜素（二烯丙基硫代磺酸酯）]、植酸保鲜剂等，浸泡或涂覆在葡萄、草莓、哈密瓜、香蕉、樱桃、菠萝、荔枝等瓜果上，不仅可以维持新鲜微弱的生理作用，达到理想的透水、透气性能，而且可以提高瓜果的光泽，抵御外界病菌的侵入，并能显著地抑制酶的活性。

在食用菌的保鲜上，采用植酸处理后，可以阻止蘑菇变色，解决了二氧化硫的残留问题，使蘑菇等食用菌的保鲜从 2～3d 延长至 5～7d。植酸用于极不耐贮藏的鲜樱桃的保藏，也取得了较好的效果。

中国科学院武汉植物研究所从 73 种植物 173 个抽提物中筛选出代号为 EP 的猕猴桃天然防腐保鲜剂，贮藏猕猴桃 5 个月，其好果率在 85%以上，且果实品质较佳。

美国研制的雪鲜果蔬保鲜剂及英国研制的森柏保鲜剂等，已广泛应用于果蔬的保鲜。

（二）生理调节剂类

生理调节剂类保鲜剂是一些具有调节生理活性的物质和能够调节或刺激植物生长的化学药剂，它能调节果蔬的生理活性。作为果蔬保鲜剂，在延缓果实软化、衰老方面效果显著，目前研究应用的主要有生长素类、赤霉素类、细胞分裂素类及其他与成熟衰老有关的调节物质等。用生长素类物质 2,4－D 浸泡柑橘、葡萄果实，可降低果实腐烂率，防止落蒂；赤霉素类可阻止组织衰老、果皮退绿变黄、果肉变软、胡萝卜素的积累，以及对抗乙烯、ABA 对呼吸的刺激作用，在柑橘、杧果、杏、葡萄、草莓上保鲜效果显著。细胞分裂素类（如 BA）有保护叶绿素、抑制衰老的作用，可用来延缓绿叶蔬菜（如甘蓝、花椰菜等）和食用菌的衰老。其他与成熟衰老有关的调节物质如多胺（主要为腐胺、精胺、亚精胺），适当的浓度可阻止叶绿素受破坏，抑制乙烯合成，延缓衰老，多胺可延长李、香蕉的贮藏期，此外，像油菜素内酯、茉莉酸及其甲酯、水杨酸（SA）等调节物质在果蔬的保鲜、抗病等多方面也取得较满意的效果。许多植物生理活性调节剂作为果蔬保鲜剂在延缓果实软化、衰老方面效果显著，但使用时应谨慎选择，有些生理活性调节剂对人体健康和环境有负面影响，已被限制使用，在食用含有此类保鲜剂的水果时要尽量去皮。

（三）膜剂类

膜剂类保鲜剂俗称涂膜保鲜剂，通常是用蜡（蜂蜡、石蜡、虫蜡等）、天然树脂（以我国云南玉溪产虫胶制品质量最佳）、脂类（如棉籽油等）、明胶、淀粉等造膜物质制成适当浓度的水溶液或者乳液。采用浸渍、涂抹、喷布等方法施于果蔬的表面，风干后形成一层薄薄的透明膜，能抑制呼吸作用，减少水分散发，防止微生物入侵。

涂膜保鲜剂因其造价低、美化商品和不同程度的微气调作用而在不少国家得到广泛应用。我国 20 世纪 80 年代引进这项技术，现已研制出自己的涂膜保鲜剂，如中国林业科学研究院林产化学工业研究所研制的紫胶水果涂料，中国农业科学院研制的京 2B 系列膜剂，广西化工生物技术研究所研制的复方卵磷脂保鲜剂，用于鲜橙贮藏，保鲜效果明显。下面介绍几种常用的涂膜保鲜剂。

1. 中草药复合半透膜保鲜剂

用百部、虎杖、良姜、黄连素、鞭打绣球等中草药进行超临界提取，提取物再配以淀粉、魔芋、卵磷脂等就可以制成中草药复合半透膜保鲜剂。例如 NPS 天然果蔬保鲜剂，是从天然植物鞭打绣球的种子中提取的一种保鲜剂，它具有良好的成膜性，且成膜后无色无味，速溶于水，易洗涤，因此可将它的这一特性用于果蔬的涂膜保鲜。经 NPS 处理的果实，表面光泽明显增强，具有上光打蜡的效果，作为保鲜剂尤其适用于果蔬的货架期保鲜。用 0.5%～1%的鞭打绣球种子胶质溶液涂覆早熟金冠苹果，在 25℃～30℃的温室条件下开放型放置 40d，其外观颜色和品质基本不变；用 0.25%～0.5%的鞭打绣球种子胶质溶液涂覆鸭梨，在室温下开放型放置 40d，其品质基本不变；用 0.5%～1%的鞭打绣球种子胶质溶液处理果菜类的甜椒、黄瓜、番茄等，可有效地延长货架期 10d 以上。

2. 磷蛋白类高分子蛋白质

磷蛋白类高分子蛋白质广泛存在于动植物体中。由于该蛋白质分子中含有大量的亲水基团，成膜后具有适宜的透气性和透水性，对气体通过具有较好的选择性，水果经浸渍处理后能在表面形成一层均匀的膜，膜的厚度可根据果实的生理变化的不同在几十微米之间方便地调节。它能显著抑制果蔬的呼吸强度，属无毒类药物，这种保鲜膜的使用浓度最好为 3%～7%，pH=2.7～8.5 均可。果蔬经浸渍后，3h 左右即可在其表面成膜，一般有效用量为 0.15～0.5g/t。金冠苹果用该保鲜剂处理后贮存 5 个月，好果率达 95%；国光苹果处理后贮存 6 个月，好果率达 98%；在草莓上使用 1%～2%的浓度，可使草莓贮存时间在常温下延长 2d 左右，在 4℃～8℃条件下延长 15～20d；除此之外，对于柑橘、香蕉的保鲜效果也很好。

3. 可食性涂被保鲜剂

可食性涂被保鲜剂主要有：防腐型果蔬涂被保鲜剂，含有天然多糖类物质及其他有效活性因子，能在果蔬表面形成一层透明的保护膜，具有广谱抗菌、防霉、保湿的功能，可有效防止果蔬腐烂，提高保鲜性能；防褐型果蔬涂被保鲜剂，含有天然生物保鲜因子壳聚糖和食品级护色添加剂，能在果蔬表面形成一层透明的保护膜，可通过调节环境中 O_2 浓度，抑制氧化酶的活性，有效防止果蔬褐变和白化，达到保持商品质量的目的；护绿型果蔬涂被保鲜剂，由天然多糖类物质及其他食品级成分复配而成，可在果蔬表面形成一层透明薄膜，以此实现分子调节、裂缝调节及厚度调节的统一，达到适宜的气调效果，可明显保持果蔬原有绿色，防止水分蒸发，抑制微生物的侵染与繁殖；增亮型果蔬涂被保鲜剂，含有蜡制剂、助溶剂、乳化剂及其他有效活性因子，能迅速在水果表面形成一层透明光亮的薄膜，使水果光亮诱人，并能抑制水分蒸发和微生物的侵染与繁殖，显著延长货架期。

二、减压贮藏

减压贮藏又叫作低压换气贮藏、低压贮藏，指的是在冷藏基础上将密闭环境中的气体压力由正常的大气状态降低至负压，形成一定的真空度后贮藏新鲜果蔬产品的一种贮藏方法。减压贮藏作为新鲜果蔬产品贮藏的一种技术创新，可视为气调贮藏的进一步发展。减压保鲜技术源于20世纪60年代，减压贮藏于70年代逐步迈向了广泛研究的道路。

（一）减压贮藏的原理

减压贮藏能够取得稳定的超低氧环境，降低果蔬呼吸强度，并抑制乙烯的生物合成；而且低压可推迟叶绿素的分解，抑制类胡萝卜素和番茄红素的合成，减缓淀粉的水解、糖的增加和酸的消耗等过程，从而延缓果蔬的成熟和衰老；并能防止和减少各种贮藏生理病害，如酒精中毒虎皮病等，以保持新鲜果蔬品质、硬度、色泽等。

在不改变空气组成的情况下，降低气压，使空气的各种气体组分的分压都相应降低。例如，气压降至正常的1/10，空气中的O_2、CO_2、C_2H_4等的分压也都降至原来的1/10。但它们的绝对含量则降为原来的1/10，O_2的含量只相当于正常气压下的2.1%。所以减压贮藏也能创造一个低O_2条件，从而起到类似气调贮藏的作用。另外，减压处理还能促进植物组织内气体成分向外扩散，这是减压贮藏更重要的作用。所以减压处理能够大大加速组织内乙烯向外扩散，减少内源乙烯的含量。据测定，当气压从1.01325×10^5 Pa降至2.6664×10^4 Pa时，苹果的内源乙烯几乎减少4倍。在减压条件下，植物组织中其他挥发性代谢产物如乙醛、乙醇、芳香物质等也都加速向外扩散。这些作用对防止果蔬组织完熟、衰老都是极其有利的，并且一般是减压越低作用越明显。减压贮藏不仅可以延缓完熟，还有保持绿色、防止组织软化、减轻冷害和一些贮藏生理病害的效应。如菠菜、生菜、青豆、青葱、水萝卜、蘑菇等在减压贮藏中都有保色作用。减压贮藏由于可造成超低O_2条件，所以可抑制微生物的生长发育和孢子形成，由此可减轻某些侵染性病害。

减压贮藏的一个重要问题是，在减压条件下，组织易蒸散干萎，因此必须保持很高的空气湿度，一般需在95%以上，但湿度很高又会加重微生物病害，所以减压贮藏最好配合应用消毒防腐剂。另一个问题是，刚从减压处理中取出的产品风味不好、不香，但在放置一段时间后可以有恢复。

（二）减压贮藏的特点

减压贮藏技术是在真空技术发展的基础上，将常压贮藏替换为真空环境下的气体置换贮存方式。此方法能迅速改变贮藏容器内的大气压力，并且能够精确地控制气体成分，取得稳定的超低氧环境。因此，减压贮藏有其独到的特点。

1. 贮藏期延长

减压贮藏的新鲜果蔬产品贮藏寿命较长。减压贮藏时，新鲜果蔬产品代谢过程中产生的CO_2、C_2H_4、乙醇、乙醛等有害气体能够及时排除，不会造成积累，所以减压贮藏能大大延长果蔬的贮藏期限，可以真正解决果蔬季节性生产和全年供应。

2. 降温、降氧迅速

减压贮藏能够快速降低贮藏环境温度、快速降低氧分压及快速脱除有害气体成分。在减压条件下，果蔬的田间热、呼吸热等随真空泵的运行而被快速排出，造成降温迅速。由于真空条件下空气的各种气体组分分压都相应地迅速下降，故氧分压也迅速降低，克服了气调贮藏中降氧缓慢的不足。

3. 贮量大且可多品种混放

由于减压贮藏换气频繁，气体扩散速率快，产品在贮藏室内密集堆放，室内各部分仍能维持较均匀的温度、湿度和气体成分，所以贮量较大。同时，减压贮藏可尽快排出产品体内的有害物质，防止产品之间相互促进衰老，并可多品种同放于一贮藏室内。

4. 出入库方便、货架期延长

减压贮藏所要求的温度、湿度、气体成分很容易达到，操作灵活、使用方便，所以产品可随时出入库，避免普通冷藏和气调贮藏产品易受出入库影响的不良后果。经减压贮藏的产品，在解除低压后仍有后效，其后熟和衰老过程仍然缓慢，故延长了产品货架期。

5. 节能、经济

减压贮藏除空气外不需要提供其他气体，省去了气体发生器和 CO_2 脱除设备等。由于减压库的制冷降温与抽真空相互不断地连续进行，并维持压力的动态平衡，所以减压贮藏库的降温速率相当快，果蔬可不预冷直接入库贮藏，尤其在运输方面，节约了时间，加快了货物的流通速率。

（三）减压贮藏的条件要求

减压贮藏要求达到低压与维持稳定的低压状态对库体设计和建筑提出了比气调贮藏库更严格的要求，表现在气密程度和库房结构强度更高。气密性不够，则设计的真空度难以实现，无法达到预期的贮藏效果；气密性不够，还会增加维持低压状态的运行成本，加速机械设备的磨损。

减压贮藏由于需较高的真空度才会产生明显的效果，库房要承受比气调贮藏库大得多的内外压力差，要求贮藏室能经受 1.01325×10^5 Pa 以上的压力，库房建造时所用材料必须达到足够的机械强度，库体结构合理牢固，因而减压贮藏库房建造费用大。

三、辐射贮藏

辐射是指一种带有能量的波动形式辐射，通过波辐射穿过物体并在空间内部进行能量的传递过程。果蔬辐射贮藏保鲜是利用放射性同位素（主要是^{60}Co 或^{137}Cs）发出的 γ 射线、β 射线、X 射线、紫外线及其他电离射线或电子束辐照果蔬产品，抑制采后呼吸，延迟果蔬产品的后熟，最大限度地减少害虫孳生和抑制微生物导致的产品腐烂，从而延长果蔬产品的贮藏寿命。

辐射贮藏是一种物理贮藏方法，与其他方法相比，它具有的优点是：节约能源且不改变所处理材料的品质和外形，没有任何残留毒物，对环境不造成污染，处理时间短，可以不打开包装直接进行杀虫杀菌，操作工艺简单，易于管理。

四、其他贮藏新技术

（一）物理贮藏技术

1. 磁场处理

磁场处理是近年来在果蔬保鲜领域兴起的一种新型技术。磁场处理是利用它的杀菌贮藏机理，通过作用于生物体的外磁场产生的生物效应，破坏生物中蛋白质和酶的活性，达到消菌灭菌的功效。另外，磁场对生物体的电子传递、遗传基因、新陈代谢都能起到一定的延缓与抑制作用。磁场可明显降低水果的生理活动水平，降低呼吸强度，减少水分蒸发，使外观和失重也得到改善。

2. 高压电场处理

产品放在或通过金属极板组成的高压电场中，发生以下作用：电场的直接作用，高压放电形成离子空气的作用，放电形成臭氧的作用。

电场的直接作用是高压电场处理果蔬，使酶的活性显著降低，各种代谢功能和生化反应受到抑制，从而降低果蔬的呼吸强度，延缓果蔬的成熟。高压电场处理不只是电场单独起作用，同时还有离子空气的作用。在电晕放电中同时产生臭氧，臭氧具有杀菌和氧化乙烯作用，从而破坏果蔬的后熟条件。

3. 负离子和臭氧处理

正离子对植物的生理活动起促进作用，负离子起抑制作用。因此，在果蔬贮藏中多用负离子空气处理。产品不直接处在电场中，而是按电晕放电使空气电离的原理，制成负离子空气发生器，借风扇将离子空气吹向产品，使产品在发生器的外面接受离子淋沐。

臭氧是一种强氧化剂，具有强烈的杀菌防腐功能，又是一种良好的消毒剂和杀菌剂，既可杀灭消除果蔬致病微生物及其分泌毒素，又能抑制并延缓果蔬有机物的水解，从而延长果蔬保鲜期。

臭氧对环境有害气体具有降解作用，从而延缓果蔬的后熟与衰老。臭氧处理果蔬后，能使果蔬成熟过程中释放出来的乙烯、乙醇、乙醛等气体氧化分解，还可消除贮藏室内乙烯等有害挥发物，抑制细胞内氧化酶，从而延缓果蔬的后熟和衰老。

臭氧还能调解果蔬的生理代谢，分解降低内源乙烯浓度，纯化酶活性，降低果蔬的呼吸强度，从而减缓营养物质在贮藏期间的转化。臭氧能诱导果蔬表皮的气孔缩小，减少水分蒸腾和养分消耗。同时，负氧离子因具有较强的穿透力，可阻碍糖代谢的正常进行，使果蔬的代谢水平有所降低，抑制果蔬体内呼吸作用，延长贮藏期。臭氧及负氧离子的携同作用所产生的生物学效应，使这一保鲜方法效果显著。

利用臭氧及负氧离子保鲜还具有降解果蔬表面的有机氯、有机磷等农药残留，以及清除库内异味、臭味和灭鼠驱鼠的优点。臭氧及负氧离子在完成氧化反应后，剩余的自行还原成氧气，不会留下任何有毒的残留物。

4. 热处理

热处理是指在采后以适宜温度（35℃～50℃）处理果蔬，以杀死或抑制病原菌的活动，减少果实采后腐烂，改变酶活性，降低果实的某些生理代谢，延迟后熟期的到来，改变果蔬表面结构特性，诱导果蔬的抗逆性，从而达到贮藏保鲜的效果。其主要优点是无化学残留、安全性高、简便有效。近年来在果蔬采后的病虫害检疫、防治方面正逐渐受到重视。

热处理的介质通常有热蒸汽、热水、干热空气、红外辐射和微波辐射，生产上常用的是热蒸汽和热水浸泡、强力热空气等。通常用30℃～50℃处理数小时至数天，或用40℃～60℃处理数分钟至几十分钟。目前热处理已在柑橘类、杧果、木瓜、甜椒、茄子等果蔬上广泛应用。

5. 超高压技术

超高压技术是指在一定温度下，用100～1000MPa的压力来处理食品，高压可引起蛋白质变性、酶失活、微生物灭活等，抑制果蔬的生理活性，从而达到杀菌灭酶、保鲜贮藏的目的。

（二）生物贮藏技术

生物贮藏技术目前主要是利用转基因技术和生物防治技术进行贮藏。

1. 利用转基因技术

利用转基因技术贮藏主要是进行果蔬产品完熟、衰老调控基因以及抗病基因、抗褐变基因和抗冷基因的转导研究，从基因工程角度解决果蔬产品的保鲜问题。

果实的软化及货架寿命与细胞壁降解酶的活性，尤其与多聚半乳糖醛酸酶和纤维素酶的活性密切相关，也受果胶降解酶活性的影响。目前，已经阐明编码细胞壁水解酶如PG酶（多聚半乳糖醛酸酶）与纤维素酶的基因表达，这些酶在调节细胞壁的结构方面发挥重要的作用。

我国积极开展了番茄基因工程的研究工作，获得了转基因番茄果实，转基因番茄具有极强的耐贮藏能力和抗感病性能。转基因番茄的货架期延长了30～40d，并且能在随季节变化的常温下贮藏3个月，最长的竟达9个月之久。目前，国内外均在开展以延长苹果、桃、猕猴桃及甜瓜的耐贮性为目标的研究工作。

2. 利用生物防治技术

生物防治是一种以菌治菌的方式。主要是采用拮抗微生物来降低果蔬采后腐烂损失，通常采取降低病原微生物、预防或消除田间侵染、钝化伤害侵染以及抑制病害的发生和传播等四种方法进行防治。此方法没有化学防腐保鲜剂所带来的环境污染、农药残留及抗药性等问题，且有贮藏条件易控制、处理目标明确等优点。目前较成功地用于菠萝、草莓、菠菜、白菜等果蔬。

生物防治技术的拮抗菌主要有细菌、酵母菌和小型丝状真菌。多种酵母菌、丝状真菌与细菌是许多果实上的多种真菌病原微生物的竞争性抑制剂。通过提高采收时拮抗性微生物的浓度，可以很好地控制贮藏期间的青霉与灰霉病。注意，拮抗性微生物只有直接接触到潜伏侵染占据的空间才能起到真正的抑菌作用。

目前，利用生物防治技术在贮藏保鲜研究中成功的例子有：将病原菌的非致病菌株喷洒到果蔬上，可以降低病害发生所引起的果蔬腐烂，如将菠萝的绳状青霉喷洒到菠萝上，则菠萝的青霉腐烂大为降低；草莓采前喷洒木霉菌，则大大降低采后草莓灰霉病的发病率；南运北调的马铃薯腐烂率高，用假单胞菌在采后浸渍，则其软腐病降低50%；抗生素类，如链霉素、软霉素喷洒在大白菜上，则可以减少细菌病害发生。近年来，国外发现了一种特异的菌株——枯草杆菌的一个变种，它可以产生效力很强的抗霉菌，其效力几乎等于现在广泛使用的杀菌剂苯菌灵。

思考题

1. 总结归纳简易贮藏的方式、优缺点及适用果蔬产品。
2. 什么是通风库贮藏？通风库贮藏的类型有哪些？采用通风库贮藏时有哪些技术要点？
3. 机械冷库的应用原理是什么？其构成体系有哪几部分？
4. 总结机械冷库的技术要求。
5. 如何加强果蔬机械冷藏的技术管理？
6. 什么是气调贮藏？总结气调贮藏的条件。
7. 气调贮藏的技术手段有哪些？其特点和管理方法是什么？

第五章　果蔬贮藏中主要病害及其预防

【本章重点】

1. 掌握低温伤害和气体伤害的原理和预防措施。
2. 掌握侵染性病害及预防措施。

第一节　生理性病害及其预防

生理性病害的症状因病害种类而异，大多是在果蔬表面或内部出现凹陷、褐变、异味、不能正常成熟等，其发生的原因主要是成长条件及果实采收后贮运环境中的温度、湿度、气体环境条件不良。

一、低温伤害

果蔬采后贮藏在不适宜的低温下产生的生理病害叫作低温伤害。低温可降低果蔬的呼吸作用，抑制果蔬的成熟和衰老，抑制微生物的活动，延长果蔬贮藏保鲜期。但由于果蔬的种类和品种不同，对低温的适应能力亦有所不同。如果温度过低，超过果蔬的适应能力，果蔬就会发生冷害和冻害两种低温伤害。

（一）冷害

冷害是指在低于细胞组织冰点的温度条件下，农产品因对低温不适而产生的生理代谢失调。冷害不同于冻害，冷害在贮藏过程中更容易发生，而且经常发生。如果技术管理不当，冷害带来的损失就会在某种程度上大于冻害，故应当引起足够重视。

1. 症状和发生冷害的临界温度

果蔬遭受冷害后，常表现为果皮或果肉、种子等发生褐色病变，表皮出现水浸状凹陷、烫伤状，不能正常后熟。伴随冷害的发生，果蔬的呼吸作用、化学组成及其他代谢都发生异常变化，降低产品的抗病能力，导致病菌侵入，加重果蔬的腐烂。产生冷害的果蔬产品的外观和内部症状也因其种类不同而异，并随着组织的类型而变化，如黄瓜、番瓜、白兰瓜、辣椒产品表面出现水浸状的斑点；茄子褪色、香蕉褐变等；苹果、桃、梨、菠萝、马铃薯等内部组织发生褐变或崩溃；香蕉、番茄等产品不能正常后熟。同时，不同果蔬产品发生冷害的温度也不一样（表 5-1）。

表 5-1　果蔬发生低温病害的温度及症状

种类	温度/℃	症状
苹果（部分品种）	2.2～3.3	橡皮病，烫伤，果肉（果心）褐变
梨（部分品种）	5.0～8.0	果肉（果心）褐变
香蕉（绿、黄果）	11.7～13.3	果皮变黑，后熟不良
葡萄柚	10	果皮凹陷，水浸状腐烂
柠檬	10.0～15.4	果皮凹陷，红褐色斑点，囊瓣膜变红
橙（品种各异）	2.8～5.0	果皮凹陷，褐变
柑橘（品种各异）	3.0～9.0	果皮凹陷及腐烂，水肿
杧果	4.0～12.8	果皮变黑，后熟不良
菠萝	6.1～10.0	后熟异常，果肉变褐
樱桃（部分品种）	0.0～1.0	贮后升温发生烫伤病
梅（部分品种）	5.0～8.0	褐变，凹陷
荔枝	0.0～1.0	果皮变黑
橄榄	6.0～7.0	果肉褐变
番木瓜与木瓜	6.1～7.0	果皮凹陷，果肉水浸状，后熟不良
人参果	1.9～2.0	不能后熟
桃与杏	−1.0～0.0	果实异味
扁豆	7.2～10.0	凹陷，变色
黄瓜	7.2	凹陷，水浸状斑点，腐败
茄子	7.2	烫伤病，腐烂
甜瓜	2.2～4.4	凹陷，表面腐烂
西瓜	4.4	凹陷，异味
柿子椒	7.2	凹陷，种子褐变
马铃薯	3.3～4.4	褐变，糖分增加
南瓜	10	腐烂
甘薯	12.8	凹陷，内部变色
成熟番茄	7.2～10.0	水浸状软化，腐烂
未熟番茄	12.8～13.9	后熟不良，腐烂
秋葵	10.0 以下	褐变，凹陷，维生素 C 迅速减少
青豆角	10.0 以下	褐变，凹陷

续表5－1

种类	温度/℃	症状
生姜	10.0 以下	内部变色
甘薯	10.0 以下	内部变色
芋头	1.0 以下	贮藏后升温腐烂显著
红毛丹	7.2	不能转红色，易感染病害

2. 影响冷害的因素

（1）内部因素。

①种类和品种：尤其是原产地，一般原产热带的果蔬更易被冷害伤害。

②成熟度：一般产品越幼嫩，对冷害越敏感。红熟番茄可以在 0℃条件下贮藏 42d，绿熟番茄在 7.2℃就可能产生冷害。

（2）外部环境因素。

①温度：低于冷害临界温度的时间越长，冷害发生率越高；低于冷害临界温度的温度越低，冷害发生的严重程度越高。

②湿度：出现水浸状斑点或凹陷，由于脱水温度低，会加速冷害发生。

③空气成分：高浓度及低浓度 O_2 都会加重冷害发生，一般认为 O_2 浓度为 7%时安全。CO_2 浓度过高会诱导冷害发生。

④化学药物：与产品对冷害抗性有关的药物有 Ca^{2+}，Ca^{2+} 越低，对冷害越敏感。

3. 冷害发生的机制

冷害发生的机制主要是由于果实处于临界低温时，其氧化磷酸化作用明显降低，引起以 ATP 为代表的高能量短缺，细胞组织因能量短缺而分解，细胞膜透性增加，结构系统瓦解，功能被破坏，在角质层下积累了一些有毒的、能穿过渗透性膜的挥发性代谢产物，导致果实表面产生干疤、异味，并增加对病害腐烂的易感性。一般冷害只影响外观，不影响食用品质。

4. 冷害的控制

防止冷害的最好方法是掌握果蔬的冷害临界温度，不要将果蔬长时间地置于临界温度以下的环境中。另外，减轻冷害要加强果蔬在改变温度时的适应能力，或采用各种处理以防止冷害的发生，或使冷害降到最低限度。

（1）温度预处理。入库前要将果蔬放在略高于冷害的临界温度中一定时间，可增加以后低温贮藏时对冷害的抗性。如甜椒在 10℃中放置 5～10d，可减轻在 0℃冷藏时的受害程度。逐渐降温的贮藏方法也可减少或防止冷害。

（2）中途加温。也称间歇加温或中途暖处理。即在冷藏期间进行一次或数次短期的升温以减少冷害。仁果类、核果类及茄科蔬菜均可采用。桃的暖处理温度为 18.3℃，每 3 周升温 1 次，每次 2d，共进行 2 次，可在 0℃气调贮藏 9d。

（3）化学处理。利用化学方法处理冷藏的果蔬以减少冷害。效果较好的为乙氧喹和氯化钙。前者是苹果表面烫伤病的抑制剂；后者可减轻番茄、鳄梨的冷害。

（4）提高贮藏环境的湿度。提高湿度并配合使用杀菌剂，用100%的湿度可减轻贮藏中果蔬的冷害。

（5）气调贮藏。适当提高 CO_2 浓度、降低 O_2 浓度有利于减轻冷害。据报道，保持7%的 O_2 浓度能防止冷害；用10%的 CO_2 浓度可减少冷藏中葡萄柚和鳄梨的冷害。

（二）冻害

冻害是果蔬处于冰点以下，因组织冻结而引起的一种生理病害。它对果蔬的伤害主要是原生质脱水和冰晶对细胞的机械损伤。果蔬组织受到冻害后，引起果蔬细胞组织内有机酸和某些矿物质离子浓度增加，导致细胞原生质变性，出现汁液外流、萎蔫、变色和死亡，失去新鲜状态。且果蔬受冻害造成的失水变性是不可逆的，大部分果蔬产品在解冻后也不能恢复原状，从而失去商品价值和食用价值。

1. 影响因素

果蔬产品是否容易发生冻害与其冰点有直接关系。所谓冰点，是指果蔬组织中水分冻结的温度，一般为－1.5℃～－0.7℃。果蔬产品的冰点温度一般比水的（0℃）要低，这是由于细胞液中有一些可溶性物质（主要是糖类）存在，可溶性物质含量越高，冰点温度越低。不同果蔬品种的冰点温度不同，常见果蔬品种的冰点温度见表5－2。

表5－2　常见果蔬品种的冰点温度

果蔬品种	含水量/%	冰点温度/℃	果蔬品种	含水量/%	冰点温度/℃
金冠苹果	84.1	－1.5	杏	85.4	－1.1
国光苹果	85.4	－1.1	樱桃	83	－1.8
洋梨	82.7	－1.6	胡桃	3～6	－5
葡萄	81.9	－1.3	李子	85.7	－0.8
菠萝	85.3	－1.1	草莓	89.9	－0.8
甜瓜	92	－1.2	树莓	80.6	－1.1
哈密瓜	92.6	－0.9	无花果	78	－2.4
西瓜	92.1	－0.4	甘蓝	92.4	－0.9
柿子	78.2	－2.2	萝卜	90.9	－1.1
橙	87.2	－0.8	莴苣	94.8	－0.2
蜜橘	87.3	－1.1	花椰菜	91.7	－0.8
香蕉	74.8	－0.7	番茄	94.7	－0.5
椰子	46.9	－0.9	甜椒	92.4	－0.7
杧果	81.4	－0.9	桃	86.9	－0.9

根据果蔬产品对冻害的敏感性，可分为如表5－3所示的三类。因此，在果蔬的贮藏保鲜过程中，对不同种类和品种的果蔬要保持适宜的低温，还要维持恒温，才能达到保鲜目的。

表 5-3　几种主要果蔬对冻害的敏感程度

敏感程度	果蔬品种
敏感	杏、鳄梨、香蕉、浆果、桃、李、柠檬、蚕豆、黄瓜、茄子、莴苣、甜椒、马铃薯、红薯、夏南瓜、番茄
中等敏感	苹果、梨、葡萄、花椰菜、嫩甘蓝、胡萝卜、芹菜、洋葱、豌豆、菠菜、萝卜、冬南瓜
最敏感	枣、椰子、甜菜、大白菜、甘蓝、大头菜

2. 冻害的控制

应掌握果蔬产品的最适贮藏温度，将产品放在适温下贮藏，严格控制环境温度，避免产品长时间处于冰点以下。冷库中靠近蒸发器一端温度较低，在产品上要稍加覆盖，防止产品受冻。产品发生轻微冻害时，最好不要移动，以免损伤细胞，应就地缓慢升温，使细胞间隙中的冰晶融化成水，回到细胞内去。

二、气体伤害

（一）低 O_2 伤害

O_2 可加速果蔬的呼吸和衰老。降低贮藏环境中的 O_2 浓度，可抑制呼吸并推迟果蔬内部有机物质消耗，延长其保鲜寿命。但 O_2 浓度过低，又会发生缺氧，导致呼吸失常和无氧呼吸，产生的中间产物如乙醛、乙醇等有毒物质在细胞组织内逐渐积累，造成中毒，从而出现病变。

常见果蔬的高 CO_2 伤害和低 O_2 伤害的浓度见表 5-4。

表 5-4　常见果蔬的高 CO_2 伤害和低 O_2 伤害的浓度（Kader 等，1982）

水果品种	高 CO_2 的忍耐度/%	低 O_2 的忍耐度/%	蔬菜品种	高 CO_2 的忍耐度/%	低 O_2 的忍耐度/%
苹果	3～7	2	甘蓝	5	2
洋梨	5	2	花椰菜	5	2
桃	5	2	莴苣	1～2	2
油桃	5	2	甜椒	5	3
意大利李	20	2	黄瓜	10	3
杏	4	2	芹菜	2	2
樱桃	10	2	韭菜	15	3
柿子	5	3	胡萝卜	4	3
草莓	20	3	茄子	7	3

续表5－4

水果品种	高 CO_2 的忍耐度/%	低 O_2 的忍耐度/%	蔬菜品种	高 CO_2 的忍耐度/%	低 O_2 的忍耐度/%
无花果	20	2	番茄	10	3
鳄梨	5～14	5	大蒜	10	1
葡萄	5	5	洋葱	10	1
柑橘类	5	5	蘑菇	20	1
香蕉	3	2	菠菜	20	3
杧果	5	5	马铃薯	10	10
番木瓜	5	2	甜薯	3	7
干果	100	0	甜玉米	20	2
			豌豆	7	5

低 O_2 伤害的主要症状是果蔬表皮组织局部塌陷、褐变、软化，不能正常成熟，产生酒精和异味。果蔬周围1%～3%的 O_2 浓度一般是安全浓度，但产品种类或贮藏温度不同时，O_2 的临界浓度可能不同。

苹果在低 O_2 环境下的外部伤害为果皮上呈现界线明显的褐色斑，由小条状向整个果面发展，褐色的深度取决于苹果的底色；内部伤害是出现褐色软木斑和形成空洞，内部损伤的地方有时与外部伤害相邻，而且常常发生腐烂，但总是保持一个小的轮廓。此外，低 O_2 症状还包括酒精损伤，果皮有时形成白色或紫色斑块。鸭梨在0℃和 O_2 浓度为1%的条件下2个月或 O_2 浓度为2%的条件下4个月可引起果肉褐变。

（二）高 CO_2 伤害

CO_2 和 O_2 之间有拮抗作用，提高环境中 CO_2 浓度，呼吸作用也会受到抑制，可延长保鲜状态。多数果蔬适宜的 CO_2 浓度为3%～5%，当浓度过高，一般超过10%时，会使一些代谢受阻，引起代谢失调，造成伤害。

高 CO_2 伤害的症状与低 O_2 伤害相似，主要表现为果蔬表面或内部组织或两者都发生褐变，出现褐斑、凹陷或组织脱水萎蔫甚至形成空腔。各种果蔬对 CO_2 的敏感性差异很大，结球莴苣在 CO_2 浓度为1%～2%中短时间就可受害；芹菜、西兰花、菜豆、胡萝卜对 CO_2 也较敏感；青菜花、洋葱、蒜薹等较耐 CO_2，短时间内 CO_2 浓度超过10%也不导致受害。另外，由如表5－5所示的不同温度下部分果蔬的高 CO_2 伤害的临界浓度可看出，高 CO_2 伤害与处理温度及贮藏时间也密切相关。

表5－5　不同温度下部分果蔬的高 CO_2 伤害的临界浓度

果蔬品种	贮藏时间/d	耐 CO_2 浓度/%			
		0℃	4℃	10℃	15℃
芹菜	7	50	50	25	25

续表5－5

果蔬品种	贮藏时间/d	耐 CO_2 浓度/%			
		0℃	4℃	10℃	15℃
莴苣	7	13	13	—	—
菜豆	7	30	30	20	18
菠菜	7	30	20	20	20
番茄	7	10	10	10	6

对高 CO_2 伤害的预防措施主要是在贮藏中严格控制气体组分，经常取样分析，若发现问题，应及时调整气体成分或通风换气；在贮藏库内放干熟石灰吸收多余的 CO_2。

（三）氨伤害

以氨作制冷剂的大型冷库，由于制冷系统出现故障，或系统本身密闭性差，会出现氨泄漏的现象。因为氨溶于水后为强碱性，有较强的破坏作用，氨与果品蔬菜接触将引起果蔬明显色变和中毒。轻微氨伤害的果蔬，开始是组织发生褐变，进一步会使外部变为黑绿色（表5－6）。

表5－6　部分果蔬氨伤害症状

果蔬品种	氨伤害症状
苹果和梨	组织中产生褪色的凸起，受害严重的内部组织褪色，显著变软
洋葱	红色洋葱呈黑绿色，黄皮则呈棕黑色，白皮变成绿黄色
甘薯	黑褐色凹陷斑，薯块内部也发生色变和水肿
番茄	不能正常转红且组织破裂
蒜薹	不规则的浅褐色凹陷斑，氨浓度高的情况下，会导致薹条黄化

不同品种的果蔬对氨的敏感性有很大差别，苹果、香蕉、梨、桃和洋葱在氨浓度为0.8%时存放1h就会产生严重伤害，扁桃、杏只要0.5h时就会产生伤害。当冷库内相对湿度高时，果蔬变色加快且更显著，其在氨浓度为1%时经1h即会变色。

氨的气味可以用通风或洗涤的方法从库内排除。SO_2 可以中和氨，但应用时必须注意浓度，以免引起 SO_2 伤害。轻度受害的果蔬当去掉氨之后就可以恢复到原来的生理状态。

（四）SO_2 伤害

用 SO_2 处理果蔬时（用于葡萄最多），常常会因 SO_2 浓度过高而造成伤害。葡萄的 SO_2 伤害症状为：当剂量达到一定水平后，损伤首先发生在果梗、浆果与果梗连接处以及浆果机械伤口和自然微裂口处，症状表现为果梗失水萎蔫，果实形成下陷漂白斑点，进而果肉和果皮组织受损，果粒出现刺鼻气味，损伤处凹陷变褐。耐 SO_2 的葡萄品种的伤害发生在果梗附近的果皮和果肉处；不耐 SO_2 的葡萄品种的伤害发生在果梗及果梗附近的果皮和果肉处；同时果面其他部位也有漂白斑点出现。不同品种的葡萄在常温下耐 SO_2 伤害的浓度阈值见表 5－7。

表 5－7　不同品种的葡萄在常温下耐 SO_2 伤害的浓度阈值

品种	浓度阈值/［μL/(L·h)］	品种	浓度阈值/［μL/(L·h)］
瑞必尔	200	巨峰	5000
红宝石	200	玫瑰香	7500
红地球	500	意大利	7500
无核白鸡心	600	龙眼	7500
马奶	900	秋黑	12000

就目前来说，解决 SO_2 伤害的根本方法是在减少 SO_2 用量的基础上辅以其他防腐保鲜方法。

三、其他生理病害

（一）果蔬缺素症

营养物质亏损也会引起果蔬的生理失调。因为营养元素直接参与细胞的结构和组织的功能，例如，钙是细胞壁和膜的重要组成部分，缺钙会导致生理失调、褐变和组织崩溃，苹果苦痘病、番茄花后腐烂和莴苣叶尖灼伤等都与缺钙有关；甜菜缺硼要产生黑心；番茄果实缺钾不能正常后熟。因此，加强田间管理，做到合理施肥、灌水，采前喷营养元素，对防治营养失调非常重要。同时，采后浸钙对防治苹果的苦痘病也非常有效。表 5－8 为部分水果常见生理病害及症状。

表 5－8　部分水果常见生理病害及症状

产品	生理病害	症状
苹果	红玉斑点病	以皮孔为中心的表皮斑点在贮藏温度较高时发生
	褐果病（果心发红）	果心处褐变
	水心病（蜜病）	果肉出现半透明区域，在贮藏过程中变为褐色
梨	果心崩溃	贮藏过期的果实果心变褐、变软
	颈腐病，维管束腐烂	连接果柄与果心的维管束颜色由褐变黑
	果皮褐斑	果皮上的灰色斑转为黑色，在贮藏早期发生
	贮藏期褐斑	贮藏期过长，果实上形成褐色斑
	褐心病	果肉中有明显的褐色区域，可发展为空洞
葡萄	贮藏期褐斑	白葡萄果皮上出现褐色斑
柑橘	贮藏期褐斑	果皮上褐色凹陷状斑

续表5-8

产品	生理病害	症状
桃	毛绒病	赤褐色，果肉干枯
李子	冷藏伤害	果皮和果肉出现褐色凝胶

（二）高温障碍

将果蔬采后放在30℃以上高温下经一定时间后，形成和释放乙烯及对外源乙烯的反应能力都显著下降，从而不能正常后熟，这种生理病害称为高温障碍。夏秋季日光曝晒会引起香蕉的热伤害，受热伤害的果实即使利用乙烯催熟也不能后熟，因而失去商品价值。因此，在催熟香蕉时，应控制品温上升的速度，每小时不能超过1℃～1.5℃。当番茄贮藏在30℃以上时，茄红素的形成受到抑制。利用番茄受热伤害后不能正常后熟的原理，可通过33℃高温处理使番茄在室温下的贮藏期大大延长。

第二节　侵染性病害及其预防

一、病原菌侵染特点

（一）病原菌

1. 果蔬贮藏期间病害的病原菌种类

果蔬的病原菌包括真菌、细菌和病毒，但贮运期间病害的病原菌绝大多数是真菌和细菌。水果在贮运期间的侵染性病害几乎全由真菌引起，一般认为这与水果组织多呈酸性不宜细菌生长有关。而细菌则是蔬菜腐败的重要病原菌。

2. 菌源

果蔬采后病害的菌源主要有：产品上携带的带菌土壤和病原菌，田间已被侵染但未表现症状的果蔬产品，田间已被侵染并已发病却混进贮藏库的果蔬产品，分布贮藏库及工具上的某些腐生菌或弱寄生菌。

3. 病原菌数量和发病的关系

一般带菌数量大，扩展蔓延就较快，容易突破寄主的防御系统，发病就快或较严重。例如，在番茄上产生一个病斑，晚疫病菌需要15个孢子；在成熟苹果上接种炭疽病菌，当孢子悬液中的孢子数为107个/mL时发病率为65％，106个/mL时发病率为25％，103～104个/mL时不发病（Noe，1982）。采前栽培管理措施直接关系到产品带菌的种类和数量，采后是否处理及时也直接关系到处理效果的好坏。

（二）病原菌侵染过程

病原菌从接触、侵入到引致寄主发病的过程称为侵染过程（简称“病程”）。病程一般分为4个阶段：侵入前期、侵入期、潜育期和发病期。

1. 侵入前期

侵入前期是从病原菌与寄主接触，到病原菌向侵入部位生长或活动，并形成侵入前的某种侵入结构为止。病原菌通过各种途径（如振动、露珠等）进行传播，与寄主接触，并通过生长活动如真菌休眠结构或孢子的萌发、芽管或菌丝体的生长、细菌的分裂繁殖等进行侵入前的准备，并到达侵入部位，侵入前期即完成。

这一时期病原菌除了受寄主的影响外，还受到生物的和非生物的环境因素的影响。生物因素如果蔬表面存在的拮抗微生物可以明显抑制病原菌的活动；非生物因素中以湿度、温度对侵入前期病原菌的影响最大。所以，侵入前期是病原菌侵染过程中的薄弱环节，也是防止病原菌侵染的关键阶段。

2. 侵入期

侵入期是从病原菌开始侵入起，到病原菌与寄主建立寄生关系为止。真菌大都是以孢子萌发以后形成的芽管或以菌丝通过自然孔口或伤口侵入，有些真菌还能穿过表皮的角质层直接侵入；细菌可由自然孔口和伤口侵入。有些病原菌既可在采前侵入，也可在采后侵入。

侵入期湿度和温度对病原菌的影响最为关键。湿度可左右真菌孢子的萌发、细菌的繁殖，同时还可影响果蔬愈伤组织的形成、气孔的开张度及保护组织的功能；温度则影响孢子萌发和侵入的速度。所以，控制贮藏环境适宜的湿度和低温对抑制病菌侵入起着至关重要的作用。

3. 潜育期

潜育期指从病原菌侵入与寄主建立寄生关系开始，直到表现明显的症状为止。症状的出现就是潜育期的结束。在一定范围内，温度对潜育期的长短影响最大，而此时湿度的影响则显得次要，因为病原菌已侵入寄主组织内部，可以从寄主获取充足的水分，所以不受外界湿度的干扰。

有些病原菌侵入果蔬后，经过一定程度的发展，由于果蔬抗病性强或其生理条件不利于病原菌的扩展，使病原菌呈潜伏状态而不表现症状，但随着果蔬的成熟、衰老，其抗病性减弱时，即可继续扩展并出现症状，这种现象称为“潜伏侵染”。最典型的潜伏性侵染病害有苹果的炭疽病、霉心病，香蕉的炭疽病等。

4. 发病期（即显症期）

寄主受到侵染后，从开始出现明显症状即进入发病期，此后，症状的严重性不断增加。随着症状的扩展，病原真菌在受害部位产生大量无性孢子，细菌性病害则在显症后病部产生脓状物，它们是再侵染的菌源。

（三）传播途径

1. 接触途径

病产品和健康产品的接触可使病菌传播。如青霉病菌侵入果皮后，可分泌一种挥发性物质，将接触到的好果果皮损伤，从而引起接触传染。

2. 气流传播

产品在堆放、装卸、运输过程中不断受到振动，由振动造成的局部小气流使病原菌孢子得以飞散，到处传播，如草莓和葡萄灰霉菌等。

3. 水滴传播

产品在贮藏过程中，塑料包装袋内壁或产品表面常产生许多水滴，水滴的流动和滴落常将病原菌传播到健康产品上。

4. 土壤传播

产品采收时黏上了带菌的土壤，而带菌的果蔬又可将病菌传播给健康的果蔬。

5. 昆虫传播

昆虫可黏附细菌和真菌，其活动可将病菌黏带到健康产品上。

二、影响发病的因素

（一）机械损伤

果蔬贮运过程中发生的腐烂病害，多因组织遭受机械损伤而引起病原菌侵染所致。采收时所用工具的种类、人员素质的高低、操作的认真程度都直接关系到产品机械损伤的多少。粗放采收的果蔬在贮藏中造成的腐烂可达 70%～80%。采后的分级、打蜡、包装、运输、装卸等也会对产品造成不同程度的损伤。

（二）温度

温度对寄主、病原菌及病原菌的侵染过程均有明显的影响。

适宜的低温环境可强烈抑制果蔬的呼吸作用，抑制真菌孢子萌发和菌丝生长，减少侵染并抑制已形成的侵染组织的发展。如灰葡萄孢在 5℃时到第 7 天旺盛生长，2℃时到第 9 天旺盛生长，0℃时到第 12 天旺盛生长，−2℃时到第 17 天旺盛生长。

在 0℃左右时，温度的微小变化对微生物生长的影响比其他任何范围内温度波动的影响更明显。低温范围内的温度增高将使果蔬呼吸强度比适温贮藏的成倍增加，果蔬易衰老，自身抵抗能力下降，同时病原菌在较低温度范围内生长速度的增加要比在较高温度范围内的快得多。因而，低温贮藏的果蔬在低温解除后往往腐烂加重，使常温下货架期缩短。

若温度过低，会造成冷害或冻害，遭受低温伤害后的果蔬组织抗性大大降低，造成大量腐烂。如蒜薹的灰霉病、甜椒的灰霉病、番茄的酸腐病、苹果的青霉病等发病更严重。

适当的高温处理可以杀灭病原菌，如 38℃～43℃热风处理洋葱数小时，可杀灭洋葱颈腐病菌；44℃水蒸气处理草莓 30～60min，可防治葡萄孢和根霉引起的腐烂病害。但高温处理对产品的影响不能不考虑在内。

（三）湿度

大多数新鲜果蔬的贮运过程均要求高湿条件，而大多数真菌孢子的萌发也要求高湿度，尤其在有水滴存在时，萌发更快。此外，细菌的繁殖、游动孢子和细菌的游动，都需要在水滴里进行。有时湿度相差不大，而引起的效果却大不相同，如温度为－1.1℃时，灰葡萄孢的分生孢子在 100％相对湿度下能够萌发，而在 97％相对湿度下不能萌发。

近年来有些专家认为，对有些蔬菜而言，当贮藏的相对湿度饱和时，其腐烂数量反而比相对湿度低的少。因为叶菜类蔬菜如甘蓝、大白菜、芹菜、韭菜等在高湿条件下，可推迟叶片的衰老，提高其对灰葡萄孢和其他病原菌的抗性。对某些水果，也有类似的看法，如甜橙在 30℃下，保持较高相对湿度（90％～100％）比相对湿度低于 75％的，几天后绿霉病腐烂明显减少，因为高湿促使果实外果皮细胞层中合成木质素及酚类的前体，对贮藏有轻微机械损伤的水果特别重要。

（四）气体成分

一般认为，提高贮藏环境中 CO_2 浓度对菌丝生长有较强的抑制作用。但是，当 CO_2 浓度超过 10％时，大部分果蔬即发生生理损伤，腐烂速度加快。通常高浓度 CO_2 对真菌性腐烂的抑制优于对细菌性腐烂的抑制。降低 O_2 浓度可抑制真菌的生长。当 O_2 浓度低于 2％时，葡萄孢、链核盘菌和青霉菌的生长减弱。随着 O_2 浓度由 21％降至 0％，由根霉造成的草莓腐烂率呈线性减少，但根霉菌丝并未死亡，一旦恢复正常气体组成又可继续生长。所以，仅仅靠增加 CO_2 浓度或降低 O_2 浓度达到抑制腐烂的目的是不可能的。

乙烯会促进果实的成熟和衰老，使产品抗病能力下降，并诱发病菌在果蔬组织内生长。所以，抑制乙烯产生及脱除乙烯的措施对防病抗病均有利。

（五）采收前田间病害侵染状况

田间栽培管理、病虫害防治状况直接影响果蔬带菌的种类及数量，尤其对于一些在贮运期间无再侵染的病害（如苹果炭疽病、霉心病、葡萄白腐病等），其发病的严重程度取决于田间侵染状况。一些典型的采后病害如青霉菌等只能通过伤口侵入果蔬体内，但如果田间有大量这类病菌存在的话，采收时产品表面便会有许多病原菌孢子附着，病菌就很容易通过采收及采后处理过程中形成的各种伤口侵入产品内部，进而增大引起腐烂的机会。

（六）果蔬的生物学特性

不同种类和品种的果蔬的抗病性差异很大。如浆果类和核果类果实易感染腐烂病，而仁果类发病较少。苹果霉心病多发生在萼筒开张大且长的元帅系品种；萼筒呈漏斗状，萼片长且翻卷的富士系也易发病；而萼筒半开张的金冠品种发病较轻；萼筒短而几乎闭合的祝光品种则不发生霉心病。

不同成熟度的果蔬对病菌的反应有差异。一般来说，幼果“不抗侵入抗扩展”，而成熟果则“抗侵入不抗扩展”。如一些潜伏性侵染病害，幼果期感病，成熟期显症。

不同种类的果蔬在受到机械损伤时，愈伤的难易程度差别很大。仁果类、瓜类、根茎类蔬菜一般具有较强的愈伤能力，柑橘类、核果类、果菜类愈伤能力较差，浆果类、叶菜类受伤后一般不形成愈伤组织。愈伤能力强的果蔬在适宜的温度、湿度、通风状况下，轻微受伤部位可形成新的保护组织，抵御病菌侵入。而愈伤能力弱的果蔬，受伤后不愈合，伤口易感染病菌而引起腐烂。

三、侵染性病害综合防治措施

侵染性病害的防治是在充分掌握病害发生发展规律的基础上，抓住关键时期，预防为主，综合防治，多种措施合理配合，以达到防病治病的目的。

（一）农业防治

采用农业措施，创造有利于果蔬生长发育的环境，增强产品本身的抗病能力，同时创造不利于病原菌活动、繁殖和侵染的环境条件，减轻病害的发生程度，这种方法称为农业防治。农业防治是最经济、最基本的病害防治方法。常用的措施有培育无病苗木、田园卫生、合理施肥、合理修剪、果实套袋与排灌等。另外，适期无伤采收，严格选果入库，合理包装，文明装卸，贮运场所的卫生和消毒，贮藏场所的温度、湿度、气体成分的管理等，对防治贮运病害也能起到间接或直接的作用。

（二）化学防治

使用杀菌剂杀死或抑制病原菌，对未发病产品进行保护或对已发病产品进行治疗；或利用植物生长调节剂和其他化学物质，提高果蔬抗病能力，防止或减轻病害造成损失的方法，称为化学防治。如低温贮运果蔬并不能完全抑制某些病菌的生存和发展，尤其在脱离低温环境后，曾被部分抑制的病菌会以更快的速度发展，而化学防治则可弥补这一不足，尤其对于简易法贮藏的产品和对不耐低温果蔬的贮运更为重要。

化学防治要掌握病害侵入的关键时期，如许多果实的褐腐病、黑腐病、酸腐病都是近成熟期才侵染发病的，防治的关键时期是果实着色期；对于贮藏期侵入的病害，则应将采前喷药与采后浸药相结合，以降低带菌量，效果更好。

利用植物生长调节剂或其他化学物质提高果蔬抗病能力。生长调节剂如2，4－D在柑橘贮藏上已广泛应用，GA3、BA、多效唑等在果蔬贮藏保鲜中的作用也逐渐显现出来。其他化学物质如乙烯吸收剂高锰酸钾及一些涂膜剂等，对于延缓衰老、提高果蔬抗性、减少病菌入侵或发展也起到了一定作用。

（三）物理防治

控制贮藏环境中温度、湿度和空气成分的含量，或应用热力处理，或利用射线辐射处理等方法来防治果蔬贮运病害，均称为物理防治。物理防治具有无公害、不污染环境的特点，但辐射处理的安全性仍存在争议。

1. 控制温度

（1）利用适宜的低温防病。适宜的低温可以提高产品本身的抗病能力，抑制病菌的生长、繁殖、扩展和传播，减少腐烂率。冷链技术的运用最大限度地限制了病原菌的活动，提高了产品的抗病能力。

（2）采后热处理控制果蔬病害。采后热处理是用热蒸汽或热水对果蔬进行短时间处理，为杀死或抑制果蔬表面病原菌及潜伏在表皮下的病原菌而采取的一种控制采后病害的方法。这种方法对于低温下易受冷害的热带、亚热带果蔬如杧果、番木瓜、番茄等效果较好。热水处理的有效温度为46℃～60℃，时间为0.5～10min；热空气处理的有效温度为43℃～54℃，时间为6～10min。热处理配合其他处理，如在热水中加入杀菌剂，则效果更佳。

2. 控制湿度

高湿度有利于病菌孢子萌发、繁殖和传播，如发生结露现象，腐烂更为严重。所以，入贮的果蔬不宜在雨天或雨后采收，若用药剂浸果，必须在晾干后方可包装入库。贮藏时，还要严格控制贮藏温度，以免温度上下波动过大而造成结露现象。

3. 气调处理

果蔬产品贮藏期间采用高浓度 CO_2 短时间处理及低浓度 O_2 和高浓度 CO_2 的贮藏环境条件对许多采后病害都有明显的抑制作用。特别是用高 CO_2 处理，如用浓度为30%的 CO_2 处理柿子24h可以控制黑斑病的发生。

4. 辐射防腐

通常利用 ^{60}Co 等放射性同位素产生的 γ 射线对贮藏前的果蔬进行照射，以达到防腐保鲜的目的。

5. 紫外线防治

低剂量波长254nm的短波紫外线如同激素或化学抑制剂及物理刺激因子一样，可诱导植物组织产生抗性，减少对黑斑病、灰霉病、软腐病、镰刀菌的敏感性。

（四）生物防治

生物防治法就是利用有益生物及其代谢产物防治植物病害的方法。该方法具有不污染环境、无农药残留、不破坏生态平衡等特点。

1. 利用拮抗微生物防病

(1) 拮抗菌来源。环境中具有相当丰富的抗生菌源，果蔬表面也存在天然拮抗菌。将天然产生于果蔬表面的拮抗菌用于果蔬腐烂的控制，效果更好。

(2) 微生物防病机理。拮抗微生物可以产生抗生素，直接作用于病原菌；有些拮抗微生物可与病原微生物在营养及空间方面产生竞争。

2. 采后产品抗性的诱导

利用低致病力的病原菌或无致病力的病原菌的接种，或无致病力的其他腐生菌预先接种或混合接种在果蔬上，诱发果蔬对病菌的抗病性。研究认为，低致病力病原菌或非病原菌接种后会诱发寄主产生植物保卫素，或堵塞病原菌的侵入部位，或使寄主中的抗病物质如酚类化合物迅速积累，或增加了某些与抗病性有关的酶的活动。

思考题

1. 什么是冷害？其影响因素和控制手段是什么？
2. 什么是冻害？其影响因素和控制手段是什么？
3. 总结归纳气体伤害的形成原理及预防措施。
4. 简述病原菌侵染过程以及每个阶段的预防措施。
5. 简要归纳果蔬贮运过程中的发病因素及预防措施。
6. 如何防治果蔬贮运过程中侵染性病害的发生？

第六章　主要果蔬贮藏技术

【本章重点】

掌握主要果品及蔬菜贮藏技术。

第一节　果品贮藏

一、仁果类

（一）苹果

苹果是世界上重要的落叶果树，与柑橘、葡萄、香蕉共同成为世界 4 大果品。近 20 年来苹果生产已成为我国第一大果品生产。2005 年，全国苹果总产量达到 2400 多万吨，占当年世界苹果总产量（6800 多万吨）的 35%以上，居世界之首，成为内销外贸的大宗果品。苹果的贮藏性比较好，市场需求量大，是以鲜销为主的主要果品。

1. 贮藏特性

苹果是比较耐贮藏的果品，但因品种不同，贮藏特性差异较大。其中，晚熟品种生长期长，多于 9 月下旬到 10 月采收，干物质积累丰富，质地致密，保护组织发育良好，呼吸代谢低，故其耐贮性和抗病性都较强，在适宜的低温条件下，贮藏期至少可以达 8 个月，并保持良好的品质。

苹果属于典型的呼吸跃变型果实，成熟时乙烯生成量很大，导致贮藏环境中有较多的乙烯积累。一般采用通风换气或者脱除技术降低贮藏环境中的乙烯。在贮藏过程中，通过降温和调节气体成分，可推迟呼吸跃变的发生，延长贮藏期。另外，采收成熟度对苹果贮藏的影响很大，对需要长期贮藏的苹果，应在呼吸跃变之前采收。

2. 贮藏条件

大多数苹果品种的适宜贮藏温度为−1℃～0℃。对低温比较敏感的品种如红玉、旭等，在 0℃下贮藏易发生生理失调现象，故贮藏温度可提高 2℃～4℃。在低温下应采用高湿度贮藏，库内相对湿度保持在90%～95%。如果在常温库贮藏或者采用自发气调贮藏方式，库内相对湿度可稍低些，保持在85%～95%即可，以减少腐烂损失。对于大多数苹果品种而言，2%～5% O_2 浓度和3%～5% CO_2 浓度是比较适宜的贮藏环境气体组合，个别对 CO_2 敏感的品种如红富士，应将 CO_2 浓度控制在3%以下。而人工气调贮藏时，应将 C_2H_4 控制在 $10\mu L/L$ 以下。

3. 采收及采后处理

苹果采收成熟度对贮藏影响很大，富士系要求采收时果实硬度≥7.0kg/cm^2，可溶性固形物含量≥13%；嘎啦系要求采收时果实硬度≥6.5kg/cm^2，可溶性固形物含量≥12%；元帅系要求采收时果实硬度≥6.8kg/cm^2，可溶性固形物含量≥11.5%；澳洲青苹果要求采收时果实硬度≥7.0kg/cm^2，可溶性固形物含量≥12%；国光系要求采收时果实硬度≥7.0kg/cm^2，可溶性固形物含量≥13%。

苹果采后处理主要包括分级、包装和预冷。苹果要严格按照产品质量标准进行分级，出口苹果必须按照国际标准或者协议标准分级。包装采用定量大小的木箱、塑料箱和瓦楞纸箱包装，每箱装10kg左右。机械化程度高的贮藏库，可用容量大约300kg的大木箱包装，出库时再用纸箱分装。预冷处理是提高苹果贮藏效果的重要措施，国外果品冷库都配有专用预冷间，而国内一般将分级包装的苹果放入冷藏间，采用强制通风冷却，迅速将果温降至接近贮藏温度后再堆码贮藏。

4. 主要贮藏法及管理

（1）沟藏。

选择地势平坦的地方挖沟，深1.3～1.7m，宽2m，长度随贮藏量而定。当沟壁已冻结3.3cm时，即把经过预冷的苹果入沟贮藏。先在沟底铺约33cm厚的麦草，放下果筐，四周填约21cm厚的麦草，筐上盖草。到12月中旬沟内温度达－2℃时，再覆6～7cm厚的土，以盖住草根为限。要求在整个贮藏期不能渗入雨、雪水，沟内温度保持在－4℃～－2℃。至3月下旬沟温升至2℃以上时，即不能继续贮藏。

（2）窑窖贮藏。

苹果在北方常采用窑窖（土窑洞）贮藏。一般采收后的苹果先经过预冷，待果温和窖温下降到0℃左右再入贮。将预冷的苹果装入箱或筐内，在窖的底部垫木枕或砖，苹果堆码在上面，各果箱（筐）要留适当的空隙，以利于通风。码垛离窖顶要有60～70cm的空隙，与墙壁、通气口之间要留空隙。

（3）机械冷藏。

对苹果机械冷藏入库时，果筐或果箱采用“品”或“井”字形码垛。码垛时要充分利用库房空间，且不同种类、品种、等级、产地的苹果要分别码放。为了便于货垛空气环流散热降温，有效空间的贮藏密度不应超过250kg/m^3，货垛排列方式、走向及间隙应与库内空气环流方向一致。货位码垛要求：距墙0.2～0.3m，距项0.5～0.6m，距冷风机不少于1.5m，垛间距离0.3～0.5m，库内通道宽1.2～1.8m，垛底垫木（石）高0.1～0.2m。为了确保降温速度，每天的入库量应控制在库容量的8%～15%为宜，入满库后要求48h之内降至苹果适宜的贮藏温度。

入贮后，库房管理技术人员要严格按冷藏条件及相关管理规程定时检测库内的温度和湿度，并及时调控，维持贮藏温度在－1℃～0℃，上下波动不超过1℃。适当通风，排除不良气体，贮藏环境的乙烯浓度应控制在10μL/L以下。及时冲霜，并进行人工或自动的加湿、排湿处理，调节贮藏环境中的相对湿度为85％～90％。

苹果出库前，应有升温处理，以防止结露现象的产生。升温处理可在升温室或冷库预贮间进行，升温速度以每次高于果温2℃～4℃为宜，相对湿度以75％～80％为好，当果温升到与外界温度相差4℃～5℃时即可出库。

（4）气调贮藏。

①塑料薄膜袋贮藏：在苹果箱中衬以0.04～0.07mm厚的低密度PE或PVC薄膜袋，装入苹果，扎口封闭后放置于库房，每袋构成一个密封的贮藏单位。初期CO_2浓度较高，以后逐渐降低，在贮藏初期的2周内，CO_2浓度上限为7％较为安全，但富士苹果贮藏环境的CO_2浓度应不高于3％。

②塑料薄膜大帐贮藏：在冷库内，用0.1～0.2 mm厚的PVC薄膜黏合成长方形的帐子将苹果贮藏码垛、封闭起来，容量可根据需要而定。用分子筛充氮机向帐内充氮降氧，取帐内气体测定O_2浓度和CO_2浓度，以便准确控制帐内的气体成分。贮藏期间每天取账内气体分析O_2浓度和CO_2浓度，当O_2浓度过低时，向帐内补充空气；当CO_2浓度过高时，可用CO_2脱除器或消石灰脱除CO_2，消石灰用量为每100kg苹果0.5～1.0kg。

在大帐壁的中、下部粘贴上硅胶窗，可以自然调节帐内的气体成分，使用和管理更为简便。硅胶窗的面积是依贮藏量和要求的气体比例来确定的。如贮藏1t金冠苹果，为维持O_2浓度在2％～3％、CO_2浓度在3％～5％，在5℃～6℃条件下，硅胶窗面积为0.6m×0.6m较为适宜。苹果罩帐前要充分冷却和保持库内稳定的低温，以减少帐内凝水。

③人工气调库贮藏：对于苹果的人工气调库贮藏，要根据不同品种的贮藏特性确定适宜的贮藏条件，并通过调气保证库内所需要的气体成分及准确控制温度、湿度。对于大多数苹果品种而言，控制O_2浓度为2％～5％和CO_2浓度为3％～5％比较适宜，而温度可较一般冷藏环境高0.5℃～1℃。在苹果气调贮藏中容易产生CO_2中毒和缺O_2伤害。贮藏过程中，要经常检查贮藏环境中O_2浓度和CO_2浓度的变化，及时进行调控，以防止伤害发生。

（二）梨

梨在我国有“百果之宗”的称谓。尤其在我国北方，梨仅次于苹果为第二大类果树。2005年，我国梨产量为1100多万吨，占世界当年总产量（1900多万吨）的一半以上。

1. 贮藏特性

作为经济栽培的有白梨、秋子梨、沙梨和西洋梨4大系统，各系统及其品种的商品性状和耐贮性有很大差异。

白梨系统主要分布在华北和西北地区，果实多为近卵形，果柄长，果皮黄绿色，皮上果点细密，肉质脆嫩，汁多渣少，采后即可食用，生产中栽培的鸭梨、酥梨、雪花梨、长把梨、雪梨、秋白梨、库尔勒香梨等品种均具有商品性状好、耐贮运的特点，因而成为我国梨树栽培和贮运营销的主要品系；秋子梨系统大多品质差，不耐贮藏；沙梨系统各品种的耐贮性较差，采后即上市销售或者只进行短期贮藏；西洋梨系统的主要品种有巴梨（香蕉梨）、康德、茄梨、日面红、三季梨、考密斯等，一般具有品质好但不耐贮藏的特点，因而通常采后就上市。

根据果实成熟后的肉质硬度，可将梨分为硬肉梨和软肉梨两大类。白梨和沙梨系统成熟后的肉质硬度大，属硬肉梨；秋子梨和西洋梨系统属软梨。一般来说，硬肉梨较软肉梨耐贮藏，但对 CO_2 的敏感性强，气调贮藏时易发生 CO_2 伤害。

2. 贮藏条件

梨大多数品种的适宜贮藏温度为（0±1）℃。但是鸭梨等个别品种对低温比较敏感，应采用缓慢降温或分段降温，减轻黑心病的发生；在低温下的适宜相对湿度为 90%～95%；气调贮藏时大多数梨品种能适应低 O_2（3%～5%），但多数品种对 CO_2 比较敏感，少数品种如巴梨、秋白梨、库尔靳梨等可在较高 CO_2（2%～5%）贮藏。在低 O_2 而 CO_2 浓度为 2%以上时，鸭梨、酥梨、雪花梨果实就有可能发生生理障碍，出现果心褐变。

3. 贮藏技术及方法

（1）适时采收。对于白梨和砂梨系统的品种，当果面呈现本品种固有色泽、肉质由硬变脆、种子颜色变为褐色、果梗从果台容易脱落时即可采收。对于西洋梨和秋子梨系统的品种，由于有明显的后熟变化，故可适当早采，即当果实大小已基本定型、果面绿色开始减退、种子尚未变褐、果梗从果台容易脱落时采收为好。

（2）贮藏方法。梨同苹果一样，短期贮藏可采用沟藏、窖窑贮藏、通风库贮藏，在西北地区贮藏条件好的窑窖，晚熟梨可贮藏 4～5 个月。中、长期贮藏的梨，则应采用机械冷库贮藏，这是我国当前贮藏梨的主要方式。

鉴于目前我国主产的鸭梨、酥梨、雪花梨等品种对 CO_2 比较敏感，所以塑料薄膜密闭贮藏和气调库贮藏在梨贮藏中应用不多。如果要采用气调贮藏，应该有脱除 CO_2 的有效手段。

4. 贮藏中的主要问题及防治

梨在贮藏中主要出现褐变和失水两大问题，应注意加强贮期管理。

（1）褐变。大部分品种的梨在贮藏过程中易发生果皮、果心及果肉褐变。引起褐变的因素一般有冷害、低 O_2、高 CO_2 伤害和自身衰老。

防治措施：①贮藏初期对低温比较敏感的品种如鸭梨、京白梨等应采用缓慢降温，即果实入库后将温度迅速降至 12℃，1 周后每 3d 降低 1℃，到 0℃左右时贮藏，降温过程总共约 1 个月时间；②白梨系统的品种对 CO_2 比较敏感，易发生果心褐变，故气调贮藏时必须严格控制 CO_2 浓度小于 2%，普通冷库或常温库贮藏时，贮藏期间也应定期通风换气；③梨的贮藏期应适当。

（2）失水。果实与贮藏环境的温差大、果实表面气体流动快和贮藏环境相对湿度小都会加快梨果实失水速度。目前主要采取保鲜膜包装、涂蜡、涂膜等技术措施进行防治。但在应用时要注意，膜不能太厚，否则易造成或加重褐变的发生。

二、核果类

桃、李、杏等果实同属于核果类。但桃、李、杏皮薄、肉软、汁多，收获季节又多集中在6—8月，适于短期贮藏。桃、李、杏果实呼吸强度大，同属于呼吸跃变型果实，贮藏生理方面有共同的特点，也有基本相似的贮藏技术措施。

（一）贮藏特性

桃、李、杏各品种间耐贮性差异较大。桃早熟品种一般不耐贮运，而晚熟、硬肉、黏核品种耐贮性较好。如早熟水蜜桃、五月鲜耐贮性差，而山东青州蜜桃、肥城桃、中华寿桃、河北晚香桃较耐贮运。此外，大久保、白凤、冈山白等桃品种也有较好的耐贮性。牛心李、冰糖李、黑琥珀李等品种的耐贮性较强。杏果以肉质分，有水杏类、肉杏类、面杏类。水杏类果实成熟后柔软多汁，适于鲜食，不耐贮运；面杏类果实成熟后肉变面，呈粉糊状，品质较差；肉杏类果实成熟后果肉有弹性，坚韧，皮厚，不易软烂，较耐贮运，且适于加工，如河北的串枝红、鸡蛋杏，山东招远的拳杏，峨山的红杏等。

（二）贮藏条件

1. 桃

因不同品种而异，一般地，温度为－0.5℃～2℃，相对湿度为90％～95％，气体成分为O_2浓度1％～2％，CO_2浓度4％～5％，在这样的贮藏条件下可贮藏15～45d。

2. 李

温度为－1℃～0℃，相对湿度为90％～95％，气调贮藏时O_2浓度为3％～5％，CO_2浓度为5％。但一般认为李对CO_2极敏感，长期高CO_2会使果顶开裂率增加。

3. 杏

温度为0℃～2℃，相对湿度为90％～95％，气调贮藏时O_2浓度为3％～5％，CO_2浓度为2％～3％。

（三）贮藏技术及方法

1. 贮藏技术

（1）适时无伤采收。

一般用于贮运的桃应在七八成熟时采收；李应在果皮由绿转为该品种特有颜色，表面有一薄层果粉，果肉仍较硬时采收；杏大致八成熟时采收。采收时应带果柄，减少病菌入侵机会。果实在树上成熟不一致时应分批采收。注意适时无伤采收。

（2）预冷。

一般在采后12h内、最迟24h内将果实冷却到5℃以下，可有效地抑制桃褐腐病和软腐病的发生。桃、李、杏预冷的方式有风冷和0.5℃～1℃冷水冷却，后者效果更佳。

（3）包装。

包装容器不宜过大，以防振动、碰撞与摩擦。一般是用浅而小的纸箱盛装，箱内加衬软物或格板，每箱5～10kg。也可在箱内铺设0.02mm厚低密度聚乙烯袋，袋中加乙烯吸收剂后封口，可抑制果实软化。

4. 贮藏方法

（1）桃和油桃。

①冷藏。桃和油桃的适宜贮藏温度为0℃，相对湿度为90%～95%，贮期可达3～4周。

②气调贮藏。国内推荐在0℃下，采用（1%～2%）O_2+（3%～5%）CO_2，桃可贮藏4～6周；1% O_2 +5% CO_2 贮藏油桃，贮藏期可达45d。将气调或冷藏的桃贮藏2～3周后，移到18℃～20℃的空气中放置2d，再放回原来的环境继续贮藏，能较好地保持桃的品质，减少低温伤害。国外用此法贮藏桃的耐贮藏品种，贮藏期可达5个月，这是目前桃贮藏期最长的报道。

国内桃和油桃贮藏多采用专用保鲜袋进行简易气调贮藏。将八九成熟的桃采后装入内衬PVC或PE薄膜袋的纸箱或竹筐内，进行24h预冷处理，然后在袋内分别加入一定量的仲丁胺熏蒸剂、乙烯吸收剂及CO_2脱除剂，将袋口扎紧，封箱码垛进行贮藏，保持库温0℃～2℃。

（2）李。

李采后软化进程较桃稍慢，果肉具有韧性，耐性比桃强，商业贮藏多以冷藏为主。方法与桃的贮藏基本相同。李采用减压贮藏也能收到较好的效果。

（3）杏。

①冰窖贮藏。将杏果用果箱或筐包装，放入冰窖内，窖底及四周开出冰槽，底层留0.3～0.6m的冰垫底，箱或筐依次堆码，间距为6～10cm；空隙填充碎冰，码6～7层后，上面盖0.6～1m的冰块，表面覆以稻草，严封窖门。贮藏期要定期抽查，发现变质果要及时处理。

②气调贮藏。气调贮藏的杏果要适当早采，采后用0.1%的高锰酸钾溶液浸泡10min，取出晾干。将晾干后的杏果迅速装筐，预冷12～24h，待果温降到20℃以下，再转入贮藏库内堆码。堆码时筐间留有间隙5cm左右，码高7～8层，库温控制在0℃左右，相对湿度为85%～90%，配以浓度为5%的CO_2，另加浓度为3%的O_2的气体成分。这样贮藏后的杏果出售前应逐步升温回暖，在18℃～24℃下进行后熟。但这种贮藏条件对低温敏感的品种不适宜。

（四）贮藏中的主要问题及防治

桃、李、杏在贮藏中的主要问题是预防冷害和腐烂。

1. 冷害

对冷害的控制主要是采取间歇升温的方法，冷藏过程中定期升温，果实在−0.5℃～1℃下贮藏15d，然后升温至20℃贮藏2d，再转入低温贮藏，如此反复。

2. 腐烂

桃、李、杏在贮藏过程中易感染微生物而发生腐烂。造成果实腐烂的病害主要有3种，即褐腐病、软腐病、根腐病等。在果实生长期间，加强病虫害防治是主要的措施。对于贮运的果实，采前不能喷乙烯利。另外，在贮藏过程中可用仲丁胺系列防腐保鲜剂杀灭青霉菌和绿霉菌素。常用的有克霉唑15倍液（洗果）、100～200mg/L的苯来特和450～900mg/L的二氯硝基苯胺混合液（浸果）。

此外，桃、李、杏对CO_2比较敏感，当CO_2浓度高于5%时易发生伤害。症状为果皮呈现褐斑、溃烂，果肉及维管束褐变，果实汁液少，肉质生硬，风味异常。因此，在气调贮藏中应注意保持适宜的气体指标。

三、浆果类

（一）葡萄

葡萄是我国的六大水果之一，主产于北方，新疆、河北、山西、山东、陕西等均是我国主产区。2005年，我国葡萄栽培面积为$4.079\times10^5hm^2$，产量约为579.4万吨。近年来，葡萄通过控温、控湿、调气加防腐保鲜剂的应用，可贮藏到次年3—5月。

1. 贮藏特性

我国葡萄有几百个品种，但用于贮藏的品种仅有10多种。晚熟、极晚熟品种的果肉较硬脆，果皮较厚，浆果高糖、高酸，果梗木质化好，如龙眼、新玫瑰、意大利、白牛奶、无核白、玫瑰香、李子香、白香蕉等，以龙眼最耐贮藏，玫瑰香次之。巨峰、红地球葡萄果梗易干，影响贮藏效果。通常有色品种的葡萄较耐贮藏，白色葡萄品种在贮藏中果皮容易褐变或产生褐色花纹。

2. 贮藏条件

鲜食葡萄贮藏的最佳温度为0℃～1℃，适宜相对湿度为90%～95%。一般保持O_2浓度为2%～5%，CO_2浓度为3%～8%。总体来说，葡萄对低O_2和高CO_2不敏感，但过高浓度的CO_2和过低浓度的O_2也会产生伤害。

3. 贮藏技术及方法

（1）贮藏技术。

①适时采收。葡萄采收宜在早晨露水干后进行，选择九成熟左右，果穗紧凑、整齐、上色均匀、无病无伤的采收，剔除有病虫及机械损伤的果粒，用专用保鲜袋包装，装箱。

②预冷。北方接近霜期采收的贮藏葡萄，如果没有预冷设备，允许采后在树下或距

冷库很近的干燥通风处于夜间室外预冷10h左右，机械冷库仅限平铺冷库地面一层；如有支架，应控制在2～3层。针对红地球等不耐二氧化硫型保鲜剂的贮藏品种，提倡建立预冷库进行预冷。

(2) 贮藏方法。

①简易贮藏。葡萄采收时，昼夜温差较大，夜间气温在10℃以下的地区，可以建设完全利用自然冷源的贮藏场所。如土窑洞、强制通风库、冰窖、自然通风库、人防工程及山洞等。对晚熟品种进行贮藏，也可达到预期的贮藏效果。

②小型节能保鲜冷库贮藏。这是一类利用自然冷源和机械制冷相结合的节能贮藏场所，比较适合我国农村地区。

③低温简易气调贮藏。葡萄采收后，剔除病粒、小粒并剪除穗尖，将果穗装入内衬0.03～0.05mm厚的PVC袋的箱中，PVC袋敞口，经预冷后放入保鲜剂，扎口后码垛贮藏。贮藏期间维持库温为－1℃～0℃，相对湿度为90%～95%。定期检查果实质量，发现霉变、裂果、腐烂、药害、冻害等情况，应及时处理。

④减压贮藏。此方法具有迅速冷却、快速降氧、随时净化、高效杀菌、消除残留等特点。采用减压贮藏可将食物失重、腐烂、老化程度降低到最小范围。

无论哪种方法，应定期通风换气，每隔3～5d检查，如发现有冻害、霉变及保鲜剂漂白等异常现象，应及时出库销售。

4. 贮藏中的主要问题及防治

葡萄贮藏中的主要问题是腐烂、干枝、脱粒。

(1) 贮藏中的保湿、低温、防腐是葡萄贮藏的关键。较高的相对湿度，结合防腐措施，可延缓干枝，减少落粒。但长期贮藏温度不宜过低，当温度低于－1℃时，果梗和穗轴便会遭受不同程度的冻害。

(2) 溴氯乙烷和仲丁胺熏蒸可预防葡萄腐烂。溴氯乙烷用量为0.2～0.25mL/kg，或者用仲丁胺300倍液洗果，然后贮藏。

(3) SO_2处理。通常使用SO_2熏蒸剂，或使亚硫酸盐防腐保鲜剂在包装箱内遇水汽后释放出二氧化硫，可杀灭和抑制霉菌。各品种对二氧化硫的敏感度不同，如巨峰葡萄用CT2号保鲜剂，每500g葡萄用1包（2片）保鲜剂，每包上扎2个透气孔。红地球和白牛奶葡萄要少放二氧化硫型保鲜剂，但要增加其他复合型防腐剂，同时采前使用食品添加剂型保鲜剂浸果穗或喷果穗。

为防止葡萄的腐烂，也可结合生长期药剂防治，如用波尔多液、多菌灵或甲基托布津喷洒。

（二）香蕉

我国香蕉的主产区是广东、广西、福建、海南、云南和台湾等地。香蕉生产的最大特点是周年生产，因此，香蕉采后在产地贮藏保鲜的不多，主要是解决运输销售中存在的问题。

1. 贮藏特性

香蕉是典型的呼吸跃变型果实。随着呼吸跃变的到来，果实变软，果皮退绿，类胡萝卜素的颜色显现出来；淀粉逐渐转化成糖，风味变甜，并散发出浓郁的香气。香蕉果实对乙烯很敏感。

2. 贮运条件

香蕉贮运的最适宜条件：温度为 11℃～13℃，相对湿度为 85%～90%，O_2 浓度和 CO_2 浓度均为 2%～5%。在夏季常温下可贮藏 15～30d，冬季常温下可贮藏 1～2 个月。

3. 贮藏技术及方法

（1）贮藏技术。

①采收及预冷。要长途运输或长期贮藏，其采收饱满度一般在七成半至八成左右。不要在雨天或台风天气采收。香蕉采收时要尽量避免机械损伤。

香蕉在低温贮运前最好进行预冷，以便迅速除去果实所带的田间热。

②去轴落梳。由于蕉轴含有较高的水分和营养物质，而且结构疏松，易被微生物侵染而导致腐烂，而且带蕉轴的香蕉运输、包装均不方便，因此香蕉采后一般要进行去轴落梳。

③清洗和防腐处理。由于香蕉在生长期间可能已附生大量的微生物。因此，落梳后的香蕉在包装前要进行清洗，清洗时可加入一定量的次氯酸钠溶液，同时除去果指上的残花。

生产上一般用 1000mg/L 的特克多+1000mg/L 的扑海因溶液进行药浴或喷淋梳蕉，晾干后再进行包装贮藏。也可用施保克等防腐剂。

④包装。可用纸箱或竹箩包装，近年我国香蕉的竹箩包装逐渐被纸箱包装取代。纸箱内衬聚乙烯薄膜袋，聚乙烯薄膜袋的厚度宜为 0.03～0.04mm。在包装内加入浸有饱和高锰酸钾溶液的沸石或其他的轻质多孔材料，可显著延长香蕉的贮藏期。

（2）贮藏方法。

①低温贮藏运输。低温贮藏运输是香蕉最常用、效果最好的方式，在国外已成为一种常规的商业流通技术。我国香蕉有一部分采用机械保温车和加冰保温车运输。香蕉低温贮藏运输的适宜温度是 11℃～13℃，低于 11℃会发生冷害。

②薄膜袋包装加高锰酸钾贮藏保鲜。利用半透性的薄膜袋密封，使袋内二氧化碳与氧气的浓度分别为 5%与 2%，同时防止水分蒸发，使袋内相对湿度达 85%～95%。目前薄膜的厚度为 0.03～0.06mm 的效果较好；同时，可用珍珠岩、活性炭、三氧化二铝或沸石等作为载体，吸收饱和高锰酸钾溶液，然后阴干至含水 4%～5%，使用时用塑料薄膜、牛皮纸或纱布等包成一小包，并打上小孔，每袋香蕉中放置 1～2 包。此法的贮藏期比自然放置长 3～5 倍。

③气调贮藏。典型的香蕉气调贮藏条件是温度为 12℃～16℃，CO_2 浓度为 2%～5%，O_2 浓度为 2%～5%（Bishop，1996；Kader，1985，1992）。但实际上在国内外商业化贮藏对气调贮藏的应用并不多，这可能是因为气调贮藏成本较高，从而限制了其应用。

4. 贮藏中的主要问题及防治

香蕉在贮藏中出现的主要问题是易受冷害和高温伤害。

香蕉对低温很敏感，贮运温度低于 11℃时会导致果实遭受冷害。但过高温度也会对香蕉造成伤害，当温度超过 35℃时，会引起果实高温烫伤，使果皮变黑，果肉糖化，失去商品价值和食用价值。因此，必须严格将贮藏温度控制在适宜范围内。

香蕉贮藏过程中也易受高 CO_2 伤害，受害果皮不转黄，轻则果肉产生异味，重则果肉呈黄褐色，失去商品价值。在包装袋中放入熟石灰，可降低 CO_2 浓度，减少伤害，但石灰不能与香蕉直接接触。

香蕉在贮藏过程中还应注意预防炭疽病，其是在果园侵入，运销期发病的。感病果果皮上出现黑褐色状病斑，随果实成熟，衰老病斑迅速扩大，使果皮褐腐。采后用 1000mg/kg 的特克多、多菌灵或苯来特浸果，可以防治香蕉炭疽病。

（三）猕猴桃

1. 贮藏特性

猕猴桃属呼吸跃变型果实，并且呼吸强度大，是苹果的几倍。由于猕猴桃的这一生理特性，贮藏用猕猴桃应在呼吸高峰出现之前采收，采后尽快入库降温至 0℃～2℃，以延长贮藏寿命。猕猴桃对乙烯非常敏感，贮藏环境中 0.1μL/L 的乙烯就会引起猕猴桃软化早熟，所以贮藏环境中不能有乙烯存在，并避免与产生乙烯的果蔬及其他货物混存，避免病、虫、伤果入库。在贮藏过程中要及时挑检出已提前软化的果实，以减少对其他果实的影响。

2. 贮藏条件

猕猴桃的适宜贮藏条件：温度为－1℃～0℃，相对湿度为 85%～95%，O_2 浓度为 2%～3%，CO_2 浓度为 3%～5%，乙烯浓度小于 0.1μL/L。另外，采后快速降温也是猕猴桃贮藏的必要条件。

3. 采收及采后处理

（1）采收。

贮藏用猕猴桃采收前 10d 果园不能灌水，或者雨后 3～5d 不能采收。采收成熟度要求果肉硬度为 6.0～7.0kg/cm^2，可溶性固形物含量为 6.5%～8%。采收时要轻拿轻放，避免产生机械损伤。

（2）预贮（预冷）。

果实采收运回以后，先放在阴凉处过夜，第二天再入库，这一过程叫作预贮。经预贮的果实可直接进入冷库，但一次进库量应掌握在库容量的 20%～30%。最好能在预冷间先预冷后，再进入冷库。预冷时，果心达到 0℃的时间越短越好。例如，新西兰猕猴桃要求从采摘到果心温度降到 0℃的预冷过程必须在 36h 内完成，以 8～12h 完成最好。预冷时库内相对湿度应保持在 90%左右。

（3）保鲜剂处理。

在入库堆垛之前，在每果箱中直接夹放 1 包惠源“普斯利通”保鲜剂，以吸附乙烯气体，杀菌保鲜，延长贮藏期。

（4）分级和包装。

猕猴桃分级通常按果实大小划分。依品种特性，剔除过小、过大、畸形、有伤以及其他不符合贮藏要求的果实，一般将单果重 80～120g 的果实用于贮藏。包装可用木箱、塑料箱或纸箱装盛，还可在箱内衬塑料薄膜保鲜袋。

（5）分垛堆码。

入库堆垛排列方式的走向及间隙，应力求与库内空气环流方向一致。果箱应距库墙 10～15cm，垛顶距库顶 50～60cm，垛与垛之间留出 30～50cm 空隙，库内通道留出 70～80cm 空隙，垛底垫木高度为 10～15cm，以利于通风换气、检查和果品进出。另外，由于不同种类、品种的猕猴桃的贮藏能力有较大差异，因此不同种类、品种的果实应分库贮藏。

4. 主要贮藏方法及管理

（1）自发气调贮藏。

采用塑料薄膜袋或薄膜帐将猕猴桃封闭在机械冷库内贮藏是目前生产中采用的最普遍方式，其贮藏效果与人工气调贮藏相差无几。塑料薄膜袋用 0.03～0.05mm 厚聚乙烯或无毒聚氯乙烯袋，每袋装 12.5～15.0kg 果实，袋子规格为口径 80～90cm，长 80cm。具体做法：当库温稳定在（0±0.5）℃时，将果实装入衬有塑料袋的包装箱内，在装量达到要求后，扎紧袋口。贮藏过程中，将袋内温度和空气相对湿度分别控制在 0℃～1℃和 95%～98%。塑料薄膜帐用厚度为 0.1～0.2mm 的聚乙烯或无毒聚氯乙烯制作，每帐贮量为 1～2t。具体做法：将猕猴桃装入包装箱，堆码成垛，当库温稳定在 0℃～1℃时罩帐密封，贮藏期间帐内温度和空气湿度分别控制在 0℃～1℃和 95%～98%。帐内 O_2 浓度和 CO_2 浓度分别控制在 2%～4%和 3%～5%，定期检查果实的质量，及时检出软化腐烂果。严禁与苹果、梨、香蕉等释放乙烯的水果混存。贮藏结束出库时，要进行升温处理，以免因温度突然上升中产生结露现象，影响货架期和商品质量。

（2）人工气调贮藏。

在意大利、新西兰等猕猴桃主产国，大多采用现代化的气调贮藏库，这是最理想的贮藏方法，能够调整贮藏指标保持在最佳状态。气调贮藏库应做到适时无伤采收，及时入库预冷贮藏，严格控制 O_2 浓度为 2%～5%，CO_2 浓度为 3%～5%，乙烯浓度为 0.1μL/L 以下，温度为（0±0.5）℃，相对湿度为 90%～95%，可贮藏 5～8 个月。

（3）低温冷藏。

低温能降低猕猴桃的呼吸强度，延缓乙烯产生。适合猕猴桃果实贮藏的温度为 0℃～1℃，而新西兰猕猴桃的适宜贮藏温度为 0.3℃～0.5℃。低温贮藏要求湿度为 95%左右。在高湿条件下，库温低于－0.5℃，果实就会遭受冷害。为了准确测定库内温度，每 15～20m 应放置 1 支温度计，温度计应放置在不受冷凝、异常气流、冲击和振动影响的地方。对有温控设备的冷库，要定期针对温控器温度和实际库温进行校正，保证每周至少 1 次。

四、柑橘类

柑橘是橘、柑、橙、金柑、柚、枳等的总称。我国是柑橘的重要原产地之一，柑橘资源丰富，优良品种繁多，有4000多年的栽培历史。柑橘果实营养丰富，色香味兼优，既可鲜食，又可加工成以果汁为主的各种加工制品。

柑橘类水果包括柑橘、柠檬、橘子、橙子、柚子等。

（一）柑橘

柑橘是我国的主要水果之一，南方各省普遍有栽培。柑橘的采收期因地区、气候条件和品种等情况而异。通过贮藏保鲜结合种植不同成熟期的品种，可显著延长鲜果供应期。

1. 贮藏特性

（1）非呼吸跃变型水果。柑橘是典型的非呼吸跃变型水果，无后熟作用，在树上完熟的时间相对较长，成熟期间果内的化学成分变化主要是糖分和可溶性固形物逐渐增多，有机酸减少，叶绿素消失，类胡萝卜素形成。柑橘可溶性固形物含量为5%～15%，柠檬酸含量为0.3%～1.2%。

（2）耐贮性。柑橘的耐贮性与其大小、结构有密切关系。成熟期晚、果心小而充实、果皮细密光滑、海绵组织厚且致密、呼吸强度低的品种较耐贮藏；反之，则不耐贮藏。一般晚熟品种比早熟品种耐贮藏。

（3）冷害。柑橘是亚热带水果，由于系统生长发育处在高温多湿的气候环境中，对低温较为敏感，贮藏温度过低易发生冷害。水肿病是一种贮藏生理病害，其原因是贮藏温度偏低和CO_2浓度过高。

（4）湿度。果品贮藏环境中，相对湿度与柑橘果实的贮藏质量有密切关系。相对湿度过低，柑橘容易失水，果皮萎蔫，失重大，果实的商品外观质量显著下降，而且果实内部的囊瓣干瘪，食之如败絮。湿度过高，微生物繁殖加快，易遭霉菌的侵染罹病腐烂，也容易发生枯水病。在贮藏上，一般当温度低时，湿度可稍调高些；相反，在温度高的条件下，湿度应相对保持较低。

2. 贮藏技术及方法

（1）贮藏技术。

①采前管理。采前应了解果园的栽培情况和果实的来源，选择壮年树、健壮果子用于贮藏；应加强田间病虫害防治，减少病菌采前侵染；注意施有机肥或磷钾肥，切忌偏施氮肥和采收前2～3周灌水。果实采前10d左右喷1～2次杀菌剂，降低病原基数。

②适时采收。贮藏果实应根据贮藏期长短适当提早采收，果实成熟度掌握在八成左右，过早或过晚采收均不利于贮藏。采收过早，会降低果品质量和品质；采收过迟，落果率增加，宽皮柑橘类易发生浮皮病，甜橙则易发生青绿霉病。

采收方法：应使用圆头果剪，一般1果2剪，第1剪剪下果实，第2剪齐果蒂剪平。装果容器内应衬垫柔软的麻袋片、棕片或厚的塑料薄膜等，以防擦伤果皮。在采收过程中，要切实做到轻采、轻放、轻装、轻卸，操作时尽量避免机械损伤，为贮藏与运输打好基础。同时，边采边将病果、虫果、机械损伤果、脱蒂果和等外果剔除，以减轻分级时的压力。

③晾果。对于在贮藏中易发生枯水病的宽皮柑类品种，贮藏前将果实在冷凉、通风的场所放置几日，进行晾果，使果实散失部分水分，轻度萎蔫，俗称“发汗”，晾果对减少枯水病、控制褐斑病有一定效果，同时还有愈伤、预冷和减少果皮遭受机械损伤的作用。

④药剂处理。采后及时用药浸果，最好边采边进行浸果处理，最迟不超过24h。柑橘在贮藏期间的腐烂主要是真菌病害，大部分属田间侵入的潜伏性病害。目前常用的杀菌剂有噻菌灵（涕必灵）、多菌灵、硫菌灵、枯腐净（主要含仲丁胺和2,4－D）以及克霉灵。按有效成分计，杀菌剂使用浓度为0.05%～0.1%，2,4－D使用浓度为0.01%～0.025%，二者混用。另外，将包果纸和纸板用联苯、石蜡或矿物油热溶液浸渍，可以防止果实在运输中腐烂。

⑤选果、分级。首先剔除伤果、畸形果、脱蒂果、青皮果和过熟果，然后按不同品种，根据果实的色泽、形状、成熟度、果面等分成若干等级，最后按果径大小分级。

⑥打蜡。打蜡处理在柑橘类果实中应用较普遍。果实表面涂一层涂料，可起到增加果皮光泽、提高商品价值、减少水分蒸腾、抑制呼吸和减少消耗等作用。打蜡处理后的果实不宜长期贮存，以防产生异味。涂料种类很多，主要有果蜡、虫胶涂料、蔗糖酯等。

⑦包装。目前柑橘果实的内包装一般都采用聚乙烯薄膜，制成小袋、小方片、大袋使用。以小袋单果包装效果最佳。单果包装有减少水分蒸发、保持果实鲜硬和防止病害传染等优点。方法是将单个果实装入袋内，扭紧袋口即可。外包装形式主要有纸箱和竹篓，以薄膜单果包装结合纸箱外包装的商品档次较高。

（2）贮藏方法。

①通风库贮藏。通风库贮藏是当前我国柑橘的主要贮藏方式，它是利用冷热空气的对流来保持库内较低和较为稳定的温度，但普遍存在湿度偏低的问题（通常在85%左右，甚至低于70%），以致果实失水失重显著，还易发生褐斑病，而聚乙烯薄膜单果包装可弥补这一不足。利用季节和日夜之间的温度变化，通过适当的通风换气以调节库内温度和湿度，还能排除库内不良气体。

②冷库贮藏。冷藏的温度因柑橘种类而异，甜橙为4℃～5℃，温州蜜柑等宽皮柑橘类为3℃～4℃，椪柑为7℃～9℃，红橘为10℃～12℃。冷库要注意通风换气，排除过多的CO_2等有害气体。换气一般在气温较低的早晨进行。为使库内的温度迅速降低到所需要的温度，进库的果实要经过预冷散热处理。冷库制冷的蒸发器要注意经常除霜，以免影响制冷效果。甜橙采后在40℃～45℃条件下预处理4～6d再进行冷藏，能大大减少贮藏中褐斑病的发生。

③气调贮藏。

a. 薄膜包贮藏：应用聚乙烯薄膜进行单果或大袋包装，入通风库贮藏，可有明显保鲜效果。

b. 薄膜大帐贮藏：将采后选果、预贮的柑橘装箱后，封入厚 0.06mm 的聚乙烯薄膜大帐，按不同品种柑橘的贮藏温度的要求，控制适宜温度、湿度和气体成分（一般 CO_2 浓度不要高于 3%，O_2 浓度不要低于 18%）。在通风条件下，此法一般可使柑橘贮藏 3～5 个月，烂果率仅 1.29%，干耗 3.73%，好果率 94%以上。此法可用于贮藏温州蜜柑，到春节期间供应。

c. 气调袋冷藏：将无病、伤，并经预贮的柑橘装入椪柑硅窗袋、锦橙硅窗袋等专用柑橘保鲜气调袋，分别装柑橘 3～6kg，再装箱入冷库。按品种要求控制贮藏温度、湿度，袋内气体成分可分别维持 O_2 浓度为 18%、CO_2 浓度为 1.5%和 O_2 浓度为 19%、CO_2 浓度为 1%～2%，贮藏效果较好。

④松针贮藏。将经过处理的果实直接放在干净的房内，先在地面垫一层新鲜松针，再铺一层果实，一层松针，重复分层存放，这种方式也用于容器贮藏。贮藏期间，若松针变干，要注意更换新鲜松针；遇上刮西北风的干寒天气，应加盖草席或草包以保温保湿。用此法贮藏的柑橘新鲜味浓，一般可贮藏至次年的 2—3 月。

（二）柠檬

柠檬独具浓郁的香气和酸味，果汁含柠檬酸 5%～7%，富含维生素 C，清香扑鼻，有镇静、运气、开胃、帮助消化和增进食欲之功效。果实可供制酸汁及香料，鲜果可调制饮料，在国际市场上价值很高，占有一定的经济地位。我国以四川栽培较多。质量较好，在广东、广西、福建、台湾、浙江均有栽培。

1. 贮藏特性

（1）品种特性。柠檬果实坚实，色泽光亮，果蒂青绿，油胞饱满，芳香扑鼻。柠檬果皮组织紧密，蜡质层厚，是柑橘类中较耐贮藏的一种果实。柠檬有四季开花结果的习性，其鲜果供应期长。柠檬一般在 10 月或者 1 月采摘，用联苯包装纸标准木箱包装。采摘柠檬时用剪刀剪，不留果柄，轻采轻放。

柠檬的品种很多，我国栽培的仅有十余种，市场上一般不分品种。主要栽培的品种中尤力克、里斯本较耐贮藏，香柠檬、佛赖法郎、健脑耐贮性差。

（2）非呼吸跃变型水果。柠檬是一种较耐贮存的水果，柠檬虽为亚热带水果，但个体发育时间长，成熟时环境温度相对较低，而且果实含酸量高，果实表面中蜡质较厚，果皮比较致密。柠檬属非呼吸跃变型果实，柠檬成熟过程较长，没有相对集中成熟的现象，自然成熟过程中也没有呼吸高峰和乙烯生成高峰。

2. 贮藏条件

温度为 10℃，相对湿度为 85%～90%，O_2 浓度为 5%～10%，较低水平 CO_2，是柠檬的最佳贮藏条件。在此条件下柠檬可贮藏 8～9 个月而品质降低不明显。有的品种适宜在 12℃～15℃条件下贮藏。

3. 贮藏技术及方法

参照柑橘类。

五、干果类

果实成熟时，果皮呈现干燥的状态，称为干果。

干果的果皮在成熟后可能开裂，称为裂果。裂果中，果皮沿两道缝开裂的，称为荚果，如大豆、台湾相思树等；果皮沿两道缝开裂，有假隔膜，有多数种子的，称为角果，如油菜、白芥、荠菜等。

若干果的果皮不开裂，则称为闭果。闭果有如下几类：坚果，如栗子、橡子等，坚果类食物多数是植物的果实和种子，如花生、核桃、杏仁、松子、榛子、白果、莲子、瓜子等；瘦果，如向日葵等；颖果，如水稻、玉米、小麦等；翅果，如枫树、榆树等。

（一）核桃

核桃为一种营养价值很高的干果，较耐贮藏。据现代科学分析，核桃仁含蛋白质15.4%，含脂肪40%～63%，含碳水化合物10%，还含有钙、磷、铁、锌、胡萝卜素、核黄素及维生素A、维生素B、维生素C、维生素E等。味美多脂的核桃仁不仅营养丰富，还有特殊的功效。核桃多分布在我国北方各省，如山西的麻皮核桃及新疆的薄皮核桃，其均为皮薄、味美、出油率高的优良品种。

核桃在存放期间容易发生霉变、虫害和变味。核桃富含脂肪，而油脂易发生氧化败坏，尤其在高温、光照、氧充足的条件下，会加速氧化反应，这是核桃败坏的主要原因。因此，核桃的贮藏条件要求冷凉、干燥、低O_2和背光。

1. 贮藏特性

核桃脂肪含量高，约占种仁的60%～70%，因而易发生氧化和酸败，生成的醛或酮都有臭味，油脂在日光下可加速此反应。

核桃在21℃条件下贮藏4个月就会发生酸败，而在1℃下贮藏2年才有败坏变质表现。脱壳的核桃仁相对不耐贮藏、易变质。

2. 贮藏技术及方法

（1）贮藏技术。

①采收。核桃必须达到完全成熟才能采收。在生产上，核桃果实成熟的标志是青皮由深绿变淡黄，部分外皮裂口，个别坚果脱落。核桃在成熟前一个月内果实大小和鲜质量（带青皮）基本稳定，但出仁率与脂肪含量均随采收时间推迟呈递增趋势。采收过早的核仁皱缩，呈黄褐色，味淡；适时采收的核仁饱满，呈黄白色，风味浓香；采收过迟，则使核桃大量落果，造成霉变及种皮颜色变深。

我国主要采用人工敲击的传统方式采收核桃，适于分散栽培。美国采用机械振荡法振落采收，在80%的果柄形成离层时进行，如果采收前2～3周喷布125mg/kg的乙烯利和250mg/kg的萘乙酸混合液，可一次采收全部坚果，并比正常采收期缩短5～10d，保证坚果品质优良。

②干燥。坚果干燥是使核壳和核仁的多余水分蒸发掉，其含水量均应低于8%，高

于这个标准时，核仁易生长霉菌。生产上以内隔膜易于折断、种仁皮色由白色变为金黄色、种仁皮不易和种仁分离为粗略标准。核桃干燥时的气温不宜超过 43.3℃，温度过高会使核仁脂肪败坏，并破坏核仁种皮的天然化合物。

我国核桃干燥，北方以日晒为主，先阴晾半天，再摊晒 5~7d 可干。南方由于采收多在阴雨天气，多采用烘房干燥，温度先低后高，至坚果互相碰撞有清脆响声时，即达到水分要求。

（2）贮藏方法。

①干藏。将脱去青皮的核桃置于干燥通风处阴干，晾至坚果的隔膜一折即断、种皮与种仁分离不易、种仁颜色内外一致时，便可贮藏。将干燥的核桃装在麻袋中，放在通风、阴凉、光线不直接照射的房内。贮藏期间要防止鼠害、霉烂和发热等现象的发生。

②湿藏。在地势高燥、排水良好、背阴避风处挖深 1m、宽 1~1.5m、长度随贮量而定的沟。沟底铺一层 10cm 厚的洁净湿沙，沙的湿度以手捏成团但不出水为标准。然后铺上一层核桃一层沙，沟壁与核桃之间以湿沙充填。铺至距沟口 20cm 时，再盖湿沙与地面相平。沙上培土呈屋脊形，其跨度大于沟的宽度。沟的四周开排水沟。沟长超过 2m 时，在贮核桃时应每隔 2m 竖一把扎紧的稻草作通气孔用，草把高度以露出屋脊为准。冬季寒冷地区，屋脊的土要培得厚些。

③塑料薄膜帐贮藏。将适时采收并处理后的核桃装袋后堆成垛，贮放在低温场所，用塑料薄膜大帐罩起来，把 CO_2 气体充入帐内（充氮也可），以降低 O_2 浓度。贮藏初期，CO_2 的含量可相当高，达到 50%，以后保持在 20%左右，O_2 浓度保持在 2%左右，既可防止种仁脂肪氧化变质，又能防止核桃发霉和生虫。使用塑料薄膜帐密封贮藏应在低温、干燥季节进行，以便保持帐内低湿度。

④冷藏。核桃适宜的冷藏温度为 1℃~2℃，相对湿度为 75%~80%，贮藏期可达 2 年以上。

（二）板栗

板栗是我国栽培最早的果树之一，已有 2000~3000 年的栽培历史。坚果呈紫褐色，被黄褐色茸毛，或近光滑，果肉淡黄。果实营养价值很高，含糖、淀粉、蛋白质、脂肪及多种维生素、矿物质。

我国的板栗品种大体可分北方栗和南方栗两大类。北方栗坚果较小，果肉糯性，适于炒食，著名的品种有明栗、尖顶油栗、明拣栗等；南方栗坚果较大，果肉偏粳性，适于菜用，品种有九家种、魁栗、浅刺大板栗等。

板栗采收季节气温较高，呼吸作用旺盛，导致果实内淀粉糖化，品质下降，大量的板栗因生虫、发霉、变质而损失掉。因此，做好板栗贮藏保鲜十分必要。

1. 贮藏特性

（1）生理特性。板栗采收脱苞后，由于含水量高和自身温度高，淀粉酶、水解酶活性强，呼吸作用十分旺盛，故采后应及时进行通风、散热、发汗，使果实失水达 5%~10%，可减少腐烂霉变。板栗虽是干果，但怕干、怕水、怕热、怕冻，防止霉烂、失水、发芽和生虫是板栗贮藏技术的关键。

（2）品种。板栗原产我国，栽培历史悠久，品种资源丰富，分布地域辽阔。一般嫁接板栗的耐贮性优于实生板栗，北方品种优于南方品种，中晚熟品种较早熟品种耐贮藏。我国板栗以山东薄壳栗、山东红栗、湖南和河南油栗等品种最耐贮藏。

2. 贮藏条件

板栗适宜的贮藏条件是温度为0℃～2℃，温度过高会生霉变质，温度过低则会造成冷害。贮藏环境要求湿润，但不可太湿，一般相对湿度为90%～95%，气体成分以10%的CO_2和3%～5%的O_2为好。

3. 贮藏技术及方法

（1）贮藏技术。

①采收。采收应该在栗子充分成熟后进行，这时栗子皮色鲜艳，含水量低，各种营养成分含量高，品质好，耐贮藏运输。当板栗的栗苞由绿转黄并自动开裂、坚果呈棕褐色、全树有1/3球果开裂时采收，不宜过早采收。采收过早，气温偏高，坚果组织鲜嫩，含水量高，淀粉酶活性高，呼吸旺盛，不利贮藏；采收过迟，则栗苞脱落，造成损失。最好在连续几个晴天后采收，避开雨天，否则易造成腐烂。

②预冷。及时冷却对板栗贮藏极为重要，田间热除去不及时和呼吸热积累会造成板栗种仁被“烧死”。防止措施是在采收后选择背阴、冷凉、通风的地方，迅速摊晾降温，如有可能，采用强制通风的预冷方法，促使板栗的品温迅速降至贮藏温度要求，预冷前最好解除包装，因为在板栗降温的过程中，会出现大量的凝结水附着在果实表面，致使板栗贮藏中的霉烂增加。预冷达到要求并包装后整齐堆垛，不要太实，防止垛中热量散发不出来。

③防腐处理。导致板栗腐烂的病菌多为腐生性真菌，主要有青霉菌属、毛霉菌属等。常用防腐处理方法有：a. 200mg/kg 2，4－D加200mg/kg托布津的混合液浸果3min；b. 0.1%高锰酸钾溶液浸果3min；c. 0.01%高锰酸钾和0.125%敌百虫混合液浸果1～2min；d. 500倍甲基托布津溶液浸果5min；e. 1%醋酸浸果1min。除药剂处理外，也可用80%～85% CO_2气体或热空气处理，效果较理想；用虫胶涂料浸涂、打蜡，可减轻腐烂；用1～10kGy γ射线辐射也可灭菌消毒。

（2）贮藏方法。

①沙藏法。在阴凉的室内地面上先铺一层高粱秆或稻草，然后铺上约6cm厚的湿沙。一层沙一层板栗，每层4～6cm，总厚度为50～60cm，上面再铺6～7cm沙，然后用稻草覆盖。每隔15～20d检查翻动一次，有条件的也可用锯末、谷壳代替湿沙。

②冷藏法。此法适用于温度较高的南方，即用麻袋或竹篓装上板栗，篓内填垫防水纸，放于冷库中，温度控制为1℃～3℃，相对湿度保持为91%～95%，最好每隔4～5d在麻袋外喷水1次，以保持适宜湿度。

③塑料袋贮藏法。将板栗装在塑料袋中，放在通风良好、气温较稳定的地下室内。当室温在10℃以上时，打开塑料袋口；当室温低于10℃以下时，扎紧塑料袋口。贮藏初期每隔7～10d翻动一次，一个月后，翻动次数可适当减少。

④架藏法。在阴凉的室内或通风库中，用毛竹制成贮藏架，每架三层，长3m、宽

1m、高 2m，架顶用竹制成屋脊形。栗果散热 2～3d 后，连筐（25kg/筐）浸入清水 2min，捞出后堆码在竹架上，再用 0.08mm 厚的聚乙烯大帐罩上，每隔一段时间揭帐通风 1 次，每次 2h。进入贮藏后期，可用 2%食盐水加 2%纯碱混合液浸泡栗果，捞出后放入少量松针，罩上帐子继续贮藏。

六、其他果品

（一）枣

1. 贮藏特性

鲜枣的耐贮性因品种不同而差异较大。一般早熟品种不耐贮藏，晚熟品种耐贮性较好；大果型的品种不耐贮藏，而小果型的品种较耐贮藏；干鲜兼用品种较单一的鲜食品种耐贮藏；抗裂品种较耐贮藏。据试验，河北、北京一带的西峰山小枣和西峰山小牙枣耐贮藏，在温度为 0℃、相对湿度为 90%左右的条件下，小包装贮藏 45d 后，好果率高达 80.2%～98.8%；耐贮性较次于前述品种的有北车营小枣、长辛店脆枣和金丝小枣等，贮藏 45d 后，好果率为 61.8%～72.9%；婆枣和斑枣最不耐贮藏，45d 后所剩无几。山西的枣品种中，临汾团枣、蛤蟆枣、太谷葫芦枣的耐贮性最好，相枣、坠子枣等的耐贮性居中，郎枣、骏枣等的耐贮性最差。

2. 贮藏工艺

枣贮藏工艺见图 6－1。

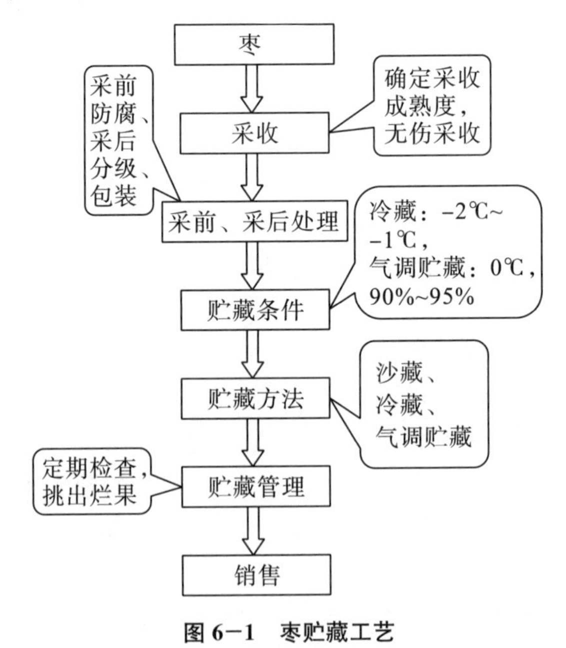

图 6－1　枣贮藏工艺

3. 贮藏条件

枣果的冰点比一般水果低，据试验，其冰点多为－5.9℃～－4.8℃，因此，冷藏时以

-2℃～-1℃较好，气调贮藏时以0℃为宜。枣果很容易失水，因而在贮藏中应尽可能减少果实与周围的水汽压差，即贮藏中的相对湿度应高，一般保持为90%～95%。

4. 采收及采前处理

采收成熟度是影响枣果贮藏的一个主要因素。枣果的成熟可分为两个阶段：一是脆熟期，即果面由绿转白、着色之前的阶段；二是完熟期，即果皮转红、果面开始皱缩的阶段。在完熟期阶段，又可分为初红（着色25%以下）、半红（着色50%）和全红（着色100%）三种情况。枣果成熟度低，耐贮性好。试验证明，用于贮藏的枣果，应选用初红的果实，或在脆熟后期至初红与半红之间采收。为了提高鲜枣的耐贮性，在采前15d对树冠及枣果喷洒0.2%氯化钙溶液，或喷洒150倍液的高脂膜、1000倍液的50%硫菌灵，可防止霉菌感染。

5. 主要贮藏方法及管理

（1）沙藏。选用耐贮藏品种，挑选无伤枣果，在阴凉潮湿处，底层铺3cm厚的湿沙，上面放一层鲜枣（一个枣的厚度），再铺一层沙，然后再放第二层枣，再继续铺沙，接着放第三层枣，如此堆至30cm高。为防止沙子干燥，表层可喷洒清水补充湿度。此法可贮藏一个月以上，枣果品质俱佳，营养损失少。

（2）冷藏。选用25%～50%着色的鲜枣，放在容量为1kg左右的塑料袋中，袋的两侧各打直径为3～4mm的小孔3～4个。将选好的果在2%氯化钙溶液中浸泡30min，在7℃～8℃下预冷1～2d，然后移入（0±1）℃的冷库中，在相对湿度60%的条件下贮藏，此时塑料袋内的相对湿度保持在90%以上。3～5d后检查一次，以后每周检查一次即可。

（二）番木瓜

1. 贮藏特性

番木瓜又称木瓜、乳瓜、万寿果等，属番木瓜科番木瓜属，热带常绿果树，在我国有“岭南果王”之称。我国栽培番木瓜有300多年的历史，目前我国的番木瓜分布于台湾、广东、广西、福建、海南、云南、四川等地，而以台湾、广东栽培最多。番木瓜生长快，当年播种，次年即可结果，产量高，栽培上具有较高的经济价值。番木瓜含丰富的维生素A、维生素B、维生素C以及糖类和无机盐类，可供鲜食或制果汁、果酱；青果可作菜用或制果脯；未熟果和叶片含有丰富的木瓜蛋白酶，广泛用于食品工业及制药、化妆品、皮革等工业。由于番木瓜果实为呼吸跃变型果实，因此采后不耐贮运。

番木瓜的主要品种有：①岭南种，广东最早栽培的地方品种，适应性较强，抗病力弱，肉厚，质优，味清甜，带有桂花香味。②穗中红，早熟丰产，抗病性较好，但耐寒性较差，肉深而厚，味清甜带香。③蓝茎，由东南亚引入，果大，肉质较粗，植株健壮，坐果率高，对土壤适应性强，较抗花叶病。④泰国红肉，由泰国引入，成熟时红黄色或红色，肉厚质滑，味清甜，含糖量高，品质稳定。⑤苏劳，引自夏威夷，肉厚，香甜，质优，但产量低，不抗病。⑥夏威夷，由美国引进，质优、价高，水果型品种，其株矮、早生，一般每667m^2产2500kg左右，果小，平均单果重0.5～0.6kg，挂果密，果形为鹅蛋形，果肉红色，糖度为13%～14%，耐贮藏，适宜长途运输。

2. 贮藏工艺

番木瓜贮藏工艺见图6－2。

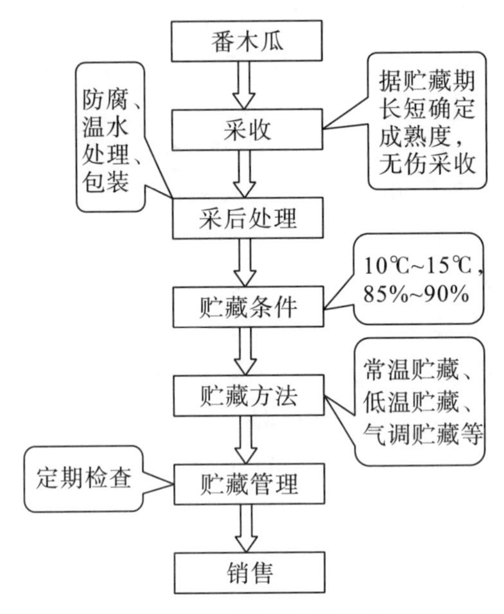

图6－2　番木瓜贮藏工艺

3. 贮藏条件

番木瓜对冷害十分敏感。番木瓜的最低贮藏温度为7℃，低于7℃易引起冷害；低于0.8℃易引起冻害。因此，番木瓜的气调贮藏对气体成分和温度有较严格的要求，一般结合气调而进行的适宜低温是10℃～15℃，相对湿度为85%～90%，气体成分为O_2浓度1%～4%、CO_2浓度0%～5%，贮藏寿命为2～4周。

4. 采收及采后处理

（1）采收。可根据番木瓜贮藏期的长短来决定采收成熟度。番木瓜成熟过程中果皮颜色变化是：果皮颜色由深变浅，先出现黄色条斑，后全果逐渐变黄，果肉也变软。准备作长期贮藏和长途运输的果实，在果皮上出现2～3条黄色条斑（俗称三线黄）时采收。如就近上市，可在果皮2/3变黄时采收。若果实完全青绿，成熟度较低时采收，则后熟困难，品质不佳。果实采收后，用纸或塑料袋包果，以防止机械损伤和水分蒸发。

（2）采后处理。采后用500mg/L噻菌灵浸果20min后，阴干，放在10℃～12℃中贮藏，可有效地控制腐烂，贮藏34d后可售率达90%。还可用46℃～48℃温水浸果20min后，贮藏在10℃～12℃环境中，10d内均没有炭疽病和蒂腐病发生，到22d仍没有发生炭疽病。用聚乙烯袋（厚0.03mm）包装番木瓜，可有效防止因水分损失所造成的表皮凹陷。

5. 主要贮藏方法及管理

（1）常温贮藏。在附近销售成熟的番木瓜，只是临时贮藏，库房只要求达到通风良好、清洁卫生的条件即可。因为贮藏期短而不要求有冷藏条件，但在夏热冬冷的室温下，经营者必须根据番木瓜热天后熟快、容易腐烂，而冬天后熟慢的特点，合理组织销售。秋冬季采收的成熟果实，有时还需要用人工催熟方法加速果实后熟，便于上市。冬天采收的番木瓜，当地较为冷凉的大气温度有利于果实的贮藏，若要求北运到温度低于12℃以下的地区，则要求运输车箱具有防冷设施，以避免果实产生冷害。

（2）低温贮藏。低温贮藏番木瓜果实，可以延长贮藏寿命，因此，这种贮藏方法适合于远途运输和远距离市场销售的需要。低温贮藏是把经热水浸果、熏蒸后的番木瓜，立即转移到温度约13℃的贮藏库或运输车箱内，在这一温度下，番木瓜一般能够贮藏2～3周，在以后移置室温下后熟时能够正常后熟，保持果实品质。低温贮藏番木瓜，要求至少在开始变黄的成熟阶段采收比较合适，因为这一阶段的番木瓜对冷害不太敏感。

（3）气调贮藏。在实际贮藏实践中，要根据不同的品种、成熟度、产地等选择适宜的气调贮藏条件。例如，夏威夷番木瓜的适宜气调贮藏条件是温度为13℃，O_2浓度为1％～1.5％，CO_2 浓度为0％；而佛罗里达番木瓜的适宜贮藏条件是温度为13℃，O_2浓度为1％，CO_2浓度为3％。气调贮藏延长番木瓜的货架寿命超过热水处理和辐射的作用。另外，气调处理可结合热水、辐射，延长番木瓜的贮藏时间，如50℃热水处理后再用750～1000Gy γ射线照射，可延长气调处理贮藏期5d，若再在12℃～25℃下贮藏，还会产生“兰花香”。

6. 贮藏中的主要问题及防治

（1）炭疽病。番木瓜的真菌病害主要是炭疽病，在广东、海南、广西、福建等地普遍严重发生，发病率常高达20％～50％，终年可发生，但以秋季最为严重，并可危害贮藏期间的果实，导致严重损失。被害果实最先出现一个污黄白色或暗褐色的小斑点，呈水渍状，病斑逐渐扩大、下陷，斑面出现同心轮纹。在潮湿条件下，轮纹上产生无数红色小点或黑色小点。发生严重时，果实上病斑密布，迅速变软腐烂。据实践，采前每隔15d喷一次0.1％多菌灵，共喷2～6次，能明显减少贮藏期间炭疽病的发生，喷的次数越多，效果越好。采收后，用46℃～48℃的温水结合用1000mg/L噻菌灵、苯菌灵等杀菌剂浸果，预防效果更好。

（2）生理病害。番木瓜的生理病害主要是冷害。番木瓜的中度冷害症状是后熟推迟，不均匀，易受微生物入侵而腐烂；严重冷害的症状是后熟进一步推迟，着色呈斑点状，有时呈烫伤状；最严重的是不能后熟，味道和香味极差，易腐烂，并出现凹陷。在10℃以下贮藏2～3d会出现某些冷害症状；在5℃中贮藏7～14d会出现严重冷害。控制措施：贮藏中严格控制温度在7℃以上，同时防止温度发生波动。

（三）石榴

1. 贮藏特性

不同品种石榴的耐贮性不同，一般晚熟品种较耐贮藏。耐贮藏的品种主要有：陕西的大红甜、净皮甜、三白甜，山东的青皮甜、钢榴甜、马牙酸、钢榴酸、大红皮酸、玉皇殿石榴，山西的水晶姜、青皮甜石榴，云南的青壳石榴、江驿石榴、铜壳石榴，安徽的玛瑙子石榴，南京的红皮冰糖石榴，四川的大青皮石榴，广东的深沃石榴。不耐贮藏的品种有安徽的玉石子石榴、云南蒙自的甜石榴等。干燥气候区生产的果实较湿润区的耐贮藏。

2. 贮藏工艺

石榴贮藏工艺见图 6—3。

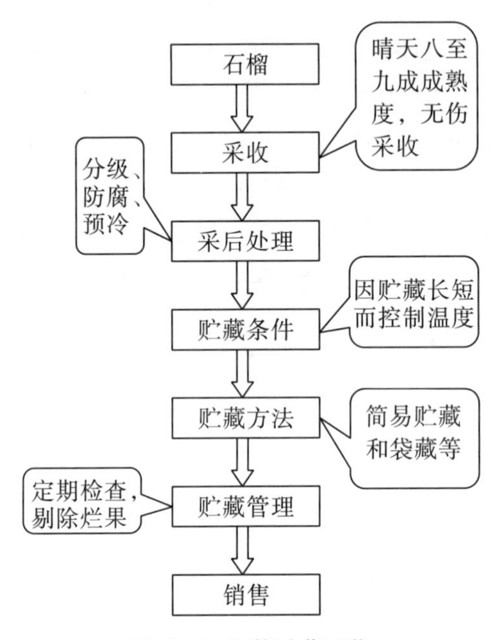

图 6—3　石榴贮藏工艺

3. 贮藏条件

石榴属非呼吸跃变型水果，采后无呼吸高峰，在不产生低 O_2 伤害或高 CO_2 伤害的条件下，保鲜袋采用透气性稍大或挽口贮藏均可。石榴性喜温，其贮藏的基本要求是适温高湿。0℃即会出现冷害，组织坏死。石榴一般在温度稍高、相对湿度稍低的条件下贮藏期较长。在温度为 0℃、相对湿度为 90%的条件下可贮藏 2～4 个月；在温度为 1℃～1.5℃、相对湿度为 80%的条件下可贮藏 5～6 个月；在温度为 3℃～4℃、相对湿度为 90%～95%的条件下可贮藏 3～5 个月。

4. 采收及采后处理

石榴八至九成熟时采收，应防止受伤。采摘时，鲜果和裂果应由专人采摘，集中处理，防止病害传染蔓延。雨天采摘时，容易招致病原菌侵入，应在晴天采摘。采收时，一手扶枝，一手摘果，带 1cm 左右的果柄，尽量轻摘轻放，防止石榴果实受机械损伤，尤其应防止内伤。果实受到挤压发生内伤时，果皮内籽粒破碎，但从外表看不出。此后在贮运过程中，破碎流出的汁液会影响其他未破碎的籽粒，并使之变质。

石榴采后处理主要有以下步骤：

(1) 选果和分级。果实分级后，应剔除病果、伤果和裂果，对可能有内伤的果实也应及早挑出，立即销售。健全无伤的果实，根据其单果轻重分成五级，即特级（350g

以上)、一级（250～350g)、二级（150～250g)、三级（100～150g）和等外（单果重不到100g)。特级、一级果可供外贸、外运，等外果及伤果除就近销售外，还可作为加工原料。

(2）杀菌剂处理。用枣农石榴保鲜剂2号1000倍液、50%多菌灵1000倍液或45%噻菌灵800～1000倍液，浸果3～5min，晾干后贮藏。贮量大时可用喷药的办法把上述药剂喷到果面上，晾干后贮藏。

(3）预冷。将经过上述处理的石榴于1℃～2℃下预冷15～20h后贮藏。

5. 主要贮藏方法及管理

(1）简易贮藏。

①挂藏。用于挂藏的果实，在采收时应保留一段果梗，用细绳绑缚成串，悬挂于阴凉的房屋内；或者用报纸、塑料薄膜包果，挂在温湿度变化较小的室内。此种方法可贮藏至春节前后。

②缸、瓮（罐）藏。选用新的坛瓮或缸罐，在底层铺一层厚约5cm的细沙或细草。将在阴凉通风处预贮3～4d后的石榴（预贮前石榴已经用杀菌剂处理过)，分层放入容器中，堆满为止。坛口或缸口用塑料薄膜封口并扎紧，贮后一个月检查一次，如有烂果应及时剔除。此种方法可贮藏至翌年3—4月。

③窖（井）藏。在地势高燥处挖内径80cm、深2m的干井筒，在筒的下端挖拐洞（窖）堆放石榴。入贮前应严格挑选果实，勿使病、伤、破果入贮，同时喷洒杀菌剂。入贮时，应按石榴果实的大小分别于拐洞（窖）堆放，盖上窖（井）盖时应留有一个小气孔。10～15d检查一次，剔除烂果。此种方法一般在寒露后入窖，可贮至春节后。

④堆藏。在无烟尘影响的空闲室内，或用柜堆藏石榴果实。先在室内地板上或柜底垫上一层青鲜松针，摆一层石榴，后再铺一层松针，这样一层果实一层松针相间堆贮，堆顶盖上松枝、稻草等覆盖物，每半个月翻堆检查一次，剔除烂果并更换一次松针。耐贮品种用这种堆藏法可贮藏至翌年4—5月。注意果实堆藏前，一定要先用清水洗净果皮，并进行预冷和防腐处理。

(2）聚乙烯塑料袋贮藏。将预冷并经杀菌剂处理的石榴放入聚乙烯塑料袋中，每袋10kg左右，扎好袋口，放在冷凉的室内贮藏。也可将杀菌剂处理过的石榴果实用塑料袋单果包装，这种果实在3℃～4℃条件下贮藏100d，果粒新鲜度好，虎皮病轻。塑料袋单果包装贮藏比用其他办法的效果都要好。

6. 贮藏中的主要问题及防治

石榴采后无呼吸跃变，自身乙烯产生量极少，对外源乙烯也无明显反应。石榴采后萼筒对呼吸强度和蒸腾作用影响较大，果实腐烂，果皮变黑、干缩，籽粒中花青素降解等是影响果品商品价值的主要因素。一般冷藏石榴，风味变浓，品质可口。石榴保鲜对温度的依赖性极强，温度大于10℃时呼吸作用旺盛，小于−1℃或有的品种在温度小于0℃时即有冷害发生，导致果皮褐变，表皮凹陷。受冷害果实在常温下（20℃左右)，货架寿命仅3～4d。控制措施主要是维持适温、防止波动。

第二节　蔬菜贮藏

一、根菜类

根菜类蔬菜，包括萝卜和胡萝卜。萝卜又名莱菔、罗菔，为十字花科萝卜属植物；胡萝卜又名红萝卜、黄萝卜等，为伞形科胡萝卜属植物。萝卜、胡萝卜富含维生素、碳水化合物、矿物质。萝卜在医学上不同于胡萝卜含有大量的胡萝卜素。萝卜、胡萝卜在我国各地都有栽培，也是北方重要的秋贮蔬菜，萝卜、胡萝卜的贮藏量大，供应时间长，对调剂冬春蔬菜供应有重要的作用。

（一）贮藏特性

萝卜和胡萝卜均为根菜类蔬菜，食用部分为地下部的肉质根；无生理休眠期。

贮藏萝卜以秋播的晚熟品种耐贮性较好，华北、东北地区有谚语：头伏萝卜，二伏菜，霜降前后采收的萝卜最耐贮藏。地上部分长的品种比地下部分长的品种耐贮藏，皮厚、质脆、含糖和水分多者耐贮藏。如北京的心里美、青皮脆，天津的卫青，济南的青园脆，沈阳的翘头青，吉林的大磨盘等品种较耐贮藏。不同色泽品种的耐贮性大致为：青皮种＞红皮种＞白皮种。

胡萝卜中皮色鲜艳、根细小、根茎小、心柱细的品种耐贮藏。如鞭杆红、小顶金红等品种。

（二）贮藏条件

低温、高湿是贮藏好根菜类蔬菜（萝卜和胡萝卜）的关键。贮藏温度宜为 0℃～5℃，相对湿度为 95％左右。贮藏温度若低于 0℃会造成冻害。

萝卜和胡萝卜具有适应土壤中生长的习性，组织特点是细胞和细胞间隙都很大，具有较强的耐低 O_2（O_2 浓度为 1％）和耐高 CO_2（CO_2 浓度为 8％）的能力。因此，萝卜和胡萝卜适于采取气调贮藏，有利于抑制生长与衰老。

（三）主要贮藏方法及管理

1. 沟藏

沟开东西走向，一般宽 1～1.5m，沟的深度应比当地冬季的冻土层再稍深 0.6～0.8m，长度视贮藏量而定。萝卜和胡萝卜入沟的时间最好是在最冷凉的时间。萝卜和胡萝卜可以散堆在沟内，头朝下、根朝上，码 3～4 层，厚度一般不超过 0.5m，以免底层产品受热腐烂。最好是与湿沙层积。下沟后在产品表面覆上一薄层土，以后随气温下降分次添加，最后约与地面平齐。此法贮藏的萝卜和胡萝卜一般要一次出沟上市。

2. 窖藏

萝卜和胡萝卜的窖藏可分为散堆贮藏和层积贮藏。散堆贮藏时，其高度不得超过1.5m，以防温度升高引起腐烂，也可在堆中放几个通气把。层积贮藏方法为先在窖底放一层0.08～0.1m厚的细沙，然后一层沙一层萝卜，共堆放0.8～1m，中间每隔1m放一通气筒，最上层放湿沙0.2m。窖内温度控制为0℃～2℃，相对湿度为90%～95%。

3. 塑料袋小包装贮藏

塑料袋小包装贮藏时，把萝卜和胡萝卜装入聚乙烯薄膜袋中，每袋1kg，扎紧袋口放在1℃条件下贮藏，此法保鲜效果很好。

4. 塑料薄膜贮藏

塑料薄膜贮藏是在普通大型窖内进行的。薄膜半封闭贮藏时，选取无病、无伤的萝卜和胡萝卜在窖内堆成长4～5m、宽1～1.5m、高1～1.2m的长方体堆，当窖内温度下降到0℃时，套上薄膜帐子，堆底下铺塑料薄膜。应定时揭帐通气，此法可贮藏至第2年的5、6月。

（四）贮藏中的主要问题及防治

1. 贮藏中的主要问题

（1）非侵染性病害——萌芽和糠心。

萝卜和胡萝卜在贮藏期间遇到适宜的条件便萌发抽薹，引起糠心。贮藏过程中的高温低湿环境及机械损伤会加剧糠心的发生，所以根菜类要在低温高湿条件下贮藏。防止萝卜和胡萝卜采后发芽，可采前1周田间喷洒2500mg/L青鲜素（MH），或采收当时用50～100mg/L 2,4－D喷洒，或采后1周用100～200mg/L 2,4－D喷洒。

（2）侵染性病害。

①菌核病。症状为：萝卜和胡萝卜直根软腐，外部缠有大量白色絮状菌丝体和鼠粪状菌核，严重时可造成直根腐烂。贮藏期间接触传染是菌核病造成严重腐烂的主要途径。肉质根冻伤、擦伤是病害在库中大面积暴发的诱因。

②黑腐病。症状为：萝卜和胡萝卜的肉质根上形成不规则或近圆形、微凹陷的黑斑，黑斑深入内部5mm左右的烂肉发黑，病变组织稍坚硬，若环境湿度大，也会呈现软腐。

2. 防治方法

（1）适时采收，尽量减少采前或采后运输时的各种机械损伤。贮藏萝卜采收的标准一般是肉质根已充分膨大，基部变圆，叶色变黄。胡萝卜采收的标准是肉质根已充分长大，心叶呈绿色，外叶稍枯黄，味甜且质地柔软。

（2）用库房消毒剂对库房和用具进行彻底的消毒。

（3）萝卜和胡萝卜对乙烯比较敏感，不宜与苹果、梨等乙烯释放量大的果蔬同库贮藏。

（4）贮藏前不要削去萝卜和胡萝卜直根的茎盘，这种处理会造成大面积的伤口，易使胡萝卜糠心。如果只拧缨而不削顶，也易使萝卜和胡萝卜萌芽和糠心。因此，可以用刮去生长点而不切削的办法进行前期贮藏，到贮藏后期出库加工时再削去顶部，这样既可防止萌芽，又可预防糠心。

二、茎菜类

地下茎菜类的贮藏器官是变态的茎。马铃薯是块茎，洋葱、大蒜、大葱为鳞茎。

（一）马铃薯

1. 贮藏特性

马铃薯具有不易失水和愈伤能力强的特性，而且在收获后一般有 2～4 个月的休眠期。所以，马铃薯是较耐贮藏和运输的一种蔬菜。晚熟品种休眠期短，早熟品种休眠期长。成熟度不同对休眠期的长短也有影响，尚未成熟的马铃薯块茎的休眠期比成熟的长。贮藏初期的低温对延长休眠期十分有利。

2. 贮藏条件

马铃薯贮藏的适宜温度为 3℃～5℃。当马铃薯贮藏的温度降至 0℃时，淀粉水解酶活性增高，薯块内单糖积累，薯块变甜，食用品质不佳，加工时会褐变。如果贮藏温度升高，单糖又会合成淀粉。当马铃薯贮藏的温度高于 30℃和低于 0℃时，薯心容易变黑。

实践表明，马铃薯适宜的贮藏相对湿度应为 80％～85％。

另外，光线能诱导马铃薯缩短休眠期而引起萌芽，并使芽眼周围组织中的茄碱甙含量急剧增加，大大超过中毒阈值 0.02％。因此，马铃薯贮藏时应尽量避免光照。

3. 主要贮藏方法及管理

马铃薯的贮藏方式很多，以上海、南京等地的堆藏，山西的窖藏，东北的沟藏较为成熟。

（1）堆藏。一般每 $10m^2$ 堆放 7500kg，四周用板条箱、箩筐或木板围好，中间可放一定数量的竹制通气筒，以利通风散热。这种堆藏法只适于短期贮藏和秋马铃薯的贮藏。

（2）沟藏。7 月中旬收获马铃薯，收获后预贮在阴棚或空屋内，直到 10 月下沟贮藏。沟深 1～1.2m，宽 1～1.5m，沟长不限。薯块厚度为 40～50cm，寒冷地区厚度可达 70～80cm，上面覆土保温，要随气温下降分次覆盖。

（3）窖藏。用井窖或窑窖贮藏马铃薯，每窖可贮藏 3000～3500kg，由于只利用窖口通风调节温度，所以冬季保温效果较好。但入窖初期窖温不易降温，因此马铃薯不能装得太满，窖内薯堆高度不超过 1.5m。并注意窖口的开闭。

窖藏马铃薯易在薯堆表面“出汗”（凝结水），在严寒季节可在薯堆表层铺放草帘，以转移出汗层，防止发芽与腐烂。马铃薯入窖后一般不用翻动，但在气温较高地区，因窖温也相对较高，可酌情翻动 1～2 次，去除病烂薯块，以防腐烂蔓延。

（4）通风库贮藏。一般薯堆高度不超过 2m，堆内设置通风筒。装筐码垛存放。

（5）冷藏。休眠期后的马铃薯转入冷库中贮藏，可以很好地控制发芽和失水，在冷库中可以进行堆藏，也可以装箱堆码。将温度控制为 3℃～5℃，相对湿度为 85%～90%。

4. 贮藏中的主要问题及预防

（1）贮藏中的主要问题。

马铃薯在贮藏期间的主要问题是发芽和病害导致腐烂。

①发芽。氯苯胺灵（CIPC）是一种采后使用的抑芽剂，粉剂的使用量为 1.4～2.8g/kg，使用时将粉剂撒入马铃薯堆中，上面扣上塑料薄膜或帆布等覆盖物，24～48h后打开，经处理后的马铃薯在常温下也不会发芽。但该抑芽剂必须在马铃薯愈伤后使用，否则，它会干扰马铃薯的愈伤，造成马铃薯贮藏中腐烂。休眠期前的马铃薯使用该抑芽剂效果更好。此外，每 10t 薯块用 α－萘乙酸甲酯或 α－萘乙酸乙酯 0.4～0.5kg 与 15～30kg细土制成粉剂均匀地撒在薯堆中，效果也不错。应在休眠中期进行。用射线辐照马铃薯，也有明显的抑芽作用。

②微生物病害。主要有细菌引起的软腐病和环腐病，以及真菌引起的干腐病和晚疫病等。此外，还可能由于管理不善而导致的生理病害，如黑心病和内部黑点病。

马铃薯软腐病，使感病组织变成褐色至黑色，边缘界线分明。常常内部溃烂而外部保持不变。

马铃薯环腐病，薯块表面可以见到芽眼附近皱缩下陷，切开薯块可以看见维管束变奶黄色，挤压时有黏稠的奶黄色菌液被挤出。病情严重时维管束变成黑褐色。病菌来自种薯。

马铃薯干腐病，初期块茎病斑较小，呈褐色，后缓慢扩展、凹陷并皱缩，有时病部出现同心轮纹，病斑下组织坏死，发褐变黑，严重者出现裂缝或空洞。此时若环境湿度大，极易使软腐细菌从干腐的病斑处侵入，迅速腐烂，甚至整个块茎烂掉。

马铃薯晚疫病，使薯块出现紫褐色不规则病斑，稍为下陷。

（2）防治方法。

防治以上马铃薯病害，要求做到以下三点：

①选用无病种薯，田间及时清除病苗，灌溉避免积水，临收获前停止浇水，贮藏前严格剔除有病薯块。这些都是减少环腐病与晚疫病的有效措施。

②收获及装卸时轻拿轻放，避免造成机械损伤；收获前适当进行愈伤处理，在温度为10℃～15℃、相对湿度为 95%的环境下处理 10～15d。这是防治由伤口造成的干腐病与软腐病的最好方法。

③常温贮藏要注意适当通风，低温贮藏要避免温度低于 0℃。这是减少黑心和黑色斑点等生理病害的好办法。

（二）洋葱

1. 贮藏特性

洋葱属石蒜科，两年生蔬菜，具有明显的生理休眠期。洋葱的休眠期为 1.5～2.5

个月。

我国栽培的洋葱，按皮色可分为红皮种、黄皮种和白皮种。黄皮种是中熟或晚熟品种，其品质好，休眠期长，耐贮藏，但产量稍低；红皮种为晚熟品种，产量较高，辣味重，耐贮藏，但品质较差；白皮种为早熟品种，肉质柔软，容易抽薹。从形状可分为扁圆形和凸球形。一般来说，扁圆形的黄皮品种较耐贮藏。

2. 贮藏条件

最适贮藏温度为0℃～3℃，适宜的空气相对湿度为70%～75%。洋葱采后应充分晾晒，使外层鳞片干燥，有利于贮藏。

3. 贮藏技术及方法

（1）采收。洋葱在采收前10d应停止灌水，采收适期一般在植株的第一、二片叶枯黄，第三、四片叶部分变黄，地上部开始倒伏，外部鳞片变干时为宜。要选择晴天进行，避免机械损伤，采收后要及时在田间晾晒，待叶片发黄变软、外层鳞片完全干燥时即可贮藏。

（2）贮藏方法。

①挂藏和筐藏。挂藏要求选择阴凉、干燥、通风的房间或菜棚，将洋葱叶编辫挂于木架上，注意防雨，此法休眠结束时就会发芽，一般可贮藏至10月。筐藏是将干燥的葱头装筐，置于凉棚内，这样只能贮藏至9月。

②垛藏。选择地势高燥、排水良好的场地，在地面垫枕木，其上放一层秫秸或苇席，将洋葱辫纵横交错摆码其上，码成长5～6m、宽1.5m、高0.5～1m的长方形小垛。垛顶盖3～4层苇席。四周围2层苇席并用绳子绑紧。贮藏期间要防日晒雨淋，保持干燥。封垛初期可视天气情况倒垛1～2次。10月要加覆盖物保温，以防受冻。

③气调贮藏。将洋葱装箱码垛后，再用大帐封闭，每帐贮藏洋葱500～5000kg。此法必须在洋葱休眠结束之前封帐，用自然降氧法调气，O_2浓度维持为3%～6%，CO_2浓度保持为8%～12%，抑芽效果良好，至10月底发芽率可控制为5%～10%。用此法，贮前葱头应充分晾干，贮藏中尽量不开帐检查。同时，要在帐内放置无水氯化钙等有效的吸湿剂，也可开帐擦去结露水，还可通入氯气消毒灭菌。

④冷库贮藏。温度的调节是以洋葱入库时的体温为起点，每天下降0.5℃，直至库温降到−2℃时为止。以后每天通风，以降低热量，冷库贮藏效果较好。

4. 贮藏中的主要问题及防治

洋葱贮藏中的主要问题是发芽和真菌病害。

为了防止洋葱在贮藏中发芽，可在洋葱收获前7～10d，管状叶片仍为绿色时喷洒0.25%的青鲜素（MH）溶液，用药前3～4d不可浇水，用药后如果遇雨应重新喷洒。

洋葱贮藏病害有球茎软腐病和洋葱干腐病。

采前大量降雨的洋葱贮藏中易发生球茎软腐病。水分较大的洋葱在入库前要充分晾晒，入库后要多排风、排湿，及时降温预冷，也可用果蔬防腐保鲜剂熏蒸处理，以杀死病菌。

洋葱干腐病病状为收获期病株根盘部及鳞茎、根均变褐，枯死根盘部产生白霉，影响洋葱贮藏性能。采收后洋葱鳞茎在贮藏前应充分干燥，入库后用果蔬防腐保鲜剂熏蒸处理，以杀死病菌。

三、果菜类

果菜类包括茄果类的番茄、辣椒等，瓜果类的黄瓜、南瓜、冬瓜等。此类蔬菜原产于热带或亚热带，不适合于低温条件贮藏，易产生冷害。果菜类同其他蔬菜相比最不耐贮藏。果菜类是人们非常喜爱的蔬菜，也是冬季调剂市场供应的重要细菜类。

（一）番茄

番茄又称西红柿、洋柿子，属茄科蔬菜，食用器官为浆果。起源于秘鲁，在我国栽培已经有近100年的历史。栽培种包括普通番茄、大叶番茄、直立番茄、梨形番茄和樱桃番茄五个变种。后两个果形较小，产量较低；近年来樱桃番茄的种植也日渐增多。番茄的营养丰富，经济价值较高，是人们喜爱的水果兼蔬菜品种。露地大面积栽培的番茄采收集中，上市正值夏季高温季节，容易造成较大的采后损耗，但高峰期过后，番茄产量又锐减，所以番茄贮藏主要是将夏季生产的番茄贮藏起来，到淡季时陆续供应市场。番茄果实皮薄多汁，不易贮藏，研究番茄的贮藏保鲜方法，可减少腐烂，延长其贮藏期及保持其品质。

1. 贮藏特性

番茄性喜温暖，不耐0℃以下的低温，但不同成熟度的果实对温度的要求不尽相同。番茄属呼吸跃变型果实，成熟时有明显的呼吸高峰及乙烯高峰，同时对外源乙烯反应也很敏感。

用于贮藏的番茄首先要选择耐贮藏品种，不同品种的耐贮性差异较大。贮藏时应选择种子腔小、皮厚、子室小、种子数量少、果皮和肉质紧密、干物质和糖分含量高、含酸量高的耐贮藏品种。一般来说，黄色品种最耐贮藏，红色品种次之，粉红色品种最不耐贮藏。此外，早熟的番茄不耐贮藏，中晚熟的番茄较耐贮藏。实验发现，适宜贮藏的番茄品种有满丝、橘黄佳辰、农大23、红杂25、大黄一号、厚皮小红、日本大粉等。加工品种中较耐贮藏的有扬州24、罗城1号、渝红2号、罗城3号、满天星等。

2. 贮藏条件

（1）温度。用于长期贮藏的番茄，一般选用绿熟果，适宜的贮藏温度为10℃～13℃，温度过低，易发生冷害；用于鲜销和短期贮藏的红熟果，其适宜的贮藏温度为0℃～2℃。

（2）湿度。番茄贮藏适宜的相对湿度为85%～95%。湿度过高，病菌易侵染造成腐烂；湿度过低，水分易蒸发，同时还会加重低温伤害。

（3）气体成分。在O_2浓度为2%～5%、CO_2浓度为2%～5%的条件下，绿熟果可贮藏60～80d，顶红果可贮藏40～60d。

3. 采收及采后处理

番茄采收的成熟度与耐贮性密切相关。采收的果实过青，累积的营养不足，贮藏后品质不良；果实过熟，则很快变软，而且容易腐烂，不能久藏。番茄果实生长至成熟时会发生一系列的变化：叶绿素逐渐降解，类胡萝卜素逐渐形成，呼吸强度增加，乙烯产生，果实软化，种子成熟。根据果实色泽的变化，番茄的成熟度可分为绿熟期、发白期、转色期、粉红期、红熟期五个时期。

绿熟期：全果浅绿或深绿，已达到生理成熟。

发白期：果实表面开始微显红色，显色率小于10%。

转色期：果实浅红色，显色率小于80%。

粉红期：果实近红色，硬度大，显色率近100%。

红熟期：又叫软熟期，果实全部变红而且硬度下降。

采收番茄时，应根据采后不同的用途选择不同的成熟度，用于鲜食的番茄应在转色期至粉红期采收，但这种果实正开始进入或已处于生理衰老阶段，即使在10℃条件下也难以长期贮藏；用于长期贮藏或远距离运输的番茄应在绿熟期至转色期采收，此时果实的耐贮性较强，在贮藏中完成完熟过程，可以获得接近植株上充分成熟的品质。

番茄果皮较薄，采收时应十分小心。番茄的成熟为分批成熟，所以一般采用人工采摘。番茄成熟时产生离层，采摘时用手托着果实底部，轻轻扭转即可采摘。人工采摘的番茄适宜贮运鲜销。发达国家用于加工的番茄多用机械采收，但果实受伤严重，不适宜长期贮藏。

4. 主要贮藏方法及管理

(1) 简易贮藏。夏秋季节利用通风库、地下室等阴凉场所贮藏。采用筐或箱存放时，应内衬干净纸垫，上用0.5%漂白粉消毒的蒲包，防止果实硌伤。将选好的番茄装入容器中，一般只装4～5层。包装箱码成4层高，箱底垫枕木，箱间留有通风道。也可将果实直接堆放在架上或地面，码放3～5层果实为宜，架宽和堆宽不应超过0.8～1m，以利于通风散热，并防止压伤，层间垫消毒蒲包或牛皮纸，最上层可稍加覆盖(纸或薄膜)。贮藏后，加强夜间通风换气，降低库温。贮藏期间每8～10d检查一次，剔除有病和腐烂果实，红熟果实及时挑出销售或转入0℃～2℃库中继续贮藏。该法一般贮藏20～30d，果实全部转红。秋季如果能将温度控制为10℃～13℃，番茄可以贮藏1个月。

(2) 冷藏。根据番茄冷藏的国家标准（GB 8853—1988)，冷藏时应注意以下事项：①选择无严重病害的菜田，在晴天露水干后、凉爽干燥的天气下采收，选择耐贮藏的品种，要求果实饱满、无病害、无机械损伤的绿熟果、顶红果及红熟果，剔除畸形果、腐烂果、未熟果、过熟果。②贮前准备：番茄贮藏1周前，贮藏库可用硫黄熏蒸（10g/m^3）或用1%～2%的甲醛溶液（福尔马林）喷洒，熏蒸时密闭24～48h，再通风排尽残药。所有的包装和货架等用0.5%的漂白粉或2%～5%硫酸铜溶液浸渍，晒干备用。同等级、同批次、同一成熟度的果实需放在一起预冷，一般在预冷间与挑选同时进行。将番茄挑选后放入适宜的容器内预冷，待温度与库温相同时进行贮藏。③贮藏条件：最适贮藏温度取决于番茄的成熟度及预计的贮藏天数。一般来讲，成熟果实能承受较低的贮藏温度，因此可根据番茄果实的成熟度来确定贮藏温度。绿熟期或变色期的番茄贮藏温度为12℃～13℃，红熟期的番茄贮藏温度为0℃～2℃。空气相对湿度保持为85%～95%，为了保持稳定的贮藏温度和相对湿度，需安装通风装置，使贮藏库内的空气流通，适时更换新鲜空气。在贮藏期间必须进行定期检查，出库之前应根据其成熟度和商品类型进行分类和划分等级。

(3) 气调贮藏。当气温较高或需长期贮藏时，宜采用气调贮藏。

塑料薄膜帐气调贮藏法是用0.1～0.2mm厚的聚乙烯或聚氯乙烯塑料薄膜做成密闭塑料帐，塑料帐内气调容量为1000～2000kg。由于番茄自然完熟速率快，因此采后应迅速预冷、挑选、装箱、封垛。一般采用自然降氧法，用消石灰（用量为果质量的1%～2%）吸收多余的CO_2。O_2不足时充入新鲜空气。塑料薄膜封闭贮藏番茄时，垛内湿度较高易感病，要设法降低湿度，并保持库温稳定，以减少帐内凝水。可用防腐剂抑制病菌活动，通常应用氯气，每次用量为垛内空气体积的0.2%，每2～3d施用一次，防腐效果明显；也可用漂白粉代替氯气，一般用量为果质量的0.05%，有效期为10d。

5. 贮藏中的主要问题及防治

(1) 番茄灰霉病。多发生在果实肩部，病部果皮变为水浸状并皱缩，病部生大量土灰色霉层，在果实遭受冷害的情况下更易大量发生。

(2) 番茄交链孢果腐病。多发生在成熟果实裂口处或日灼处，也可发生在其他部位。受害部位首先变褐，呈水浸状圆形斑，后发展变黑并凹陷，有清晰的边缘。病斑上生有短绒毛状黄褐色至黑色霉层。在番茄遭受冷害的情况下，尤其容易感病，一般是从冷害引起的凹陷部位侵染，引起腐烂。

(3) 番茄根霉腐烂病。番茄腐烂部位一般不变色，但因内部组织溃烂，而使果皮起皱缩，其上长出污白色至黑色小球状孢子囊，严重时整个果实软烂，呈泡水状。该病害在田间几乎不发病，仅在收获后引起果实腐烂。病菌多从裂口或伤口处侵入，患病果与无病果接触可很快传染。

(4) 番茄软腐病。这是一种真菌病害，一般由果实的伤口、裂缝处侵入果实内部。该病菌喜高温高湿，在24℃～30℃条件下很易感染此病。病害多发生在青果上，绿熟果极易感染。感病果实表面出现水渍状病斑，软腐处外皮变薄，半透明，果肉腐败。随后病斑迅速扩大，以致整个果实腐烂，果皮破裂，呈暗黑色病斑，有臭味。这种病蔓延很快，危害较大。

(5) 番茄炭疽病。这是一种真菌病害，病菌的生长发育温度范围很广，最低为6℃～7℃，最高为34℃，最适温度为25℃左右。该病主要危害成熟果实，发病开始时在果实表面呈现水渍状透明斑点，渐渐扩大成黑色的凹陷。

（二）黄瓜

黄瓜又名胡瓜，属葫芦科甜瓜，属一年生植物，原产于中印半岛及南洋一带，性喜温暖，在我国已有2000多年的栽培历史。幼嫩黄瓜质脆肉细，清香可口，营养丰富，深受人们的喜爱。

1. 贮藏特性

黄瓜每年可栽培春、夏、秋三季。春黄瓜较早熟，一般采用南方的短黄瓜系统；

夏、秋黄瓜提倡耐热抗病，一般用北方的鞭黄瓜和刺黄瓜系统，还有一种专门用来加工的小黄瓜系统。贮藏用的黄瓜，一般以秋黄瓜为主。

黄瓜属于非跃变型果实，但成熟时有乙烯产生。黄瓜产品鲜嫩多汁，含水95%以上，代谢活动旺盛。黄瓜采后数天即出现后熟衰老症状，受精胚在其中继续发育生长，吸取果肉组织的水分和营养，以致果梗一端组织萎缩变糠，蒂端因种子发育而变粗，整个瓜形呈棒槌状；同时出现绿色减退，酸度增高，果实绵软。黄瓜采收时气温较高，表皮无保护层，果肉脆嫩，易受机械损伤。在黄瓜的贮藏中，要解决的主要问题是后熟老化和腐烂。

2. 贮藏条件

（1）温度。一般认为黄瓜的最适宜贮藏温度为10℃～13℃。温度低于10℃，可能出现冷害；温度高于13℃，代谢旺盛，加快后熟，品质变劣，甚至腐烂。

（2）湿度。黄瓜含水量高，蒸发量大，因此，黄瓜需高湿贮藏，相对湿度应高于90%。相对湿度低于85%，会出现失水萎蔫、变形、变糠等问题。

（3）气体成分。黄瓜对气体成分较为敏感，黄瓜的适宜O_2浓度和CO_2浓度均为2%～5%。CO_2浓度高于10%时，会引起高CO_2伤害，瓜皮出现不规则的褐斑。乙烯会加速黄瓜的后熟和衰老，贮藏过程中要及时消除，如贮藏库里放置浸有饱和高锰酸钾的蛭石。

3. 采收及采后处理

采收成熟度对黄瓜的耐贮性有很大影响，一般嫩黄瓜贮藏效果较好，越大越老的越容易衰老变黄。贮藏用瓜最好采用植株主蔓中部生长的果实（俗称“腰瓜”），果实应丰满壮实、瓜条匀直、全身碧绿。下部接近地面的瓜条畸形较多，且易与泥接触，果实带较多的病菌，易腐烂。黄瓜采收期多在雌花开花后8～18d，采摘宜在晴天早上进行。最好用剪刀将瓜带3cm长果柄摘下，放入筐中，注意不要碰伤瘤刺；若为刺黄瓜，最好用纸包好放入筐中。认真选果，剔除过嫩、过老、畸形以及受病虫侵害、机械损伤的瓜条。将合格的瓜条整齐放入消过毒的筐中，每放一层，用薄的塑料制品隔开，以防瓜刺互相刺伤，感染病菌。

入库前，用软刷将0.2%甲基托布津和4倍水的虫胶混合液涂在瓜条上，阴干，对贮藏有良好的防腐保鲜效果。

4. 主要贮藏方法及管理

（1）水窖贮藏。在地下水位较高的地区，可挖水窖保鲜黄瓜。水窖为半地下式土窖，一般窖深2m，窖内水深0.5m，窖底宽3.5m，窖口宽3m。窖底稍有坡度，低的一端挖一个深井，以防止窖内积水过深。窖的地上部分用土筑成厚0.6～1m、高约0.5m的土墙，上面架设木檩，用秫秸作棚顶并覆土。顶上开两个天窗通风。靠近窖的两侧壁用竹条、木板做成贮藏架，中间用木板搭成走道。窖的南侧架设2m的遮阳风障，防止阳光直射使窖温升高，待气温降低后拆除。

黄瓜入窖时，先在贮藏架上铺一层草席，四周围以草席，以避免黄瓜与窖壁接触碰伤。用草秆纵横间隔搭成3～4cm见方的格子，将黄瓜瓜柄朝下逐条插入格内。要避免黄瓜之间摩擦，摆好后用薄湿席覆盖。

黄瓜贮藏期间不必倒动，但要经常检查。如发现瓜条变黄发蔫，应及时剔除，以免变质腐烂。

（2）塑料大帐气调贮藏。将黄瓜装入内衬纸或蒲包的筐内，质量约 20kg，在库内码成垛，垛不宜过大，每垛 40～50 筐。垛顶盖 1～2 层纸以防露水进入筐内，垛底放置消石灰吸收 CO_2，用棉球蘸取克霉灵药液（用量为 0.1～0.2mL/kg）或仲丁胺药液（用量为 0.05mL/kg），分散放到垛、筐缝隙处，不可放在筐内与黄瓜接触。在筐或垛的上层放置包有浸透饱和高锰酸钾碎砖块的布包或透气小包，用于吸收黄瓜释放的乙烯，用量为黄瓜质量的 5%。用 0.02mm 厚的聚乙烯塑料帐覆罩，四周封严。用快速降氧或自然降氧的方式将 O_2 含量降至 5%。实际操作时，需每天进行气体测定和调节。每 2～3d 向帐内通入氯气消毒，每次用量为每立方米帐容积通入 120～140mL，防腐效果明显。这种贮藏方式严格控制气体条件，因此，效果比小袋包装好，在 12℃～13℃条件下可贮藏 45～60d。在贮藏期间，要定期检查，一般贮藏约 10d 后，每隔 7～10d 检查一次，将变黄、开始腐烂的瓜条剔除，贮藏后期注意质量变化。

黄瓜除上述贮藏方法外，还有缸藏、沙藏等。

5. 贮藏中的主要问题及防治

（1）炭疽病。染病后，瓜体表面出现淡绿色水渍状斑点，并逐步扩大、凹陷，在湿度较高的条件下，病斑常出现许多黑色小粒，即分生孢子，病斑可深入果肉使风味品质明显下降，甚至变苦，不堪食用。该病菌发病的适宜温度为 24℃，4℃以下分生孢子不发芽，10℃以下病菌停止生长。防治此病，主要应做好田间管理，剔除病虫果，采后用 1000～2000mg/L 的苯来特、托布津处理。

（2）绵腐病。染病后使瓜面变黄，病部长出长毛绒状白霉。防治此病，应严格控制温度，防止温度波动太大产生凝结水滴在瓜面上，也可结合使用一定的药剂进行处理。

（3）低温冷害。黄瓜原产于中印半岛及南洋一带，性喜温暖，不耐低温。温度低于 10℃下，易遭受冷害。发生冷害的黄瓜表面出现不规则凹陷及褐色斑点，果实呈水渍状，受害部位易感病。

四、叶菜类

叶菜类包括白菜、甘蓝、芹菜、菠菜等。叶菜类的产品器官是同化器官，又是蒸腾器官，所以代谢强度很高，不耐贮藏。但不同的产品对贮藏要求的条件也不一样，各有其特点。大白菜、甘蓝是由不同叶龄的叶片组成的叶球，由幼龄叶和壮龄叶组成，没有衰老期，同时叶球有一定休眠期，所以可以长期贮藏。菠菜、芹菜等产品器官的发育是在 0℃左右的低温条件下度过的，抗寒性强，可以冷藏和冻藏。叶菜类是人们非常喜爱的蔬菜，也是冬季调剂市场供应的重要菜类。

（一）大白菜

大白菜又名结球白菜、包心白菜和胶菜，为十字花科芸薹属的二年生植物。原产于我国山东、河北一带，是我国特产之一。栽培历史悠久，是我国北方秋冬季供应的主要蔬菜，栽培面积广、产量高、贮藏量大、贮藏期长，可以调剂冬季蔬菜供应。

1. 贮藏特性

我国的大白菜种类有上百种，按照叶球形状，可将其分为抱头型、圆筒型和花心型三种。抱头型的大白菜，叶球粗大，其高度为直径的1～2倍，叶球坚实，单株产量高，耐贮藏，品种有北京大青口、济南大根白菜等；圆筒型大白菜，叶球细长呈圆筒型，其高度为直径的2倍以上，耐贮藏，如天津青麻叶，其外叶为浓绿色，心叶为淡绿色，品质优良；花心型大白菜，顶部心叶向外翻卷，不封顶，呈花心状，外部叶片为绿色，这类大白菜抗病性差，不耐贮藏。

不同品种大白菜的耐贮性和抗病性有一定的差异。一般中晚熟的品种比早熟品种耐贮藏；青帮类型比白帮类型耐贮藏，青白帮类型的耐贮性介于两者之间。栽培时在氮肥足够但不过量的基础上增施磷、钾肥能增进蔬菜抗性，有利于贮藏。采收前1周左右要停止灌水，否则组织脆嫩，含水量高，新陈代谢旺盛，易造成机械损伤。

叶球的成熟度与大白菜的耐贮性有关，叶球太紧的不利于长期贮藏；包心八成的能长期贮藏。播种期对大白菜的耐贮性也有影响，播种期过早，叶球过度成熟，耐贮性差；播种期过晚，产量低，且叶球不成熟，代谢旺盛，不能进入稳定休眠，不利于长期贮藏。因此，贮藏用大白菜应适当晚播，同时以选包心八成的健壮个体贮藏为宜。

2. 贮藏条件

（1）温度。用于长期贮藏的大白菜，要求低温贮藏条件，温度以（0±1）℃为宜。

（2）湿度。大白菜贮藏过程中易失水萎蔫，因此要求较高的湿度，空气相对湿度为85%～90%。

（3）气体成分。关于大白菜气调贮藏的报道较少。据美国报道，大白菜在温度为0℃、相对湿度为85%～90%、O_2浓度为1%的条件下贮藏5个月，叶片组织内维生素C损失减少，总糖高，且无低O_2伤害症状。但当CO_2浓度高于20%时，就会引起生理病害甚至腐烂而失去食用价值。

3. 采收及采后处理

适时收获有利于贮藏。收获过早，气温与窖温均高，不利于贮藏，也影响产量；收获过迟，易在田间受冻。收获的适宜时期，东北、内蒙古地区约在霜降前后，华北地区在立冬到小雪之间。假植贮藏的大白菜，要求带根收获；其他方法贮藏的大白菜，可留3cm的根砍倒，也可沿叶球底部砍倒或连根收获。采收应选择晴朗的天气、菜地干燥时进行，以七八成熟、包心不太坚实为宜，从而减少或防止春后抽薹、叶球爆裂的现象发生。

收获后的大白菜要进行晾晒，使外叶失水变软，达到菜棵直立而不垂的程度，这样既可以减少机械损伤，又可以增加细胞液浓度，提高抗寒能力，同时可以减小体积，提高库容量。但晾晒也不宜过度，否则组织萎蔫会破坏正常的代谢机能，加强水解作用，从而降低大白菜的耐贮性、抗病性，并促进离层活动而脱帮。

经晾晒后的大白菜可以进行整理预贮，摘除黄帮烂叶，但不要清理过重，不黄不烂的要尽量保留以保护叶球，同时进行分级挑选以便管理。经整理后，若气温尚高，可在窖旁码成长形或圆形垛进行预贮。预贮期间既要防热，又要防冻。

针对大白菜在贮藏中易脱帮腐烂的情况，可辅以药剂处理。在收菜前2～7d用25～50mg/L的2,4-D进行田间喷洒，或在采收后于窖外、窖内喷洒或浸根，有明显抑制脱帮的效果。

4. 主要贮藏方法及管理

（1）沟藏。又称埋藏法。首先要选择地势平坦、干燥，地下水位低、排水良好、交通方便的地点，沿东西向挖沟，沟深度根据当地冻土层厚度及贮藏时间长短而定，覆土厚大连地区为0.5m左右，沈阳地区为0.7m左右。入沟时间，大连地区是以2～3片叶稍稍受冻时为宜，即小雪前后；沈阳地区是立冬前后。北京地区一般沿南北向挖沟，沟宽1.5m，沟深0.25m，长度根据地形和贮藏量而定。挖出的土在沟四周做成土埂，埂厚约0.7m（以最冷时期不冻透为原则）。沟深与土埂高度相加等于白菜的高度，入沟前先在沟底铺一层稻草或菜叶，然后将晾晒过的白菜紧密地挤码在沟内，菜上面覆盖一层稻草或菜叶，再盖0.5～0.7m厚的土。

（2）窖藏。窖藏方法简单，贮藏量大，贮藏时间也较长。窖藏一般选择地势高、地下水位低的地块，以免窖内积水造成腐烂。

白菜采收期一般在霜降前后，白菜采后放在垄上晾1～2d，然后送到菜窖附近码在背风向阳处。堆码时菜根向下，四周用草或秸秆覆盖，以防低温受冻。

菜窖的形式有多种，在南方，气温较高，菜窖多为地上式；在北方，气温较低，菜窖多采用地下式；而在中原地区，多采用半地下式。窖藏大白菜多采用架贮或筐贮。架贮是将已晾晒过的大白菜贮藏于架上，架高170cm、宽130cm、层高100cm左右。贮藏架之间间隔130cm左右，以方便检查和倒菜。大白菜摆放7～8层，贮菜距离上面的夹板应有20cm的间隙。入窖初期，窖温较高，大白菜易腐烂和脱帮，若采用地面堆码贮藏，必须加强倒菜，以利于通风散热。外界气温高时，要把门窗通气孔关闭，防止高温侵入库内。夜间打开通风设施引进冷凉气温，降低窖温。入窖中期，外界气温急剧下降，必须注意防冻，要关闭窖的门窗和通气孔，中午可适当通风。架贮应在春节前倒菜1～2次，垛藏要倒菜2～3次。入窖后期（立春以后），气温和地温均升高，造成窖温和菜温升高，这时要延缓窖温的升高，白天将窖封严，防止热空气侵入，晚上打开通风系统，尽量利用夜间低温来降低窖温。

（3）机械冷藏。大白菜先经过预处理，再装箱后堆码在冷库中，库温保持为（0±0.5）℃，相对湿度控制为85%～90%，贮藏期间应定期检查。机械冷藏的优点是温、湿度可精确控制，贮藏质量高，但设备投资大，成本高。

5. 贮藏中的主要问题及防治

（1）细菌性软腐病。病部呈半透明水渍状，随后病部迅速扩大，表皮略凹陷，组织腐烂、黏滑，色泽为淡灰至浅褐，腐烂部位有腥臭味。发病时或叶缘枯黄，或从叶柄基部向上引起腐烂，或心叶腐烂以及枯干呈薄纸状。该病菌一般从伤口侵入，其在2℃～5℃的低温下也能生长发育，是大白菜低温贮藏期间常见的病害。该病菌在干燥环境下会受到抑制。因此，在采收、贮运过程中应尽量减少机械损伤，采后适度晾晒，贮藏期间注意通风，控制环境中的湿度，这些措施均是控制大白菜软腐病的关键。

（2）大白菜霜霉病。又称霜叶病。染病后，一般由外层叶向内层叶扩展，初期只在叶片呈现淡黄绿色至淡黄褐色斑点，潮湿时病斑背面出现白霜霉，严重时霉层布满整个叶片，干枯死亡。该病在高湿环境下易严重发生，因此，适度的晾晒和通风以保持环境中的低湿可抑制该病的发生。

（3）生理性脱帮。脱帮主要发生在贮藏初期，指叶帮基部形成离层而脱落的现象。当贮藏温度高时，离层形成快；空气湿度过高或晾晒过度也会促进脱帮。采前2～7d用25～50mg/L的2,4－D进行田间喷洒或采后浸根，可明显抑制脱帮。

（二）甘蓝

甘蓝的贮藏特性与大白菜相似，对贮藏条件的要求也基本相同。因此，大白菜的贮藏措施同样适用于甘蓝，但甘蓝比大白菜更耐寒一些，贮藏温度可控制为－1℃～0℃，收获期可稍晚一些，相对湿度控制为85％～95％。

（三）芹菜

1. 贮藏特性

芹菜喜冷凉湿滑，比较耐寒，芹菜可以在－2℃～－1℃条件下微冻贮藏，低于－2℃时易遭受冻害，难以复鲜。芹菜也可在0℃恒温贮藏。蒸腾萎蔫是引起芹菜变质的主要原因之一，所以芹菜贮藏要求高湿环境，相对湿度以98％～100％为宜。气调贮藏可以降低其腐烂和退绿。一般认为适宜的气调条件是：温度为0℃～1℃，相对湿度为90％～95％，O_2浓度为2％～3％，CO_2浓度为4％～5％。

2. 栽培要求

芹菜分为实心种和空心种两大类，每一类中又有深色和浅色不同品种。实心色绿的芹菜品种耐寒力较强，较耐贮藏。经过贮藏后仍能较好地保持脆嫩品质，适于贮藏。空心类品种贮藏后叶柄变糠、纤维增多、质地粗糙，不适宜贮藏。

贮藏用芹菜，在栽培管理中要间开苗，单株或双株定植，并勤灌水，要防治蚜虫，控制杂草，保证肥水充足，使芹菜生长健壮。贮藏用芹菜最忌霜冻，遭霜后，芹菜叶子变黑，耐贮性大大降低。所以要在霜冻之前收获芹菜。收获时要连根铲下，摘掉黄枯烂叶，捆把待贮。

3. 主要贮藏方法及管理

（1）微冻贮藏。

对于芹菜的微冻贮藏，各地做法不同。山东潍坊地区经验丰富，效果较好。主要做法是在风障北侧修建地上冻藏窖，窖的四壁是用夹板填上打实而成的土墙，厚50～70cm、高1m。在打墙时，在南墙的中心每隔0.7～1m立一根直径约10cm粗的木杆，墙打成后拔出木杆，使南墙中央成一排垂直的通风筒，然后在每个通风筒的底部挖深和宽各约30cm的通风沟，穿过北墙在地面开进风口，这样每一个通风筒、通风沟和进风口能连成一个通风系统。

在通风沟上铺2层秫秸、1层细土，把芹菜捆成5～10kg的捆，根向下斜放窖内，装满后在芹菜上盖1层细土，以菜叶似露非露为度。白天盖上草苫，夜晚取下，次晨再盖上。以后视气温变化，加盖覆土，总厚度不超过20cm。当最低气温在－10℃以上时，可开放全部通风系统；当最低气温在－10℃以下时，要堵死北墙外进风口，使窖温处于－2℃～－1℃。

一般芹菜上市前3～5天进行解冻。将芹菜从冻藏沟取出，放在0℃～2℃的条件下缓慢解冻，使之恢复新鲜状态。也可以在出窖前5～6天拔去南侧的阴障改设为北风障，再在窖面上扣上塑料薄膜，将覆土化冻层铲去，留最后一层薄土，使窖内芹菜缓慢解冻。

（2）假植贮藏。

在我国北方各地，民间贮藏芹菜多用假植贮藏。一般假植沟宽约1.5m，长度不限，沟深1～1.2m，2/3在地下，1/3在地上，地上部分用土打成围墙。芹菜带土连根铲下，以单株或成簇假植于沟内，然后灌水淹没根部，以后视土壤干湿情况可再灌水一两次。为便于沟内通风散热，每隔1m左右，在芹菜间横架一束秫秸把，或在沟帮两侧按一定距离挖直立通风道。芹菜入沟后用草帘覆盖，或在沟顶做成棚盖然后覆上土，酌情留通风口，以后随气温下降增厚覆盖物，堵塞通风道。整个贮藏期间，维持沟温为0℃或稍高，勿使芹菜受热或受冻。

（3）冷库贮藏。

冷库贮藏芹菜，库温应控制为0℃左右，相对湿度控制为98%～100%，芹菜可装入有孔的聚乙烯膜衬垫的板条箱或纸箱内，也可以装入开口的塑料袋内。这些包装可保持高湿、减少失水，同时没有CO_2累积或缺氧的危险。

近年来，我国哈尔滨、沈阳等地采用在冷库内将芹菜装入塑料袋中简易气调的方法贮藏芹菜，收到了较好的效果。方法是用0.8mm厚的聚乙烯薄膜制成100cm×75cm的袋子，每袋装10～15kg经挑选没有病虫害和机械损伤、带短根的芹菜，扎紧袋口，分层摆放在冷库菜架上。库温控制为0℃～2℃。采用自然降氧法使袋内O_2含量降到5%左右时，打开袋口通风换气，再扎紧。也可以松扎袋口，即扎口时先插一根直径为1.5～2mm的圆棒，扎后拔出使扎口处留有孔隙，贮藏中不需人工调气。这种方法可以将芹菜从10月贮藏到春节，商品率在85%左右。

五、食用菌类

（一）概述

食用菌实体含水量高，组织脆嫩，采摘后在室温下极易腐烂变质，而食用菌从产地到销售市场或加工工厂之间往往需要经过一段距离的运输，这就需要事先对食用菌进行某些保鲜处理。另外，食用菌生产季节性很强，为了保证食用菌淡旺季的均衡供应，也需要有一定数量的食用菌贮藏。因此，食用菌的贮藏与保鲜也是食用菌生产中一个不可缺少的重要环节。

（二）贮藏工艺

食用菌贮藏工艺见图 6—4。

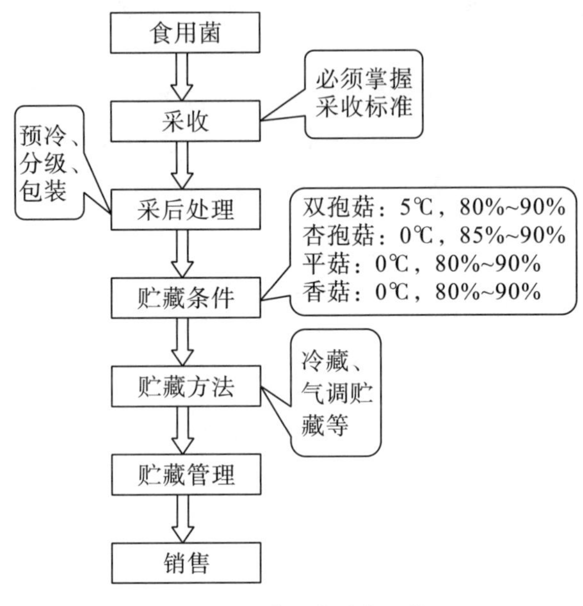

图 6—4　食用菌贮藏工艺

（三）种类

1. 双孢菇和杏孢菇

（1）贮藏特性。双孢菇的含水量很高，易失水，导致耐贮性降低。同时其代谢旺盛，要在 5℃低温下存放，温度过低时又容易发生冷害。双孢菇的另一个贮藏特性是容易褐变，减少机械损伤和气调贮藏可明显减少褐变。在蘑菇品种中，杏孢菇是最耐贮藏的。

（2）贮藏条件。双孢菇的适宜贮藏温度为 5℃左右，相对湿度为 80％～90％；杏孢菇的适宜贮藏温度为 0℃左右，相对湿度为 85％～90％。

（3）采收及预处理。一般掌握的标准是：蘑菇长到 4cm 左右、尚未开伞时采收。采前要将采收工具预先消毒。采收最好用小刀将菇体割下，直接放在塑料筐或竹筐中，每个筐不要放太满，筐底要衬垫塑料薄膜。从采收到上市的过程中要做到轻拿轻放，采用边采收边挑选的方法，减少机械损伤。去除残留的培养料，选用无病虫害、无霉变、生长正常的菇体作贮藏用。蘑菇采收后及时降温对保鲜效果影响较大，一般可先在预冷库中预冷。如收获量较大，有条件的可用真空预冷的方法效果更好。要求冷库的制冷量大，使蘑菇能在短时间内降到 6℃。

（4）主要贮藏方法及管理。

①冷藏。在能保证温湿度的冷库中，蘑菇能直接放筐中存放。蘑菇按上述方法进行

预冷后，不必再次修整，可直接将筐码垛。在垛的表面覆盖厚度为 0.06mm 的塑料薄膜，减少水分的散失。在这种条件下，可将蘑菇保鲜几天，以缓冲大量采收时的销售压力。

②气调贮藏。该方法可将蘑菇保鲜 10d 以上。将蘑菇放在 0.03mm 厚的聚乙烯袋中，每袋放 0.5kg 左右，将袋口密封。条件允许时，可对袋内气体成分进行监测，气体成分范围是 O_2 浓度为 2%～5%、CO_2 浓度为 10%～15%，必要时放风换气。

2. 平菇

（1）贮藏特性。不同品种在耐贮性方面有差异。在食用菌品种中，平菇是不耐贮藏的。采后在室温条件下很快会在菌柄处生出白毛，伞盖开裂、卷边，直至最后褐变腐烂。此外，平菇采后氧化酶活性高，容易褐变。

（2）贮藏条件。平菇的适宜贮藏温度为 0℃，相对湿度为 80%～90%。

（3）采收及预处理。采收标准为：菌盖基本展平，尚未大量放射孢子。采收时可用刀割，注意保持菇体的完整性，减少机械损伤，同时还要注意不要影响下茬菇的生长。

（4）主要贮藏方法及管理。平菇的贮藏多采用冷藏法。将平菇装在 0.03mm 厚的聚乙烯袋中，每袋放 0.5kg 左右，将袋口密封。如果存放时间不超过一周，可不作小包装，但要注意保温。

3. 香菇

（1）贮藏特性。香菇是食用菌中比较耐贮藏的种类，这是因为它在贮藏过程中能耐受低 O_2 和高 CO_2 的环境，而不造成明显的伤害。对香菇可采用气调贮藏。

（2）贮藏条件。香菇的适宜贮藏温度为 0℃，相对湿度为 80%～90%，气体条件是 O_2 浓度为 2%～5%、CO_2 浓度为 10%～15%。

（3）采收及预处理。香菇要分批采收，适宜采收的标准是：菌盖未完全张开，菌盖边缘稍内卷，菌褶已完全伸直。香菇采收时间应在晴天早上进行，此时气温较低。采收时可用小刀逐个割下，放在箩筐等容器中，容器的下部垫一层塑料薄膜。采摘过程要注意保持香菇的完整性，避免机械损伤。采收后要及时进行挑选，剔除不适宜贮藏的菇体。

（4）主要贮藏方法及管理。香菇采收后进行小包装之前，首先要降低菇体温度。香菇多采用小包装贮藏方法，薄膜厚度为 0.03mm，每袋装 1kg，将袋口密封，进行自发气调。此方法一般能将香菇保存 2～3 周，品质较好。

（四）贮藏中的主要问题及防治

双孢菇常见的病害有褐腐病、褐斑病及锈斑病等。平菇则常受到青霉菌、灰霉菌的侵染。除病害外，食用菌生产中还有虫害的发生。控制食用菌病虫害的发生主要从两个方面着手：一是在采、运、贮等过程中，操作时避免菇体损伤，提高菇体自身抗病能力；二是通过化学方法进行防腐处理。用于采收及存放的相关工具要进行消毒。适时采收很重要，采收过晚的菇体很容易腐烂。在存放前要去除已染病的个体，然后用防腐剂处理：20mg/L 山梨酸钾、苯甲酸钠等，10mg/L 苯菌灵、硫菌灵等。由于食用菌表面没有保护组织，故一般情况下不提倡使用防腐剂。

六、其他蔬菜

（一）花椰菜

花椰菜原产于地中海沿岸，是一种喜凉爽而怕炎热的半耐寒蔬菜。食用部分为白色花球，口感鲜美，营养丰富，是深受消费者喜爱的蔬菜。

1. 贮藏特性

用于贮藏的花椰菜宜选择花球紧实、色泽洁白、品质好、耐热或抗寒、适应性强的中、晚熟品种。春季可选用福农 10 号、瑞士雪球，秋季可选荷兰雪球等。

2. 贮藏工艺

花椰菜贮藏工艺见图 6－5。

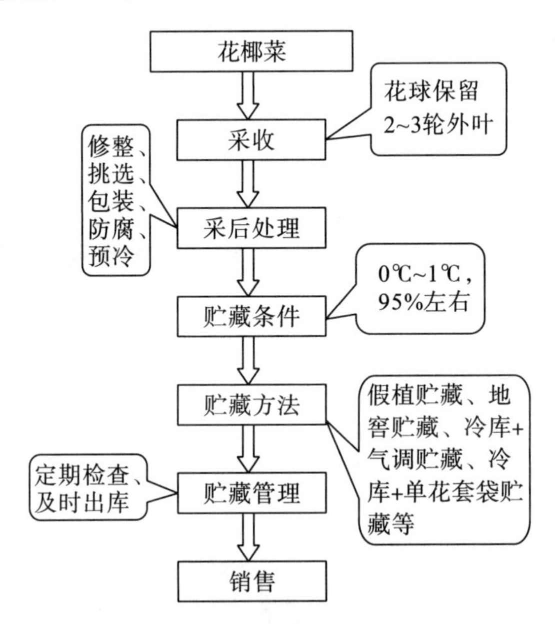

图 6－5　花椰菜贮藏工艺

3. 贮藏条件

花椰菜较耐低温，适宜的贮藏温度为 0℃～1℃，相对湿度以 95％左右为宜。如湿度偏低或通风量过大，花球失水萎蔫、松散，品质变差。

4. 采收及采后处理

（1）采收。用于贮藏的花椰菜应在花球茎部的花枝松散前收获。收获应选在天气晴朗、土壤干燥的时候。收获时一般保留 2～3 轮外叶，可保护花球。花椰菜入贮前还须进行修整和挑选，切去大部分茎，剥去多余的外叶、散花和发黄的花球。有机械损伤和被病虫侵害的花球，不宜再进行贮藏。

（2）包装。将挑选和修整好的花椰菜根部朝下码在筐中，最上层菜花低于筐沿，为减少蒸腾凝聚水滴落在花球上引起霉烂，也可将花球朝下放。为延长贮藏期，可用0.015～0.03mm厚的聚乙烯薄膜袋进行单花球套袋贮藏，方法是将挑选好并预冷后的花球装入相应大小的袋内，然后扎口放入筐中。

（3）防腐处理。贮前可用1500mg/L硫菌灵溶液浸蘸花球蒂部（不可浸入至花球）或用仲丁胺保鲜剂挥发熏蒸，方法是用0.1mg/kg仲丁胺保鲜剂浸蘸在吸水性好的纸或棉布条上，均匀地挂在菜垛四周或垛与垛之间，熏24h能抑制菜体表面的病原菌。对窖、库体以及包装物件、架材等用0.5%的漂白粉液喷洒，或用仲丁胺保鲜剂在密封条件下熏蒸，以消毒灭菌。

5. 贮藏技术及方法

（1）预冷。采取自然气温下预冷，将待贮产品及时置于阴凉通风处，白天遮阳，夜间敞开。如有冷库，可先将库温降至4℃～5℃，启用通风设施快速降低菜体温度。此法快而稳定，效果好。

（2）贮藏方法。

①假植贮藏。冬季不太寒冷的地区，可利用阳畦、简易贮藏沟进行假植贮藏。立冬前后将尚未长成的小花球连根带叶挖起，假植在阳畦或贮藏沟中，行距为20～25cm，根部用土填实，再把植株的叶片拢起捆扎好，护住花球。假植后立即灌水，适当覆盖防寒，中午温度较高时适当放风。进入寒冬季节，加盖防寒物，并视需要灌水。假植区域内的小气候温度前期可高些，以促进花球生长成熟。至春节时，花球一般可长至0.5kg。该法经济简便，是菜农普遍采用的贮藏方式。

②地窖贮藏。经预处理后的花椰菜装筐至八成满，入窖码垛贮藏，垛的高度随窖高度而定，一般为4～5个筐高，须错开码放。垛间保持一定距离，并排列有序，以便于操作管理和通风散热。为防止失水，垛上覆盖塑料薄膜，但不密封。每天轮流揭开一侧通风，调节温、湿度。贮藏期间须经常检查，发现覆盖膜上附着凝聚水要及时擦去，有黄、烂叶子随即摘除。应用该法的贮藏期不宜过长，以20～30d为好。可用于短期贮藏。

③冷库＋气调贮藏。在冷库中搭建长4.0～4.5cm、宽1.5m、高2.0m左右的菜架，上下分隔成4～5层，架底部铺设一层聚乙烯薄膜作为帐底。将待贮花球码放于菜架上，最后用厚0.02mm聚乙烯薄膜制成大帐罩在菜架外，并与帐底部密封。花椰菜的呼吸自发调节帐内的O_2与CO_2的比例，但需注意O_2浓度不可低于2%，CO_2浓度不能高于5%。因在低O_2（2%以下）、高CO_2（5%以上）环境中花球会产生生理失调，出现类似煮后的症状，并产生异味而失去食用价值。控制方法：通过开启大帐上特制的“窗口”（简称“透帐”）通风。贮藏最初几天呼吸强度较大，需每天或隔天透帐通风；随着呼吸强度的减弱，可2～3d透帐通风一次。贮藏期间，15～20d检查一次，发现有病变的个体应及时处理。为防止高CO_2伤害，在帐底部撒些消石灰。在菜架中、上层的周边摆放一些高锰酸钾载体（用高锰酸钾浸泡的砖块或泡沫塑料等）吸收乙烯，贮藏量与载体之比是20∶1。大帐罩后也可不密封，与外界保持经常性的微量通风，加强观察，8～10d检查一次。以上方法可贮藏50～60d，商品率达80%以上。

④冷库+单花套袋贮藏。用 0.015mm 厚的聚乙烯薄膜制成长、宽分别为 40cm、30cm（或根据花球大小而定）的袋子。将备贮的花球单个装入袋中，折叠袋口，再装筐码垛或直接码放在菜架上贮藏。码放时花球朝下，以免凝聚水落在花球上。这种方法能更好地保持花球洁白鲜嫩，贮藏期可达 3 个月左右，商品率约为 90%。此法贮藏效果明显优于其他贮藏方式，在有冷库地区可推广应用。应用此法需注意的是，花椰菜叶片贮藏至两个月之后开始脱落或腐烂，如需贮藏两个月以上，应除去叶片后贮藏为好。

6. 贮藏中的主要问题及防治

（1）生理病害。花椰菜在贮藏中易松球，花球变褐，使品质降低。采收期延迟或采后不适当的贮藏环境如高温、低温等，都可能引起松球。松球是衰老的象征，因此要求在适期采收，并尽可能贮藏在适宜低温和湿度下。采后引起花球褐变的原因主要是在采收、运输和贮藏过程中由于碰撞、摩擦受机械损伤，花球失水老化和受病菌感染等，因此收获时宜保留 2～3 轮叶片，以保护花球。

（2）病理病害。花椰菜黑斑病为贮藏中的主要病害，是由交链孢菌引起的，主要症状是花芽脱色，随后变褐，花球上出现许多褐斑而使商品价值下降。在潮湿的条件下，花球上长出黑色霉状物，造成严重腐烂。控制措施：在采收前 2～7d 用 500～800mg/L 的异菌脲溶液喷花，也可在花椰菜入贮前用 100mg/L 的次氯酸钙处理，有利于减少贮藏中的霉烂。

（二）蒜薹

蒜薹是我国人们喜爱的蔬菜之一。由于蒜薹易失水，贮藏技术难度较大。在我国华北、东北地区，利用冰窖贮藏蒜薹已有较长历史。

1. 贮藏特性

按耐贮性分类，蒜薹可分为急薹、贮薹、红薹 3 种类型。急薹：用于早期上市，一般 4 月 20 日至 5 月 5 日采收，耐贮性很差；贮薹：主要用于贮藏，如苍山蒜薹、阿城蒜薹等，一般 5 月 10 日至 5 月 20 日采收，耐贮性好；红薹：有一定的耐贮性，一般 6 月 1 日至 6 月 20 日采收，薹苞发红，一般可贮藏 90d 左右。贮藏蒜薹选择贮薹。

2. 贮藏工艺

蒜薹贮藏工艺见图 6-6。

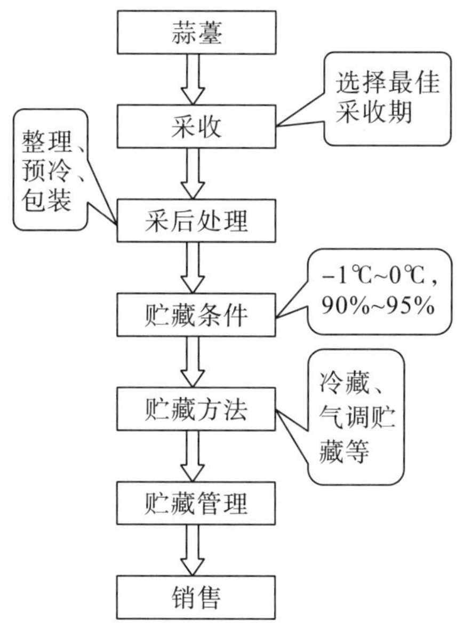

图 6-6　蒜薹贮藏工艺

3. 贮藏条件

蒜薹适宜的贮藏温度为－1℃～0℃，相对湿度为 90%～95%，而冷库相对湿度为90%左右，当湿度达不到时，立即采用冷库内洒水、机械喷雾、挂湿草帘等方法增加湿度。贮藏适宜的气体成分是 O_2 浓度为 2%～5%、CO_2 浓度为 3%～8%。

4. 采收及采后处理

苍山蒜薹采收期为 5d 左右，为保证贮藏质量，应尽量于最佳采收期采收。最佳采收期的形态标准为：薹苞发白、鼓苞，靠近叶鞘部分发黄，整个蒜薹呈大秤钩形。采收后选择粗细均匀，无病虫害及无剥、划割伤痕的蒜薹，注意防日晒雨淋，尽快运入预冷间加工整理，除去杂叶，理顺薹条，然后用塑料绳按 1kg 左右在薹苞下 3～5cm 处扎把，松紧要适度。

5. 主要贮藏方法及管理

（1）冷藏。均衡控制温度、湿度。当贮藏温度达到蒜薹冰点时，保鲜效果最佳。蒜薹的冰点温度为－0.8℃～0℃（因其固形物含量而有微小差异）。根据多年经验，推荐蒜薹库温冷藏指标为－1℃～0℃，在此范围内尽可能降低上限温度，以减小温差，使库温始终处于稳定状态。库房相对湿度控制为 80%～90%，如湿度不够，要进行补湿，措施主要有地面洒水、挂湿帘或撒湿锯末等。同时，湿度高有利于库温稳定。

（2）气调贮藏。

①普通袋指标：O_2 浓度为 1%～3%，CO_2 浓度为 9%～13%，其中 CO_2 是高限指标，O_2 是低限指标。两项指标中只要有一项达标，就应人工开袋调气放风。如果 O_2 浓度居高不下或 CO_2 浓度上升非常慢，则可能是袋子破损或袋子扎口不紧，应尽快查明原因。

②硅窗袋指标：O_2 浓度为 3%～5%，CO_2 浓度为 5%～8%。由于硅窗袋气调成分

往往受到库房内空气状况的限制，因此可以通过增加库房通风换气次数来补充氧气的消耗，这样袋内 O_2 浓度就会有所提高，CO_2 浓度也会有所下降。

6. 贮藏中的主要问题及防治

蒜薹贮藏中发生的病害，可分为生理损伤和病菌侵染两类。前者主要是由贮藏期间气体成分等因素不适所致，后者为微生物侵入引起。蒜薹贮藏中的霉变腐烂多发生在贮藏中后期，这是因为随着贮藏期的延长，蒜薹逐渐衰老，抗病力减弱，灰霉等病菌繁殖生长，发生霉变。若贮藏管理措施不当，会加速衰老进程，产生生理损伤，导致贮藏中后期腐烂霉变加重。控制蒜薹贮藏中后期霉变腐烂，主要措施如下：

（1）做好库房消毒。蒜薹入库前应对库房进行彻底消毒，以清除往年留存的病原菌。

（2）严把入贮质量关，尽量减少带病菌蒜薹入库。蒜薹收购前应对蒜薹产地进行调查，确保高质量的蒜薹入库。

（3）防霉处理。先将库房密闭，按库房容积用药，为 7～9g/m^3，待蒜薹预冷到 −0.8℃时，将烟雾剂均匀放置在库内中间通道上，叠放成堆，并关闭风机；密闭库房 4h 以上，再开启风机，将蒜薹装袋扎口，进入正常管理。

（4）加强贮藏期综合管理，保持最佳贮藏条件，减少各种生理损伤（如二氧化碳中毒），防止蒜薹受外伤，抵抗各种病菌的侵入。

总之，防治蒜薹贮藏中后期的霉变，应着重从清除病原、确保蒜薹入贮质量、保持最佳贮藏条件、防霉保鲜烟剂熏蒸等方面考虑。措施不应是单一的，应以综合防治为主。

思考题

根据所学知识，详细设计一种果品/蔬菜的贮藏技术及方法。

第七章　果蔬加工基础知识

【本章重点】

1. 了解果蔬加工原理及加工手段。
2. 了解水质对果蔬加工品质的影响。
3. 了解添加剂对果蔬加工的作用以及食品添加剂的使用要求。

第一节　概述

果蔬加工是以新鲜的果蔬为原料，根据它们的理化性质，采用不同的加工工艺处理，消灭或抑制果蔬中存在的有害微生物，保持或改进果蔬的食用品质，制成各种不同于新鲜果蔬的制品，这一系列过程称为果蔬加工。其根本任务就是通过各种加工工艺处理，使果蔬达到在一定时间内得以保存、经久不坏、随时取用的目的。

一、果蔬加工的作用

果蔬加工作为一项产业，无论是从社会经济发展层面，还是从加工产品层面，都具有十分重要的意义。

首先，促进经济增长。果蔬产业是我国加入 WTO 后农产品中少数具有竞争优势的重要产业之一。果蔬加工业作为一个新兴产业，在我国农业和农村经济发展中的地位日趋重要，已经成为我国广大农村和农民最重要的经济来源和农村新的经济增长点，成为极具外向型发展潜力的区域性特色、高效农业产业和中国农业的支柱产业。

其次，减少采后损失。以我国果蔬产量和采后损失率为基准，将水果产后减损 15%，就等于增产约 1000 万吨，扩大果园 2000 万亩；蔬菜产后减损 10%，就等于增产 4500 万吨，扩大菜园面积 2000 万亩。若使果蔬采后损失降低 10%，就可获得约 550 亿元的直接效益；而果蔬加工转化能力提高 10%，则可增加直接经济效益 300 亿元。

最后，促进西部发展。我国果蔬生产已经开始形成较合理的区域化分布，经过进一步的产业结构战略性调整，特别是通过加速西部大开发的步伐，我国果蔬产业“西移”已十分明显。紧紧抓住“果蔬产业转移”的机遇，积极推进西部地区果蔬加工业的发展，可较快地提高西部地区的造血功能，为西部大开发做出贡献。

果品、蔬菜是人们日常生活中不可缺少的食品之一，果蔬含有丰富的碳水化合物、有机酸、维生素及无机盐等多种营养成分，因而成为人类生活中重要的营养源。果蔬还以其特有的香气与色泽刺激人们的食欲，促进消化，增强身体健康。但果蔬含有大量的水分，且采收以后仍不断地进行呼吸消耗，更极易感染微生物和遭受昆虫的侵害，从而会造成极大的损失。据报道，由于我国保鲜加工产业较落后，每年有 8000 万吨的果蔬腐烂，损失总价值近千亿元。因此，开展果蔬加工意义巨大，它是果蔬生产的一个重要环节，是保证果蔬丰产、丰收的重要步骤。

果蔬加工的作用具体表现在以下几方面：增加花色品种，更好地满足市场的需要；通过加工，改善果蔬风味，提高果蔬产品质量；可以变一用为多用，变废为宝，做好综合利用，提高经济价值；可以更好地开发我国现有的野生资源，振兴农业；可以安排剩余劳动力，促进社会稳定和繁荣；等等。

二、果蔬加工品分类

根据加工原料、加工工艺、制品风味的不同特点，可将果蔬加工品分为以下几类。

（一）罐制品

将新鲜的果蔬原料经预处理后装入罐内，利用无菌原理，经过排气、密封、杀菌冷却处理，创造罐内相对无菌的环境，制成加工品，称为罐制品。此类食品既能长期保存、便于携带和运输，又方便卫生，是加工品中的主要产品之一。

（二）果蔬汁

果蔬汁是经处理的新鲜果蔬，由压榨或提取所得汁液，经过调制、密封、杀菌而制成的制品。果蔬汁制品与人工配制的果蔬汁饮料在成分和营养功效上截然不同。前者是营养丰富的保健食品，而后者属嗜好性饮料。果蔬汁制品在我国虽然历史较短，但由于其营养丰富、食用方便、种类较多而发展迅速。

（三）糖制品

糖制品主要是利用糖的高渗透压保藏原理制成的。将新鲜的果蔬原料加糖煮浸，使制品内含糖量达到一定浓度，加入（或不加）香料或辅料，制成的加工品称为糖制品。糖制品采用的原料十分广泛，绝大部分果蔬都可以用作糖制的原料，一些残次落果和加工过程中的下脚料，也可以加工成各种糖制品。此类制品有良好的保藏性和贮运性。

（四）干制品

将新鲜的果蔬原料，通过人工或自然干燥的方法，脱出一部分水分，使可溶性物质的浓度提高到微生物难以利用的程度，并始终保持低水分，这样的制品称为果蔬干制品。干制品的特点是体积小，质量轻，携带方便，容易运输和保存。随着干制技术的不断提高，干制品的营养更加接近鲜果和蔬菜。

（五）腌制品

蔬菜腌制是一种成本低廉、风味多样，为大众所喜爱的大量贮藏蔬菜的方法。蔬菜腌制是利用有益微生物活动的生成物以及各种配料来加强成品的保藏性。腌制的原理是利用盐溶液的高渗透压抑制有害微生物的生命活动。

（六）果酒类

果酒是果品通过酒精发酵或利用果汁调配而成的一种含酒精的饮料。果酒可分为蒸馏酒、发酵酒、配制酒。此类制品是利用有益微生物抑制有害微生物的活动，所以酿造酒的关键是控制发酵条件，创造有益微生物生长的有利环境，使有益微生物形成群体优势，从而防止制品的腐败变质。果酒是以果实为主要原料制得的含醇饮料，营养丰富，在色、香、味等方面别具风韵，适量饮用有益身体健康。

（七）果蔬的速冻制品

果蔬的速冻制品是将经过预处理的新鲜果蔬置于冻结器中，于－40℃～－25℃温度条件下，在有强空气循环库内快速冻结而制成的制品。其产品需放在－18℃库内保存直至消费。该制品是在低温（－25℃）条件下，使果蔬内的水分迅速形成细小的冰晶体，然后在低温（－18℃）下贮藏的一类加工品。速冻技术是我国近代食品工业中兴起的一种加工新技术。速冻制品的营养和质量能够最大限度地保存，可与新鲜果蔬相媲美，深受人们的喜爱。

（八）副产品

利用果蔬的下脚料（如残果、落果、果皮、种仁等）经加工制成或提取出来的产品，是对果蔬进行综合利用而生产的果胶、芳香物质、有机酸等副产物。这些副产物的提取，大大提高了果蔬原料的利用率和经济效益，目前已经受到果蔬加工企业的重视。

二、果蔬加工品败坏

果蔬加工品败坏是指改变了果蔬加工品原有的性质和状态，而使质量劣变的现象。造成果蔬加工品败坏的原因主要是果蔬本身所含的酶及周围理化因素引起的物理、化学和生化变化以及微生物活动引起的腐烂。

（一）微生物败坏

有害微生物的生长发育是导致果蔬加工品败坏的主要原因。微生物败坏主要表现为生霉、发酵、酸败、软化、产气、混浊、变色、腐烂等，对果蔬及其制品的危害最大。微生物在自然界无处不在，通过空气、水、加工机械和盛装容器等均能导致微生物的污染，再加上新鲜果蔬含有大量的水分和丰富的营养物质，是微生物良好的培养基，极易滋生微生物。引起果蔬及其制品败坏的微生物主要有细菌、霉菌和酵母菌。加工中，如原料不清洁、清洗不充分、杀菌不完全、卫生条件差、加工用水被污染等都能引起微生物感染。

（二）酶败坏

果蔬在自身酶或微生物分泌酶的作用下引起蛋白质水解、果胶物质分解所导致的产品软烂和酶褐变的发生等，造成食品的变色、变味、变软和营养价值下降。

（三）理化败坏

物理性败坏是指由光线、温度、重力和机械损伤等物理因素引起的果蔬败坏；化学性败坏是指由不适宜的化学变化引起的败坏，如氧化、还原、分解、合成、溶解、晶析等。理化败坏程度较轻，一般无毒，但会造成色、香、味和维生素等的损失，这类败坏与果蔬的化学成分密切相关。

三、不同果蔬加工手段及加工原理

（一）低温原理

将原料或成品在低温下保存，也就是冷藏。低温可以有效抑制微生物的活动，产品内部的各种生化反应速度也很缓慢，能使产品得以较好的保藏。

（二）干制原理

水分是微生物生命活动的重要物质。干制原理就是利用热能或其他能源排除果蔬原料中所含的大量游离水和部分胶体结合水，降低果蔬的水分活度，使微生物由于缺水而无法生长繁殖；果蔬中的酶也由于缺少可利用的水分作为反应介质，活性大大降低，从而使制品得到很好的保存。经干制的产品在贮藏时应注意适当包装和对贮藏环境温湿度的管理，避免吸潮而使制品发生霉变。

（三）高渗透压原理

利用高浓度的食糖溶液或食盐溶液提高制品渗透压和降低水分活性的原理来进行保藏。微生物对高渗透压和低水分活性都有一定的适应范围，超出这个范围就不能生长。食糖和食盐均可提高产品的渗透压。当制品中的糖液浓度达到60％～70％或食盐浓度达到15％～20％时，绝大多数微生物的生长受到抑制，所以常用高浓度的食糖和食盐溶液进行果蔬加工品或半成品的保藏。果脯蜜饯类、果酱类制品和一些果蔬腌制品就是利用此原理得以保藏的。

（四）速冻原理

将原料经一定的处理，利用－30℃以下的低温，在30min或更短的时间内使果蔬原料组织内80％的水迅速冻结成冰，并放在－18℃以下的低温条件下长期保存。低温可以有效地抑制酶和微生物的活动，冻结条件下产品的水活性值也大大降低，可利用的水分少，使制品得以长期保藏。解冻后产品能基本保持原有品质。

（五）发酵原理

发酵原理又称生物化学保藏，是果蔬内所含的糖在微生物的作用下发酵，产生具有一定保藏作用的乳酸、酒精、醋酸等的代谢产物来抑制有害微生物的活动，使制品得到保藏。果蔬加工中的发酵保藏主要有乳酸发酵、酒精发酵、醋酸发酵，发酵产物乳酸、酒精、醋酸等对有害微生物的毒害作用十分显著。果酒、果醋、酸菜及泡菜等是利用发酵原理进行保藏的。

（六）真空和密封原理

在果蔬加工及其制品的保藏中，真空处理不仅可以防止氧化引起的品质劣变，不利于微生物的繁殖，而且可以缩短加工时间，能在较低的温度下完成加工过程，使制品的品质进一步提高。

密封是保证加工品与外界空气隔绝的一种必要措施，只有密封才能保证一定的真空度。无论是何种加工品，只要在无菌条件下密封保持一定的真空度，避免与外界的水分、氧气和微生物接触，则可长期保藏。

（七）无菌原理

无菌原理是通过热处理、微波、辐射、过滤等工艺手段，使制品中腐败菌数量减少或消灭到能使制品长期保存所允许的最低限度，杀灭所有致病微生物，并通过抽空、密封等处理防止再污染，从而保证制品的安全性。果蔬罐制品就是典型的利用无菌原理进行保藏的。

（八）化学防腐原理

化学防腐原理是果蔬加工中利用化学防腐剂使制品得以保藏。化学防腐剂是一些能杀死或抑制食品中有害微生物生长繁殖的化学药剂，主要用在半成品保藏上。化学防腐剂必须是低毒、高效、经济、无异味，不影响人体健康，不破坏食品营养成分。

四、果蔬加工发展趋势

近年来，果蔬加工呈现出以下几种新趋势。

（一）果蔬成分提取品加工成功能食品

随着研究的深入，许多果蔬都被发现含有生理活性物质。蓝莓被称为果蔬中的“第一号抗氧化剂”，其氧化效果极强，具有防止功能失调的作用。更有学者进一步发现，蓝莓提取物具有逆转功能失调作用，不仅能改善短期记忆，还可提高老年人的平衡性和协调性。在欧洲，蓝莓长期被认为具有改善视力的作用，主要是由于蓝莓中含有的花青素成分。此外，红葡萄含有白藜芦醇，能够防止低密度脂蛋白的氧化，抑制胆固醇在血管壁的沉积，防止动脉中血小板的凝聚，有利于防止血栓的形成，并具有抗癌作用；坚果含有类黄酮，能抑制血小板的凝聚、抑菌、抗肿瘤；柑橘含有类黄酮、类胡萝卜素等，能抑制血栓形成、抑菌、抑制肿瘤细胞生长；南瓜含有环丙基结构的降糖因子，对治疗糖尿病具有明显的作用；西红柿含有番茄红素，具有抗氧化作用，能防止前列腺癌、消化道癌以及肺癌的产生。

许多果蔬均含具功能作用的生理活性成分，研究人员正通过各种方法从果蔬中分离、提取、浓缩这些功能成分，再将其添加到各种食品中或加工成功能食品。

（二）最少量加工

传统加工食品因经过剧烈的热加工，失去了原料的新鲜，营养成分也被破坏，产品的风味发生变化，已逐渐被消费者冷落。因此，在食品工业中便出现了最少量加工（简称“MP”概念）。果蔬的 MP 加工与传统的果蔬加工技术如罐装、速冻、干制、腌制等不同，加工方式介于果蔬贮藏与加工之间，不会对果蔬产品进行剧烈的热加工处理。果蔬原料经过适当的预处理包括去皮、切割、修整等，处理后的果蔬仍为活体，能进行呼吸作用，具有新鲜、方便、可 100%食用的特点。近年来，MP 果蔬在美国、日本、欧洲等地得到很大的发展。目前工业化生产的 MP 果蔬品种有生菜、圆白菜、韭菜、芹菜、土豆、苹果、梨、桃、草毒、菠萝等，其仍处于起步阶段，但前景广阔。

MP 蔬菜在国内被称为“切割蔬菜”，但由于加工工艺和卫生条件不完善，加工后的蔬菜无法达到要求，买回后必须再经过清洗才能食用。果蔬经过 MP 加工后，组织结构受到伤害，原有的保护系统被破坏，容易导致褐变、失水、组织结构软化、微生物繁殖等问题，因此在加工时必须采取一些措施，如冷藏，一方面抑制果蔬本身的呼吸活动，减少损耗，另一方面通过抑制微生物的繁殖，减少腐败；气调包装（MAP），创造一个低 O_2 和高 CO_2 的环境，抑制果蔬的呼吸和好氧性微生物的生长；食品添加剂处理，使用维生素 C、酸、螯合剂等防止果蔬的褐变；涂层处理，在 MP 果蔬表面形成一层保护膜，使果蔬不受外界氧气、水分及微生物的影响，提高产品的稳定性，也可改善产品的外观。

（三）果蔬汁加工业呈现新的发展

果蔬汁有“液体果蔬”之称，较好地保留了果蔬原料中的营养成分。随着人们对健康的关注、消费意识的转变，饮料的消费已逐渐由嗜好性饮料向营养性饮料转变，果蔬汁饮料满足了这一要求，其市场正在逐渐扩大。目前市场上的果汁主要有橙汁、苹果汁、菠萝汁、葡萄汁等，蔬菜汁主要有西红柿汁、胡萝卜汁、南瓜汁以及一些果蔬复合汁。近年来，我国的果蔬汁加工业有了较大的发展，大量引进国外先进果蔬汁加工生产线、利乐包生产线、康美合生产线、三片罐生产线、爱卡包生产线等，采用一些先进的加工技术如高温短时杀菌技术、无菌包装技术、膜分离技术等，将我国的果蔬汁加工生产水平提高了一个层次。随着果蔬汁加工业的进一步发展，目前正呈现新的产品趋势：

（1）浓缩果汁。体积小、重量轻，可以减少贮藏、包装及运输的费用，有利于国际贸易。

（2）NFC 果蔬汁。并非用浓缩果蔬汁加水还原得出，而是把果蔬原料取汁后直接进行杀菌，包装为成品，省掉了浓缩和浓缩汁调配后的杀菌过程。

（3）复合果蔬汁。利用各种果蔬原料的特点，从营养、颜色和风味等方面进行综合调制，创造出更理想的果蔬汁产品。

（4）果肉饮料。较好地保留了水果中的膳食纤维，原料利用率较高。

（5）未来市场的新型果汁饮料。果蔬汁饮料在经济发达国家发展较快，在国外市场流行品种较为繁多，市场上常见的是菠萝果汁及蔬菜汁（由番茄汁、胡萝卜汁、芹菜汁、甜菜汁、生菜汁、菠菜汁等组成，配以食盐、香料和柠檬酸等）。在美国市场，混合 2 种以上不同果汁的饮料称为“宾治”，属新时代饮品。

花卉型饮料目前正走俏欧洲，这种饮料不含刺激性物质，不仅颜色赏心悦目，其香味也令人陶醉，而且具有滋润皮肤、美容养颜、提神醒目之功效，特别受到女性消费者的青睐，现在市场上流行的有玫瑰花、向日葵花、菩提花饮料，其植株在生产过程中不用化肥，也不喷洒化学农药，无任何污染，花盛开时，采用人工细摘，然后通过高科技急速脱水，从而确保花型完整和本色原味，这种花卉饮料可用开水冲泡，也可掺入其他果汁饮用。富碘果汁饮料是以海洋生物——海藻类（如海带）提取液与果汁采用科学方法复合而成的天然绿色食品，由于海藻中含有海藻多糖、甘露醇及人体必需的各种氨基酸、微量元素和多种维生素，因此该饮料不仅具有补碘作用，而且对降血脂、软化血管和改善肝脏、心脏和其他主要器官的功能效果都十分明显。

（四）果蔬粉的加工

一般新鲜果蔬水分含量较高，为 90%以上，容易腐烂，贮藏和运输都不方便。但是将新鲜果蔬加工成果蔬粉，其水分含量低于 6%，不仅能充分地利用原料，而且干燥脱水后的产品水分低，容易贮藏，大大地降低了贮藏、运输、包装等方面的费用。此外，果蔬粉加工对原料的要求不高。更为重要的是，它拓宽了果蔬原料的应用范围。

果蔬粉能应用到食品加工的各个领域，有助于提高产品的营养成分、改善产品的色泽和风味，以及丰富产品的品种等，主要可用于：面食制品，如将胡萝卜粉添加到面条中加工成胡萝卜面条；膨化食品，如将番茄粉作为膨化食品的调味料；肉制品，如在火腿肠内添加蔬菜粉；乳制品，如将各种果蔬粉添加到奶品中；糖果制品，在糖果的加工过程中加入苹果粉、草莓粉；焙烤制品，如在饼干加工中添加葱粉、番茄粉等。

果蔬粉的生产，一般是将果蔬原料先干燥脱水，然后进一步粉碎。果蔬的干燥方法主要有热风干燥和真空冷冻干燥，后者由于在冷冻和真空状态下干燥，果蔬的营养成分、色泽和风味大大地保存了下来。

果蔬粉也可通过打浆、均质后再进行喷雾干燥制成，但这种工艺的原料利用率较低、成本高，生产中较少使用。现有的果蔬粉品种很少，主要有南瓜粉、番茄粉、蒜粉、葱粉等，但是这些粉末颗粒太大，使用不方便，而且制粉时物料的温度过高，破坏了产品的营养成分、色泽和风味，甚至产生焦煳味。

目前，果蔬粉的加工正朝着超微粉碎的方向发展。果蔬干制再经过超微粉碎后，颗粒大小可以达到微米级，由于颗粒的超微细化，具有表面积和小尺寸效应，其物理化学性质将发生巨大变化，显著的优点是：果蔬粉的分散性、水溶性、吸附性、亲和性等物理性质得到提高，使用时更方便；营养成分更容易消化、吸收，口感更高。

（五）果蔬脆片的加工

果蔬脆片是以新鲜、优质的纯天然果蔬为原料，以食用植物油作为热的媒介，在低温真空条件下加热，使之脱水而成。其母体技术是真空干燥技术。作为一种新型果蔬风味食品，由于保持了原果蔬的色香味而具有松脆的口感，低热量，高纤维，富含维生素和多种矿物质，不含防腐剂，携带方便，保存期长，在各国十分受宠，其前景广阔。

（六）国际果蔬加工无废弃开发

在果蔬加工过程中，往往有大量废弃物产生，如风落果、不合格果以及大量的果皮、果核、种子、叶、茎、花、根等下脚料，其果实也蕴含了宝贵的财富。早在 1987 年 9 月，美国政府就投入 1500 万美元完成了苹果综合利用体系；利用核果类的种仁中含有的苦杏仁生产杏仁香精；利用姜汁的加工副料提取生姜蛋白酶，用于凝乳；从番茄皮渣中提取番茄红素，治疗前列腺疾病。日本将芦笋烘干后研磨成细粉，作为食品填充剂加在饼干中，增加酥脆性和营养性，加在奶糖中增加风味及营养；将胡萝卜渣加工后制成橙红色的蔬菜纸，用于食品包装，或直接食用。在新西兰，猕猴桃皮用来提取蛋白分解酶，可以防止啤酒冷却时形成的浑浊，还可作为肉质嫩化剂，在医药方面常用于消化剂和酶制剂。

无废弃开发已成为国际果蔬加工业新的热点，但我国目前粮食、果蔬加工后的下脚料却多被废弃。以花生为例，我国年产花生 1500 万吨，产量和出口量均为世界第一位，但花生的深加工还不够。有关专家说，花生食品加工技术粗浅，花生榨油后的豆粕，其蛋白质含量高达 50%，由于提取工艺不过关，这些豆粕只能用作动物饲料或肥料，浪费严重。因此，研究下脚料的深加工技术应是今后我国食品加工行业的一门重要课程。

第二节　果蔬加工对原料的选择及处理

一、果蔬加工对原料的选择

果蔬加工原料质量的好坏是决定制成品质量的重要因素。各种加工品对原料的品质都有相应的要求，只有选择适宜的原料，才能加工出优良的制品。

不同制品对原料的选择和要求见表 7-1。

表 7-1　不同制品对原料的选择和要求

加工制品种类	加工原料特性	果蔬原料种类
干制品	干物质含量较高、水分含量较低、可食部分多、粗纤维少、风味及色泽好的种类和品种	枣、柿子、山楂、龙眼、杏、胡萝卜、马铃薯、辣椒、南瓜、洋葱、姜及大部分食用菌等
罐制品 糖制品 速冻制品	肉厚、可食部分多、成熟度适宜、耐煮性好、质地紧密、糖酸比适当、色香味好的种类和品种	一般大多数的果蔬均可进行此类加工制品的加工
果酱类	含有丰富的果胶物质、较高的有机酸含量、风味浓、香气足的果蔬或加工品的下脚料	水果中的山楂、杏、草莓、苹果等，蔬菜类的番茄等
果蔬汁 果酒类	汁液丰富、取汁容易、可溶性固形物含量高、酸度适宜、风味芳香独特、色泽良好及果胶含量少的种类和品种	葡萄、柑橘、苹果、梨、菠萝、番茄、黄瓜、芹菜、大蒜、胡萝卜及山楂等
腌制品	一般应以水分含量低、干物质较多、内质厚、风味独特、粗纤维少为好	对原料的要求不太严格，优良的腌制原料有芥菜类、根菜类、白菜类、榨菜、黄瓜、茄子、蒜、姜等

原料应从几个方面选择：第一，要选适宜的种类和品种，同一种原料，因品种（或种系）不同，加工效果有差异，即便是同一种类同一品种，由于产地不同，加工出产品的质量也不同，如加工梨脯，就要选用含水少、石细胞少的洋梨系统中的品种。同一品种，产地区域不同，品质也不一样，如枣，南方原料比北方好，制出的蜜枣较北方酥松。做果酒、果汁，应选汁多、含糖量高、甜酸适度、果胶少、便于榨汁的果实，像葡萄、草莓等；做果酱、果冻，应选果胶多、含有机酸丰富的果实，像山楂、桃等。第二，要选成熟度恰当、新鲜完整、营养成分保存多的果蔬作原料。不同的加工品，选择原料的成熟度也不同，如加工果脯、蜜饯，要求果实生产成熟度为 75%～85%（即果实坚熟期），要以肉质丰富、组织紧密、含单宁量较少、色泽鲜明为好；干制果品要求原料充分成熟，干制后形态饱满，颜色美观，风味上佳，否则味酸色淡，缺乏应有风味。果菜类罐藏一般要求坚熟期采收，此时果实已充分发育，有适当的风味和色泽，肉质紧密而不软，杀菌后不变形；但叶菜类与大部分果实不同，一般要求在生长期采收，此时粗纤维较少，品质好。如苹果罐头选用新鲜、七八成熟的苹果最好。总之，不同的加工制品，具体的要求不同。

二、果蔬加工对原料的处理

（一）原料成熟度、新鲜度与加工

加工原料越新鲜，加工的品质越好，损耗率也越低。

（1）果蔬要求从采收到加工的时间尽量短，如果必须放置或进行远途运输，则应采用一系列的保藏措施。

（2）蘑菇、芦笋要在采后 2～6h 内加工，青刀豆、蒜薹采后加工不得超过 1～2d。

大蒜、生姜采后3～5d，甜玉米采后30h，就会迅速老化，含糖量下降近一半，淀粉含量增加，水分也大大下降，影响加工品的质量。

（3）水果如桃采后若不迅速加工，果肉会迅速变软，因此要求在采后1d内进行加工；葡萄、杏、草莓及樱桃等必须在12h内进行加工；柑橘、梨、苹果应在3～7d内进行加工。

（二）原料的分级

分级是按照加工要求的不同，将原料分成不同的等级，以保持原料的大小、形状、颜色、重量、成熟度等的一致性。大多数果蔬加工品需要分级，特别是需要保持果蔬原来形态的罐制品原料。分级的方法有人工分级和机械分级两种。机械分级效果好，效率高。常用的分级机有振动分级机、条带分级机、转筒分级机、重量分级机等。

（三）原料的洗涤

洗涤的目的是除去果蔬原料表面的泥土、灰尘和大量的微生物及部分残留的化学农药，保证产品清洁卫生。

洗涤用水，除制果脯和腌渍类原料可用硬水外，任何加工原料最好使用软水。水温一般是常温，有时为了增加洗涤效果，可用热水，但不适于柔软多汁、成熟度高的原料。洗前用水浸泡，污物更易洗去，必要时可以用热水浸渍。对于果蔬上残留的农药和微生物，可用0.5％～1％的盐酸溶液或0.1％的高锰酸钾溶液或600mg/L的漂白粉水溶液等浸泡消毒，然后用清水冲洗干净。洗涤的方法有手工清洗和机械清洗。手工清洗方法简单，但劳动强度大，清洗效率低。机械清洗即借助机械的力量来击动水流搅动果蔬进行洗涤，主要有浆果洗涤机、转筒洗涤机、振动喷洗机、刷洗机。

（四）去皮

去皮的目的主要是除去果蔬不可食部分，除去酸、涩等不良气味，提高加工品的质量。去皮原则上要去干净，不应去得过厚，也不应去得过薄，同时要去掉霉烂、机械损伤的部位。去皮的方法很多，应针对不同的果蔬、不同的加工品，选用不同的方法。

（1）手工去皮。手工去皮一般采用去皮刀，方法简单，去皮彻底，但劳动强度大，效率低。

（2）机械去皮。机械去皮机有两种：一是摩擦去皮机，二是旋皮机。摩擦去皮机通常适用的原料皮薄、质地硬；旋皮机由机架、转动轴杆、弯月形刀等部件组成，操作时将果蔬插在转动轴杆上，果蔬随轴转动，刀刃紧贴果蔬表皮，转动轴杆时即将果皮旋去。另外还有一些果蔬专用去皮机，如菠萝去皮通心机。

（3）化学去皮。化学去皮是利用一定浓度的氢氧化钠或氢氧化钾碱性溶液处理果蔬，使果肉与果皮之间的果胶层失去凝胶作用，达到去皮的目的。去皮时碱液的浓度、温度、处理时间等对于不同的果蔬是不同的。浓度、温度过高，处理时间过长，会使果皮软烂，增加损耗；浓度与温度过低，处理时间短，则达不到去皮的目的。将果蔬原料浸泡在一定浓度和温度的碱液中处理一定时间后，取出用清水冲洗掉皮屑和碱液，有时可用酸（0.1%～0.2%盐酸或0.25%～0.5%的柠檬酸水溶液浸泡）来中和残碱。在实际应用中，每种原料所需的浓度、温度及处理时间都应事先通过实验确定。几种果蔬碱液去皮的条件见表7－2。

表7－2　几种果蔬碱液去皮的条件

种类	氢氧化钠浓度/%	液温/℃	时间/s
桃	2.6～6.0	90以上	30～60
李	2.6～8.0	90以上	60～120
杏	2.6～6.0	90以上	30～60
胡萝卜	4	90以上	65～120
马铃薯	10～11	90以上	120左右

（4）热力去皮。热力去皮是利用沸水、蒸汽或热空气使果蔬受热，在短时间高温作用下，表皮迅速变热，膨胀破裂，表皮与果肉之间的果皮发生水解或变性，失去凝胶能力，表皮脱离，达到去皮的目的。将原料放入沸水中，加热的时间根据果蔬的种类、品种、成熟度等确定，加热后即用手剥去表皮或用高压水冲洗去皮。热力去皮的热源主要有蒸汽与热水。蒸汽去皮时一般采用近100℃的蒸汽，这样可以在短时间内使外皮松软，以便分离。用热水去皮时，少量的可用锅内加热的方法；大量生产时，采用带有传送装置的蒸汽加热沸水槽进行。

（5）酶法去皮。柑橘的囊瓣，在果胶酶（主要是果胶酯酶）的作用下，可使果胶水解，脱去囊衣。如将橘瓣放在1.5%的703果胶酶溶液中，在温度为34℃～45℃、pH＝1.5～2.0的条件下处理3～5min，可达到去囊衣的目的。酶法去皮条件温和，产品质量好。其关键是要掌握酶的浓度及酶的最佳作用条件，如温度、时间、酸碱度等。

（6）冷冻去皮。将果蔬与冷冻装置表面接触片刻，其外皮冻结于冷冻装置上，当果蔬离开时，外皮即被剥离。冷冻装置温度为－28℃～3℃。这种方法可用于桃、杏、番茄等的去皮。此方法去皮损失率为5%～8%，质量好，但费用高。

（7）真空去皮。将成熟的果蔬先行加热，其升温后果皮与果肉易分离，接着进入有一定真空度的真空室内，适当处理，使果皮下的液体迅速"沸腾"，皮与肉分离，然后破除真空，冲洗或搅动去皮。此法适用于成熟的果蔬，如桃、番茄等。

（8）表面活性剂去皮。此法用于柑橘去囊衣取得明显的效果。用0.05%的蔗糖脂肪酸酯、0.4%的三聚磷酸钠、0.4%的氢氧化钠混合液在50℃～55℃下处理柑橘瓣2s，即可冲洗去皮。此法通过降低果蔬表皮的表面张力，再经润湿、渗透、乳化、分散等作用使碱液在低浓度下迅速发生反应，达到较好的去皮效果。此法较化学去皮法更优。

综上所述，去皮的方法很多，且各有其优缺点，生产中应根据实际条件、果蔬的状况进行选择。而且，许多方法可以结合在一起使用，如碱液去皮时，为了缩短浸泡或淋碱时间，可将原料预先进行处理，再进行碱处理。

（五）原料的切分、去核（心）、修整

对于体积较大的果蔬原料，在罐藏，干制，加工果脯、蜜饯及蔬菜腌制时，为了保

持一定形状，需要进行适当切分。切分的形状根据产品的标准和性质而定，可切分成块、条、丝、片、丁等形态。核果类加工前需去核，仁果类则需去皮。枣、金橘、梅等加工蜜饯时需划缝、刺孔。罐藏加工时，为了保持良好的形状外观，需对果块在装罐前进行修整，例如，除去果蔬碱液未去净的皮，除去残留于芽眼或梗洼中的皮，除去部分黑色斑点和其他病变组织。上述工序在小量生产或设备较差时一般手工完成，常借助于专用的工具，如山楂、枣的通核器；匙形的去核心器；金橘、梅的刺孔器等。规模生产常有多种专用机械，主要有劈桃机、多功能切片机和专用的切片机。

（六）原料的破碎与提汁

制汁是果蔬汁及果酒生产的关键环节。目前绝大多数果蔬采用压榨法制汁，而对一些难以用压榨法制汁的果实如山楂等，可采用加水浸提的方法来提取果汁。一般榨汁前还需要破碎工序。

1. 破碎和打浆

榨汁前先行破碎可以提高出汁率，特别是皮、肉致密的果实更需要破碎，但破碎粒度要适当，要有利于压榨过程中果浆内部产生果蔬汁排出。否则，破碎过度易造成压榨时外层果汁很快榨出，形成一层厚皮，使内层果汁流出困难，反而会造成出汁率下降、榨汁时间延长、混浊物含量增大、使下一工序澄清作业负荷加大等。不同的原料种类，不同的榨汁方法，要求的破碎粒度是不同的，一般要求果浆的粒度为 3～9mm，可通过调节破碎工作部件的间隙来控制。葡萄只要压破果皮即可，橘子、番茄则可用打浆机破碎。加工带肉的果蔬汁，原料广泛采用打浆机来操作，但应注意果皮和种子不要被磨碎。破碎时，可加入适量的维生素 C 等抗氧化剂，以改善果蔬汁的色泽和营养价值。

2. 提汁前预处理

果蔬原料经破碎成为果浆，这时果蔬组织被破坏，各种酶从破碎的细胞组织中逸出，活性大大增强。同时，果蔬表面积急剧扩大，大量吸收氧，致使果浆产生各种氧化反应。此外，果浆又为来自原料、空气、设备的微生物生长繁殖提供了良好的营养条件，极易使其腐败变质。因此，必须对果浆及时采取措施，钝化果蔬原料自身含有的酶，抑制微生物繁殖，以保证果蔬汁的质量，同时提高果浆的出汁率。通常采用热处理和酶法处理工艺。一般热处理的条件是温度为 60℃～70℃、时间为 15～30min。采用热交换器处理时，应尽可能地迅速加热，并使果浆做紊流运动，以免局部过热。酶处理采用的是果胶酶，添加果胶酶时应使酶与果浆混合均匀，并控制添加酶量、作用温度和时间。若用量不足或时间短，果胶物质分解不完全；反之，分解过度，影响产品质量。

3. 榨汁和浸提

目前绝大多数果蔬汁生产企业都采用压榨法提汁工艺。果实的出汁率除了取决于果实的种类和品种、质地、成熟度和新鲜度外，还取决于榨汁方法和榨汁效能。在榨汁过程中，为了改善果浆的组织结构，提高出汁率，缩短榨汁时间，往往使用一些榨汁助剂，如稻糠、硅藻土、珠光岩、人造纤维和木纤维等。榨汁助剂的添加量取决于榨汁设备的工作方式、榨汁助剂的种类和性质以及果实的组织结构等。使用榨汁助剂时，必须将其均匀地分布于果浆中。

浸提是把果蔬细胞内的汁液转移到液态浸提介质中的过程。浸提工艺的应用越来越受到人们的重视。在我国，对一些汁液含量较少，难以用压榨法提汁的水果原料，如山楂、梅、酸枣等，采用浸提工艺，但浸提温度高、时间长、果汁质量差。国外常用低温浸提，温度为40℃～60℃，时间为60min左右，浸提汁色泽明亮，易于进行澄清处理，氧化程度小，微生物含量低，芳香成分含量高，适于生产各种果蔬汁饮料，是一种可行的、有前途的加工工艺。

（七）烫漂

烫漂是在适当的温度和时间条件下热烫新鲜果蔬的处理。

1. 烫漂的目的

烫漂的目的：①抑制或破坏氧化酶系统，防止原料变色；②改变组织结构透性，软化组织，便于操作；③排除原料组织内气体，稳定和改进产品色泽，使其更加鲜艳、透亮；④去除原料中的苦味、涩味、辛辣味等不良气味；⑤杀死附着于原料和产品表面的微生物与虫卵。

2. 烫漂的方法

烫漂有热水烫漂和蒸汽烫漂两种。热水烫漂是将原料放入热水中，浸泡一定时间后捞出，原料与热水接触充分。蒸汽烫漂是原料由循环输送带送入蒸汽烫漂机内，在其间停留一定时间，达到烫漂的目的，原料与热接触不充分。

烫漂可使维生素C损失大。果蔬烫漂的程度应根据果蔬的种类、块形、大小、工艺要求等条件而定。烫漂后的果蔬要及时浸入冷水中，防止过度受热，组织变软。要尽量缩短加热时间，同时配合迅速冷却。

（八）工序间的护色

果蔬去皮和切分之后，与空气接触会迅速变成褐色，从而影响外观，也破坏了产品的风味和营养品质，这种现象称为褐变现象。

1. 褐变的类型

褐变的类型主要包括酶促褐变、非酶褐变、色素物质变色和金属变色等。

（1）酶促褐变。果蔬中的酚类物质在氧气存在的条件下被酶氧化成醌类物质，使加工品发生褐变的现象叫作酶促褐变。酚类物质很快氧化成醌类物质，醌类物质又形成羟醌，再聚合成黑色素，从而使制品发生褐变。

（2）非酶褐变。在没有酶参与的条件下制品发生的褐变现象叫作非酶褐变。主要有美拉德反应、焦糖化反应和抗坏血酸褐变等形式。

①美拉德反应（也称羰氨反应）：指羰基化合物与氨基化合物所发生的反应。

②焦糖化反应：指糖类物质在没有氨基存在的情况下，加热到其熔点以上而使制品褐变的现象。

③抗坏血酸褐变：指在酸性条件（pH＝2.0～3.5）下，维生素C发生氧化使制品

颜色变成褐色的现象。

（3）色素物质变色。主要是指叶绿素在酸性条件下，产生脱镁叶绿素，使制品失去鲜绿色的现象。

（4）金属变色。主要是一些金属离子如铁、铜等引起的变色。

2. 护色的方法

（1）食盐护色。将去皮或切分的果蔬浸于一定浓度的食盐溶液中可护色。

（2）烫漂护色。烫漂可钝化活性酶，防止褐变，稳定或改进色泽，如前所述。

（3）酸溶液护色。酸溶液既可降低 pH、降低多酚氧化酶活性，又由于氧气的溶解度较小而兼有抗氧化作用。而且大部分有机酸还是果蔬的天然成分，所以优点甚多，常用的有机酸有柠檬酸、苹果酸或抗坏血酸，但后两者费用较高，故除一些名贵的果品或速冻时加入二者外，生产上一般都采用柠檬酸，浓度为 0.5%～1%。

（4）硫处理。二氧化硫或亚硫酸处理是果蔬加工品加工中的一项重要的原料预处理方式。其作用不仅是护色，在加工中还常常被用来作半成品的保藏。

（5）抽空护色。某些果蔬如苹果、番茄等，组织较疏松，含空气较多，对加工特别是罐藏不利，易引起氧化变色，需进行抽空处理。所谓抽空，是将原料置于糖水或无机盐水等介质里，在真空状态下，使内部的空气释放出来。果蔬的抽空装置主要由真空泵、气液分离器、抽空罐等组成。

（九）半成品贮藏

果蔬加工大多以新鲜果蔬为原料，由于同类果蔬的成熟期短、产量集中，一时加工不完，为了延长加工期限，满足周年生产，生产上除了采用果蔬贮藏方法对原料进行短期贮藏外，常需要对原料进行一定程度的加工处理，以半成品的形式保藏起来，以待后续加工制成成品。半成品的贮藏方法有盐腌、硫处理、化学防腐、冷冻、干制等。

1. 盐腌

盐腌适于干果、蜜饯类原料半成品，如橘饼、杨梅干、青梅蜜饯和凉果进行贮藏时，均采用高浓度的食盐贮藏半成品原料，在加工成品时，再进行脱盐处理。盐腌法又分为干腌法和湿腌法两种。干腌法，适于成熟度高、含水分多、易于渗透的原料，一般用盐量为原料的 14%～15%。腌制时，宜分批拌盐，拌匀后，分层入池，铺平压紧，下层用盐较少，由下而上逐层加多，表面用盐覆盖，隔绝空气，这样才能保存不坏。另外，还可盐淹一段时间后，取出晒干或烘干做成干胚保存。湿腌法，适于成熟度低、水分少、不易渗透的原料，一般配制 10%的食盐溶液将果蔬淹没，便能保存。

2. 硫处理

新鲜的果蔬用二氧化硫或亚硫酸处理是保存加工原料的另一种有效而简便的方法。经硫处理的果蔬，除不适宜做整形罐头外，其他加工品类都可以用，且脱硫方便。

3. 化学防腐

在原料半成品的保存中，应用防腐剂或再配以其他措施来防止原料分解变质，抑制有害微生物的繁殖生长，也是一种广泛应用的方法。一般该方法适合于制果酱、果汁半成品原料的保存。防腐剂多用苯甲酸钠或山梨酸钾，其保存效果取决于添加量、果蔬汁的pH、果蔬汁中微生物种类与数量、贮藏时间、贮藏温度等。贮藏温度以0℃～4℃为好，添加量按国家标准执行。目前，许多发达国家已禁止使用化学防腐剂来保存果蔬半成品。

4. 无菌大罐贮藏

所谓无菌大罐贮藏，是将经巴氏杀菌的浆状果蔬半成品在无菌条件下灌入预先杀菌的密闭大金属容器中，保持一定的气体内压，以防止产品内的微生物发酵变质，从而保藏产品的一种方法。该方法是一种先进的贮藏工艺，可以明显减少因热贮藏造成的产品质量变化，使风味优良，对于绝大多数加工工厂的周年供应具有重要意义。虽然设备投资较高，操作工艺严格，操作技术性强，但由于消费者对加工产品质量要求越来越高，半成品的无菌大罐贮藏工艺的应用将会越来越广泛。我国对大容器无菌贮藏设备进行了研制，并已对番茄酱半成品的贮藏取得了成功。通过不断地完善和经验积累，这一方法很快会得到推广应用。

5. 冷冻

有制冷条件的可采用冷冻方法，例如，果蔬榨成汁后可在－4℃～－2℃的条件下贮藏，但费用较高。

6. 干制

采用干制法贮藏半成品，安全，无毒，贮期长，体积减小，贮藏方便。干制可分为人工干制、风干、晾干、晒干等。在加工时，对产品用清水浸泡，可使其恢复新鲜品质。

第三节　果蔬加工对水质的要求及处理

水是果蔬加工的重要原料之一，水质的好坏，直接影响加工品的质量。因此，对果蔬加工用水一定要进行严格处理。

一、水质与加工品质量的关系

果蔬加工用水，一部分用于洗涤原料、容器，煮制，冷却，浸漂及调制糖盐溶液；一部分用作清洗加工用具、设备、厂房及个人卫生；再一部分是锅炉用水。凡是与果蔬直接接触的用水，应符合饮用水标准：完全透明，无悬浮物，无异臭味，无致病菌、耐热性微生物及寄生虫卵，不含对人体有害、有毒的物质。此外，水中不应含有硫化氢、氨、硝酸盐和亚硝酸盐，也不应有过多的铁、锰等盐的存在，否则会引起加工品的变色，影响外观。

水的硬度也会影响加工品的质量。在果蔬加工中，水的硬度过大，水中的钙、镁离子和果蔬中的有机酸结合形成有机酸盐沉淀，引起制品的浑浊，影响外观。因此，除制作蜜饯制品时要求较大硬度的水质外，其他加工品一般要求中等硬度水或较软水，一般用水硬度在2.8～5.7mmol/L(8°dH～16°dH)。

水中的其他离子及pH也会影响加工品质量及加工工艺条件。如果水中含有较多的铜离子，会加速果蔬中维生素C的损失；如水中含有较多的铁离子，会给加工品带来不愉快的铁锈味，铁还能与单宁物质反应生成蓝绿色，会使蛋白质变黑；如水中含硫过多，会与果蔬中蛋白质结合产生硫化氢，发出臭鸡蛋气味，还会腐蚀金属容器，生成黑色沉淀。

水的pH一般为6.5～8.5。pH过低，说明水质污染严重，不符合卫生要求，必须进行净化处理后方可使用，否则即使提高杀菌温度和增加杀菌时间，也很难保证卫生质量。

二、果蔬加工用水标准

果蔬加工用水必须符合国家饮用水标准。一般来源于地下深井或自来水厂的，可直接作加工用水；来源于江河、湖泊、水库的水，必须经过澄清、消毒、软化等处理后，才能作加工用水。处理的具体标准，应参照GB 5749—2006《生活饮用水卫生标准》。

第四节　果蔬加工对食品添加剂的要求

食品添加剂指为改善食品的色、香、味和食品品质，以及防腐和加工工艺的需要而加入食品中的化学物质或天然物质。食品添加剂的使用，必须在国家规定的范围内，不能破坏加工品的营养和化学结构，也不能掩盖加工品本身的变质。

一、食品添加剂的种类

食品添加剂的种类很多，按照其来源的不同可分为天然食品添加剂和化学合成食品添加剂两大类，目前使用的多属化学合成食品添加剂，化学合成食品添加剂是通过化学手段使元素或化合物发生包括氧化、还原、缩合、聚合、成盐等合成反应所得到的物质。天然食品添加剂是利用动植物或微生物的代谢产物等为原料，经提取所得的天然物质。要尽量提倡使用天然食品添加剂。

按照食品添加剂的作用不同可分为以下几种。

1. 调味剂

调味剂（flavor agent）是指改善食品的感官性质，使食品更加美味可口，并能促进消化液的分泌和增进食欲的食品添加剂。食品中加入一定的调味剂，不仅可以改善食品的感官性，使食品更加可口，而且有些调味剂还具有一定的营养价值。调味剂的种类很多，主要包括咸味剂（主要是食盐）、甜味剂（主要是糖、糖精等）、鲜味剂、酸味剂及辛香剂等。

2. 防腐剂

防腐剂是指天然或合成的化学成分，用于加入食品、药品、颜料、生物标本等，以延迟微生物生长或化学变化引起的腐败。绝大多数饮料和包装食品想要长期保存，往往都要添加食品防腐剂。防腐剂是用以保持食品原有品质和营养价值的食品添加剂，它能抑制微生物活动、防止食品腐败变质，从而延长保质期。规定使用的防腐剂有苯甲酸、苯甲酸钠、山梨酸、山梨酸钾、丙酸钙等25种。

3. 膨松剂

膨松剂指食品加工中添加于生产焙烤食品的主要原料小麦粉中，并在加工过程中受热分解，产生气体，使面胚起发，形成致密多孔组织，从而使制品膨松、柔软或酥脆的一类物质。它包括碱性膨松剂和复合膨松剂两类。碱性膨松剂主要是碳酸氢钠产生二氧化碳，使面胚起发。复合膨松剂的配方很多，且依具体食品生产需要而有所不同，通常按所用酸性物质的不同可有产气快慢之别。例如，其所用酸性物质为有机酸、磷酸氢钙等，产气反应较快；而使用硫酸铝钾、硫酸铝铵等，则反应较慢，通常需要在高温时发生作用。

4. 乳化剂

乳化剂是乳浊液的稳定剂，是一类表面活性剂。乳化剂的作用是：当它分散在分散质的表面时，形成薄膜或双电层，可使分散相带有电荷，这样就能阻止分散相的小液滴互相凝结，使形成的乳浊液比较稳定。生产中常用的乳化剂有卵磷脂、单硬脂酸甘油酯、脂肪酸蔗糖酯、山梨醇脂肪酸酯、木糖醇硬脂酸酯、硬脂酰乳酸钠等。此外，乳品、蛋品、山梨醇、甘油单酸酯、双乙酰酒石酸酯等也都是很好的乳化剂，保持制品新鲜有弹性，从增大制品的体积来说，双乙酰酒石酸酯效果最好。

5. 酶制剂

酶制剂是指从生物中提取的具有酶特性的一类物质，主要作用是催化食品加工过程中各种化学反应，改进食品加工方法。我国已批准的酶制剂有木瓜蛋白酶、α-淀粉酶制剂、精制果胶酶、β-葡萄糖酶等6种。酶制剂来源于生物，一般来说较为安全，可按生产需要适量使用。

6. 强化剂

食品营养强化剂是指为增加营养成分而加入食品中的天然或人工合成的属于天然营养素范围的食品添加剂。食品中含有多种营养素，但种类不同，其分布和含量也不相同。此外，在食品的生产、加工和保藏过程中，营养素往往遭受损失。为补充食品中营养素的不足，提高食品的营养价值，适应不同人群的需要，可添加食品营养强化剂。食品的营养强化剂兼有简化膳食处理、方便摄食和防病保健等作用。

7. 增稠剂

增稠剂可提高食品的黏稠度或形成凝胶，从而改变食品的物理性状，赋予食品黏润、适宜的口感，并兼有乳化、稳定或使其呈悬浮状态的作用，我国目前批准使用的增稠剂品种有 39 种。增稠剂都是亲水性高分子化合物，也称为水溶胶。按其来源可分为天然和化学合成两大类。

8. 增香剂

增香剂是在食品加工过程中改善或增强食品的香气和香味的香精或香料，需要的量一般很少，但对于人的感官是很重要的。通常用几种香料配制成香精进行使用，有水溶性和油溶性两种，如橘子香精、柠檬香精、香草香精、杨梅香精、香蕉香精、乳化香精和奶油香精等。

在使用香精时要注意：①选择香精时要考虑和其他原辅料风味配合的问题，突出主体风味，否则会使风味变化；②每次使用后要及时密封，防止挥发；③添加量应控制在规定的范围内。

9. 抗氧化剂

抗氧化剂是阻止氧气不良影响的物质。它是一类能帮助捕获并中和自由基，从而清除自由基对人体损害的一类物质。抗氧化剂分为油溶性抗氧化剂和水溶性抗氧化剂两类，其中，油溶性抗氧化剂可以均匀地分布在油脂中，水溶性抗氧化剂是能溶解在水中的物质，可防止食品的氧化变色，防止因氧化而降低食品风味和质量。在抗氧化剂的使用过程中，应严格按照商品说明书中的要求和比例添加，保证使用的效果。

10. 色素

色素的作用主要是提高制品的色泽，改善制品外观。现在常用的食品色素包括两类：天然色素与人工合成色素。天然色素来自天然生物，主要从植物组织中提取，也包括来自动物和微生物的一些色素。人工合成色素是指用人工化学合成方法所制得的有机色素，主要是以煤焦油中分离出来的苯胺染料为原料制成的。

除以上食品添加剂外，还有食品发色助剂、发色剂、漂白剂、食品加工助剂等，它们在食品加工过程中都能改善食品的某些性状，提高食品的质量。

二、食品添加剂的使用要求

正确使用食品添加剂直接关系到人民群众的身体健康，使用的安全性是最重要的要求，其次才是其工艺效果。食品添加剂种类不同，使用方法也不同，其一般要求如下：

（1）不应当掩盖食品腐败变质。

（2）不应当掩盖食品本身或者加工过程中的质量缺陷。

（3）不以掺杂、掺假、伪造为目的而使用食品添加剂。

（4）不应当降低食品本身的营养价值。

（5）在达到预期的效果下尽可能降低在食品中的用量。

（6）食品工业用加工助剂应当在制成最后成品之前去除，有规定允许残留量的除外。

思考题

1. 什么是果蔬加工？其目的和意义是什么？
2. 根据加工工艺，果蔬加工品可分为哪几类？
3. 造成果蔬加工品败坏的因素有哪些？其预防措施是什么？
4. 简述不同果蔬加工手段及原理。
5. 请设计一种果蔬的加工工艺，包括原料的选择和处理、整理标准及贮藏方式。
6. 为什么要对果蔬加工用水进行严格处理和质量控制？
7. 果蔬加工中添加剂的作用有哪些？
8. 食品添加剂的使用要求是什么？

第八章　果蔬加工技术

【本章重点】

掌握果蔬加工技术。

第一节　果蔬罐制品

一、概述

果蔬罐制品是果蔬原料经前处理后，装入能密封的容器内，再进行排气、密封、杀菌，最后制成别具风味、能长期保存的食品。罐制品具有耐贮藏、易携带、品种多、食用卫生的特点。果蔬罐制品按包装容器不同，分为玻璃瓶罐制品、铁盒罐制品、软包装罐制品、铝合金罐制品以及其他（如塑料瓶装罐头）。罐藏对果蔬原料的基本要求是具有良好的营养价值、感官品质，新鲜，无病虫害，完整且无外伤，收获期长，收获量稳定，可食部分比例高，加工适应性强，并有一定的耐贮性。

二、罐头生产工作程序

（一）原料选择

对果蔬罐头原料总的要求是：水果罐藏原料要新鲜、成熟适度、形状整齐、大小适当、果肉组织致密、可食部分大、糖酸比例恰当、单宁含量少；蔬菜罐藏原料要色泽鲜明、成熟度一致、肉质丰富、质地柔嫩细致、纤维组织少、无不良气味、能耐高温处理。

罐藏用果蔬原料均要求有特定的成熟度，这种成熟度称为罐藏成熟度或工艺成熟度。不同的果蔬种类、品种要求有不同的罐藏成熟度，如果选择不当，不但会影响加工品的质量，而且会给加工处理带来困难，使产品质量下降。如青刀豆、甜玉米、黄秋葵等要求幼嫩、纤维少，番茄、马铃薯等则要求充分成熟。

罐藏用果蔬原料越新鲜，加工品的质量越好。因此，从采收到加工，间隔时间越短越好，一般不要超过 24h。有些蔬菜如甜玉米、豌豆、蘑菇、石刁柏等，应在 2～6h 内加工。

（二）原料预处理

原料预处理包括挑选、分级、洗涤、去皮、切分、去核（心）、整理、抽空以及热烫。

1. 挑选、分级

果蔬原料在投产前须先进行选择，剔除不合格的有虫害、腐烂、霉变的原料，再按原料的大小、色泽和成熟度进行分级。

2. 洗涤

洗涤目的是除去果蔬原料表面附着的尘土、泥沙、部分微生物及可能残留的农药等。洗涤果蔬可采用漂洗法，一般在水槽或水池中用流动水漂洗或喷洗，也可用滚筒式洗涤机清洗。对于杨梅、草莓等浆果类原料，应小批淘洗或在水槽中通入压缩空气翻洗，防止机械损伤及在水中浸泡过久而影响色泽和风味。有时为了较好地去除残留在果蔬表面的农药或有害化学药品，常在清洗用水中加入少量的洗涤剂，常用的有 0.1％的高锰酸钾溶液、0.06％的漂白粉溶液、0.1％～0.5％的盐酸溶液、1.5％的洗洁剂和 0.5％～1.5％的磷酸三钠混合液。

洗涤用水必须清洁，符合饮用水标准。

3. 去皮、切分、去核（心）及整理

果蔬的种类繁多，其表皮状况不同，有的表皮粗厚、坚硬，不能食用；有的具有不良风味或在加工中容易引起不良后果，这样的果蔬必须去除表皮。

手工去皮常用于石刁柏、莴苣、整番茄、甜玉米、荸荠等产品；机械去皮常用于马铃薯、甘薯的擦皮，石刁柏的削皮，豌豆和青豆的剥皮等；热力去皮常与手工去皮和机械去皮联用。经碱液处理的原料，应立即投入冷水中清洗搓擦，以除去外皮和黏附的碱液。此外，也可以用 0.25％～0.5％的柠檬酸或盐酸来中和，然后用水漂洗。

切分的目的在于使制品有一定的形状或统一规格。如胡萝卜等需切片，荸荠、蘑菇也可以切片，甘蓝常切成细条状，黄瓜等可切丁。

很多果蔬在去皮、切分后需进行整理，以保持一定的外观。

4. 抽空

抽空可排除果蔬组织内的氧气，钝化某些酶的活性，抑制酶促褐变。抽空效果主要取决于真空度、抽空的时间、温度与抽空液四个方面。一般要求真空度大于 79kPa 以上。按照抽空操作的程序不同，抽空可分为干抽法和湿抽法两种。

5. 热烫

热烫又称为预煮、烫漂。生产上为了保持产品的色泽，使产品部分酸化，常在热烫水中加入一定浓度的柠檬酸。

热烫的温度和时间需根据原料的种类、成熟度、块形大小、工艺要求等因素而定。热烫后须迅速冷却，不需漂洗的产品，应立即装罐；需漂洗的原料，则置于漂洗槽（池）内用清水漂洗。注意经常换水，防止变质。

（三）装罐

1. 空罐的准备

不同的产品应按合适的罐型、涂料类型选择不同的空罐。一般来说，低酸性的果蔬产品，可以采用未用涂料的铁罐（又称素铁罐）；但番茄制品、糖醋菜、酸辣菜等，则应采用抗酸涂料罐；花椰菜、甜玉米、蘑菇等应采用抗硫涂料铁，以防产生硫化斑。

2. 常用的罐藏容器

常用罐藏容器的特性见表 8－1。生产罐头食品时，根据原料特点、罐藏容器特性以及加工工艺选择不同的罐藏容器。

表 8－1　常用罐藏容器的特性

项目	罐藏容器种类			
	马口铁罐	铝罐	玻璃罐	软包装
材料	镀锡（铬）薄钢板	铝或铝合金	玻璃	复合铝箔
罐形或结构	两片罐、三片罐，罐内壁有涂料	两片罐，罐内壁有涂料	螺旋式、卷封式、旋转式、爪式	外层：聚酯膜 中层：铝箔 内层：聚烯烃膜
特性	质轻，传热快，避光，抗机械损伤	质轻，传热快，避光，易成形，易变形，不适于焊接，耐大气腐蚀，成本高，使用寿命短	透光，可见内容物，易破损，耐腐蚀，成本高，可重复利用，传热慢	质软而轻，传热快，避光、阻气，密封性能好，包装、携带、食用方便

3. 选罐

根据食品的种类、特性、产品的规格要求及有关规定选择罐藏容器。

4. 清洗与消毒

金属罐的清洗采用洗罐机进行，洗罐机有链带式、滑动式、旋转式、滚动式等。玻璃瓶中的新瓶要进行刷洗、清水冲净、用蒸汽或热水（95℃～100℃，3～5min）消毒；旧瓶先用 40℃浓度为 2%～3%的 NaOH 溶液浸泡 5～10min，然后用清水冲净晾干。瓶盖先用温水冲洗，烘干后以 75%的乙醇消毒。

5. 罐盖的打印

按照《罐头食品代号的标示要求》，以简单的字母或阿拉伯数字标明罐头厂家所在省（市或自治区）、罐头厂家名称、生产日期、罐头产品名称代号和生产班次，某些产品还需打印原料品种、色泽、级别或不同的加工规格代号。用机械方法打出凸形代号，也可用不褪色的印字液戳印。

6. 灌注液的配制

（1）水果罐头。所用的糖液主要是蔗糖溶液，我国目前生产的水果罐头，一般要求开罐糖度为14%～18%。每种水果罐头装罐糖液浓度，可根据装罐前水果本身的可溶性固形物含量、每罐装入果肉重量及每罐实际注入的糖液重量，按下式计算：

$$Y=\frac{W_3Z-W_1X}{W_2}$$

式中，W_1——每罐装入果肉重量，g；

W_2——每罐加入糖液重，g；

W_3——每罐净重，g；

X——装罐前果肉可溶性固形物含量，%；

Z——要求开罐时的糖液浓度，%；

Y——需配制的糖水浓度，%。

糖液的配制方法有直接法和稀释法。直接法就是根据装罐所需要的糖液浓度，直接按比例称取砂糖和水，置于溶糖锅中加热、搅拌、溶解，并煮沸5～10min，以驱除砂糖中残留的二氧化硫，杀灭部分微生物，然后过滤、调整浓度。

（2）蔬菜罐头。很多蔬菜制品在装罐时加注淡盐水，浓度一般为1%～2%。目的在于改善制品的风味，加强杀菌、冷却期间的热传递，较好地保持制品的色泽。

配制盐液的水应为纯净的饮用水，配制时煮沸，过滤后备用。有时为了操作方便，防止生产中因盐水和酸液外溅而使用盐片，盐片可依罐头的具体用量专门制作，其内含酸类、钙盐、EDTA钠盐、维生素C以及谷氨酸钠和香辛料等。盐片使用方便，可用专门的加片机加入每一罐中，也可手工加入。

（3）调味液的配制。蔬菜罐头调味液的种类很多，但配制的方法主要有两种：一种是将香辛料先经一定的熬煮制成香料水，再与其他调味料按比例制成调味液；另一种是将各种调味料、香辛料（可用布袋包裹，配成后连袋去除）一起一次配成调味液。

7. 装罐

原料应根据产品的质量要求按不同大小、成熟度、形态分开装罐，装罐时要求重量一致，符合规定的重量；质地上应做到大小、色泽、形状一致，不混入杂质。装罐时应留有适当的顶隙。

所谓顶隙，是指食品表面至罐盖之间的距离。顶隙过大，内容物常不足，且由于有时加热排气温度不足、空气残留多，会造成氧化；顶隙过小，内容物含量过多，杀菌时食物膨胀而使压力增大，造成假胖罐。一般应控制顶隙为4～8mm。装罐时，还应注意防止半成品积压，特别是在高温季节，注意保持罐口的清洁。

装罐可采用人工方法或机械方法进行。

（四）排气

排气即利用外力排除罐头产品内部空气的操作。它可以使罐头产品有适当的真空度，利于产品的保藏和保质，防止氧化，防止罐头在杀菌时由于内部膨胀过度而使密封的卷边破坏，防止罐头内好气性微生物的生长繁殖，减轻罐头内壁的氧化腐蚀；真空度的形成还有利于罐头产品进行打检和在货架上确保质量。

我国常用的排气方法有加热排气法和真空抽气法。

1. 加热排气法

加热排气法是将装好的原料和注入填充液的罐头送入排气箱加热升温，使罐头中内容物膨胀，排出原料中含有或溶解的气体，同时使顶隙的空气被热蒸汽取代。当封罐、杀菌、冷却后，蒸汽凝结成水，顶隙内就有一定的真空度。这种方法设备简单、费用低、操作方便，但设备占地面积大。

2. 真空抽气法

此法是在真空封罐机特制的密封室内减压下完成密封，抽去存在于罐头顶隙中的部分空气。此法需真空封罐机，投资较大，但生产效率高，对于小型罐头特别适用且有效。

排气影响真空度的因素如下：

（1）排气时间与温度。加热排气时的温度越高，密封时的温度越高，罐头的真空度也就越高。一般要求罐头中心温度达到70℃～80℃。

（2）顶隙大小。顶隙大的真空度高；否则，真空度反而低。

（3）其他。原料的酸度、开罐时的气温、海拔高度等均在一定程度上影响真空度。真空度太高，则易使罐头内汤汁外溢，造成不卫生和装罐量不足，因而应掌握在汤汁不外溢时的最高真空度。

（五）密封

密封是保证真空度的前提，它也能防止罐头食品杀菌之后被外界微生物再次污染。罐头密封应在排气后立即进行，不应造成积压，以免失去真空度。密封需借助封罐机。金属罐密封的结构为二重卷边，其结构和密封过程等可参见《罐头工业手册》；玻璃罐密封有卷封式和旋开式两种，可根据制品要求而定；复合塑料薄膜袋采用热熔合方式密封。

（六）杀菌

罐头杀菌的主要目的在于杀灭绝大多数对罐内食品起腐败作用和产毒致病的微生物，使罐头食品在保质期内具有良好品质和食用安全性，达到商业无菌。其次是改进食品的风味。

生产上常采用加热杀菌，其条件依产品种类、卫生条件而定，一般采用杀菌公式表示：

$$(T_1 - T_2 - T_3)/t$$

式中，t——杀菌锅的杀菌温度，℃；

T_1——升温至杀菌温度所需时间，min；

T_2——保持杀菌温度不变的时间，min；

T_3——从杀菌温度降至常温的时间，min。

1. 杀菌方法

依杀菌加热的程度分，果蔬罐头的杀菌方法有以下 3 种：

(1) 巴氏杀菌法。一般采用温度为 65℃～95℃，用于不耐高温杀菌而含酸较多的产品，如一部分水果罐头、糖醋菜、番茄汁、发酵蔬菜汁等。

(2) 常压杀菌法。即将罐头放入常压的热沸水中进行杀菌，凡产品 pH<4.5 的蔬菜罐头制品均可用此法进行杀菌。常见的如去皮整番茄罐头、番茄酱、酸黄瓜罐头。一些含盐较高的产品如榨菜、雪菜等也可用此法。

(3) 加压杀菌法。将罐头放在加压杀菌器内，在密闭条件下增加杀菌器的压力，由于锅内的蒸汽压力升高，水的沸点也升高，从而维持较高的杀菌温度。大部分蔬菜罐头由于含酸量较低，杀菌需较高的温度，一般为 115℃～121℃。特别是那些富含淀粉、蛋白质及脂肪类的蔬菜，如豆类、甜玉米及蘑菇等，必须在高温下经较长时间处理才能达到杀菌目的。

2. 杀菌设备

罐头杀菌设备根据其密闭性可以分成开口式和密闭式两种，常压杀菌使用前者，加压杀菌则使用后者。按照杀菌器的生产连续性，又可分为间歇式和连续式。目前我国大部分工厂使用间歇式杀菌器，这种设备效率低，产品质量差。

3. 杀菌操作

(1) 常压杀菌。在小型的立式开口锅或水槽内进行。开始时注入水，加热至沸后放入罐头，这时水温下降。加大蒸汽，当升温至所要求的杀菌温度时，开始计算保温时间。达到杀菌时间后，进行冷却。常压杀菌采用连续设备，在进、出罐头运动中杀菌。

(2) 高压杀菌。高压杀菌的一般操作要点如下：

①将装筐或装篮的罐头放入杀菌锅内，然后关闭盖或门，关紧。

②关闭进水阀和排水阀，打开排气阀及溅气阀。

③打开蒸汽进口阀，并将蒸汽管上的控制阀及旁通阀全部打开，使高压蒸汽迅速进入杀菌锅内，驱走锅内的空气，即杀菌锅排气。

④充分排气后，将溢水阀及排气阀关闭，继续开放溅气阀。

⑤温度开始上升，至预定杀菌温度后，关闭旁通阀，以保持杀菌温度不发生变化至杀菌有效时间。期间检查各调节控制设备的正常情况，检查压力与温度的变化。

4. 影响杀菌效果的因素

(1) 产品在杀菌前的污染状况。污染程度越高，同一温度下，杀菌所需的时间越长。

(2) 细菌的种类和状态。细菌的种类不同，耐热性相差很大，细菌在芽孢状态下比营养体状态下要耐热。细菌的数量很多时，杀菌就变得困难。

(3) 蔬菜的成分。果蔬中的酸含量对微生物的生长和抗热性影响很大，常以 pH=4.5 为界，pH 高于 4.5 的称为低酸性食品，需进行高温高压杀菌；pH 低于 4.5 的称为酸性或高酸性食品，可以采用常压杀菌或巴氏杀菌。

另外，产品中的糖、盐、蛋白质、脂肪含量或洋葱、桂皮等植物中含有的植物杀菌素，对罐头的杀菌效果也有一定的影响。

（4）罐头食品杀菌时的传热状况。总的来说，传热好，杀菌容易。对流比传导和辐射的传热速度快，所以加汤汁的产品杀菌较容易，而固体食品则较难，甜玉米糊等稠厚的产品也难杀菌。另外，小型罐的杀菌效果比大型罐好，马口铁罐好于玻璃瓶制品，扁形罐头好于高罐，罐头在杀菌锅内运动的好于静止的。

5. 杀菌操作时的注意事项

（1）罐头在装筐或装篮时，应保证每个罐头所有的表面都能经常和蒸汽接触，即注意蒸汽的流通。

（2）升温期间，必须注意排气的充足，控制升温时间。

（3）严格控制保温时间和温度，要求杀菌锅的温度波动不大于±0.5℃。

（4）注意排除冷凝水，防止其积累，降低杀菌效果。

（5）尽可能保持杀菌罐头有较高的初温，因此不要堆积密封之后的罐头。

（6）杀菌结束后，杀菌锅内的压力不宜过快下降，以免罐头内外压力差急增，造成密封部位漏气或永久膨胀。对于大型罐和玻璃瓶要注意反压，需加压缩空气或高压水后，关闭蒸汽阀门，使锅内温度下降。

（七）冷却

罐头杀菌完毕，应迅速冷却，防止继续高温使产品色泽、风味发生不良变化，质地软烂。冷却用水必须清洁卫生。

常压杀菌后的产品直接放入冷水中冷却，待罐头温度下降。高压杀菌的产品待压力消除后即可取出，在冷水中降温至38℃～40℃取出，利用罐内的余热使罐外附着的水分蒸发。如果冷却过度，则附着的水分不易蒸发，特别是罐缝的水分难以逸出，导致铁皮锈蚀，影响外观，降低罐头保藏寿命。玻璃罐由于导热能力较差，杀菌后不能直接置于冷水中，否则会发生爆裂，应进行分段冷却，每次的水温不宜相差20℃以上。

某些加压杀菌的罐头，由于杀菌时罐内食品因高温而膨胀，罐内压力显著增加，如果杀菌完毕迅速降至常压，就会因为内压过大而造成罐头变形或破裂，玻璃瓶会“跳盖”。因此，这类罐头要采用反压冷却，即冷却时加外压，使杀菌锅内的压力稍大于罐内压力。加压可以利用压缩空气、高压水或蒸汽。

（八）保温与商业无菌检验

为了保证罐头在货架上不发生因杀菌不足而引起的败坏，传统的罐头工业常在冷却之后采用保温处理。具体操作是将杀菌冷却后的罐头放入保温室内，中性或低酸性罐头在37℃下最少保温1周，酸性罐头在25℃下保温7～10d，然后挑选出胀罐，再装箱出厂。但这种方法会使罐头质地和色泽变差，风味不良，同时有许多耐热菌也不一定在此条件下被灭杀而发生增殖，导致产品败坏，因而这一方法并非万无一失。

目前推荐采用“商业无菌检验法”，其首先基于全面质量管理，方法要点如下：

（1）审查生产操作记录，如空罐检验记录、杀菌记录、冷却水的余氯量等。

（2）按照每杀菌锅抽 2 罐或千分之一的比例进行抽样。

（3）称重。

（4）保温。低酸性食品在（36±1)℃下保温 10d；酸性食品在（30±1)℃下保温 10d；预定销往 40℃以上热带地区的低酸性食品在（55±1)℃下保温 10d。

（5）开罐检查。开罐后留样、涂片、测 pH 值、进行感官检查。若发现 pH 值、感官质量有问题，应立即进行革兰氏染色，镜检。显微镜观察细菌染色反应、形态、特征及每个视野菌数，与正常样品对照，判别是否有明显的微生物增殖现象。

（6）结果判定。

①通过保温发现胖听或泄漏的为非商业无菌。

②通过保温后的正常罐开罐后的检验结果可参照表 8-2 进行。

表 8-2　正常罐保温后的结果判定

pH	感官检查	镜检	培养	结果
-	-	\	\	商业无菌
+	+	\	\	非商业无菌
+	-	+	+	非商业无菌
+	-	+	-	商业无菌
-	+	+	+	非商业无菌
-	+	+	-	商业无菌
-	+	-	\	商业无菌
+	-	-	\	商业无菌

注：-代表正常，+代表不正常，\ 代表未检。

（九）贴标签、贮藏

经过保温或商业无菌检查后，未发现胀罐或其他腐败现象，即检验合格，贴标签。标签要求贴得紧实、端正、无皱折。

合格的产品贴标、装箱后，贮藏于专用仓库内。要求罐头的贮藏条件是温度为 10℃~15℃、相对湿度为 70%~75%。

三、常见质量问题的原因分析与控制

（一）净重不足

净重不足主要与装罐、加汁、排气和封罐有关。预防措施有如下几点：

（1）装罐时要按标准要求，避免果块、菜段露出罐外。

（2）加汁时，半成品净重要比规定多 10g 以上。

（3）排气前后要轻拿轻放，排气时慢慢开启阀门，避免汤汁流失。

（4）封罐时要求做到正、稳、准，以防洒汁。

（二）罐头食品的败坏

罐头食品败坏主要有气体性败坏和非气体性败坏两种，主要是由于封口、杀菌、原料和容器处理不当及保藏不好而引起的。

1. 气体性败坏

罐头由于微生物作用、化学或物理作用发生鼓胀，这种坏罐头又称为胖听。

（1）微生物作用引起罐头败坏。罐内有酵母菌、霉菌及其他产气细菌存在，使罐内产生 CO_2、NH_3等气体，造成鼓胀。原因是封口不严密、杀菌不完全或原辅料被微生物污染。预防措施主要为注意排气、封罐、杀菌、冷却等操作，并严格做好环境卫生。

（2）化学作用引起的罐头败坏。果蔬的有机酸与马口铁罐发生电解作用，使锡溶入罐液中，并产生了氢气。原因是内容物酸性强、有花青素存在、马口铁有缺损、罐内真空度不足等。预防措施主要为对含酸高及有花青素的果蔬采用抗酸涂料铁罐，加工时仔细检查空罐。

（3）物理作用引起的罐头败坏。主要由于罐内真空度太小。预防措施主要是内容物不要过多，排气要充分，杀菌不过度。

2. 非气体性败坏

非气体性败坏是罐头外观正常，无胖听现象，但内容物已发酸或变色。

（1）酸败。酸败常发生于蔬菜罐头。主要由于产酸的微生物乳酸菌及嗜热性细菌等存在。预防措施为注意原料处理及杀菌等。

（2）变色。造成果蔬罐头变色的原因有很多，主要是金属离子作用的影响和果蔬色素的改变。预防措施主要有加强原料的处理工作，采用各种护色液护色，利用柠檬酸防止罐头食品变色，选用不锈钢等器具，注意水质，用不含硫的蔗糖，选用良好的马口铁，适当地选用抗酸和抗硫的涂料铁。

（三）果蔬罐头的罐壁腐蚀和变色

采用马口铁罐生产的果蔬罐头，罐外壁易生锈，罐内壁易腐蚀和变色。

（1）果蔬罐头的罐外壁生锈。造成马口铁罐外壁生锈的主要原因是生产操作不当、包装不当和贮藏不当。预防措施为：高压加热杀菌时要迅速、完全地将杀菌锅中的空气排净，杀菌升温时间不宜过长（一般为 10～15min）；排气温度必须在 96℃以上；杀菌、冷却后将罐外壁表面水分擦干净；用合成树脂贴标；罐头入库时温度不宜过低（与仓库的温度差一般以 5℃～9℃为宜，如超过 11℃就会“出汗”），仓库的温度应尽量稳定，库内空气相对湿度一般以 70%～75%为宜。

（2）果蔬罐头的罐内壁腐蚀和变色。主要是由食品原辅料中的腐蚀性成分、马口铁的质量、罐头加工工艺和贮藏条件等引起的。预防措施为：选用高质量的马口铁罐；加工中洗净原料上残留的农药；含氧气多的果蔬装罐前用盐水或糖水抽空，排除果蔬组织内的空气；封罐前充分排气；杀菌程度力求适当，冷却力求迅速；控制好罐头用水中的硝酸根、亚硝酸根含量；适当降低贮藏温度；等等。

（四）玻璃罐头杀菌冷却过程中的跳盖现象以及破损率高

（1）产生原因。导致玻璃罐头杀菌冷却过程中跳盖与破裂的因素有很多，例如，罐头排气不足；罐头内真空度不够；杀菌时降温、降压速度快；罐头内容物装得多，顶隙太小；玻璃罐本身的质量差，尤其是耐温性差。

（2）预防措施。罐头排气要充分，保证罐内的真空度；杀菌冷却时，降温、降压速度不要太快，进行常压冷却时禁止将冷水直接喷淋到罐体上；罐头内容物不能装得太多，保证留有一定的空隙；定做玻璃罐时，必须保证玻璃罐具有一定的耐温性；利用回收的玻璃罐时，装罐前必须认真检查罐头容器，剔除所有不合格的玻璃罐。

（五）绿色蔬菜罐头食品色泽变黄

（1）产生原因。叶绿素在酸性条件下很不稳定，即使采取了各种护色措施，也很难达到护绿的效果；叶绿素具有光不稳定性，所以玻璃装绿色蔬菜罐头经长期光照，也会导致变黄。

（2）预防措施。调整绿色蔬菜罐头灌注液的 pH 至中性偏碱；采取适当的护绿措施，如热烫时添加少量锌盐；绿色蔬菜罐头最好选用不透光的软包装材料。

（六）果蔬罐头加工过程中发生褐变现象

（1）产生原因。果蔬原料加工罐头时，若对原料处理不当，通常容易发生酶促褐变，例如，原料去皮后没有及时进行护色处理；烫漂处理的温度低，时间短；原料进行抽空处理效果差；原料处理时与铁器接触，铁与单宁发生反应生成褐色物质。

（2）预防措施。果蔬原料去皮后应及时进行护色处理。引起酶促褐变的氧化酶具有一定的耐高温性，所以采用热烫进行护色时，必须保证热烫处理的温度与时间；采用抽空处理进行护色时，应彻底排净原料中的氧气，同时在抽空液中加入防止褐变的护色剂，可有效地提高护色效果。果蔬原料进行前处理时，严禁与铁器接触。

（七）果蔬罐头食品软烂与汁液混浊

（1）产生原因。果蔬原料成熟度过高，原料进行热处理或杀菌的温度高，时间太长，都可引起果蔬罐头食品的软烂。果蔬罐头制品运销中的急剧振荡、内容物的冻融、微生物对罐内食品的分解等均可起罐内食品的软烂与汁液混浊。

（2）预防措施。选择成熟度适宜的原料，尤其是不能选择成熟度过高而质地较软的原料；热处理要适度，特别是烫漂和杀菌处理，要求既达到烫漂和杀菌的目的，又不能使罐内果蔬软烂；原料在热烫处理期间，可配合硬化处理；避免成品罐头在贮运过程中急剧振荡、冻融交替以及微生物的污染等。

第二节　果蔬汁制品

一、果蔬汁制品的分类及特点

所谓果蔬汁，是指未添加任何外来物质，直接从新鲜水果或蔬菜中用压榨或其他方法取得的汁液。以果汁或蔬菜汁为基料，加水、糖、酸或香料等调配而成的汁液称为果蔬汁饮料。

果汁的种类有以下几种：

(1) 原果汁。用机械方法从水果中获得的100%水果原汁，以及用浸提方法提取水果中汁液后，以物理方法除去浸提时加入的水量而制成的汁液。以浓缩果汁加水还原制成的，与原果汁固形物含量相等的还原果汁也称为原果汁。

(2) 原果浆。以水果可食部分为原料，用打浆工艺制成的，没有去除汁液的浆状产品，或者是浓缩果浆的还原制品。

(3) 浓缩果汁和浓缩果浆。用物理方法从原果汁或原果浆中除去部分天然水分，没有发酵过的、具有果汁或果浆应有特征的制品。

(4) 水果汁。用原果汁（或浓缩果汁）经糖液、酸味剂等调制而成的能直接饮用的制品。其原果汁含量不少于40%。

(5) 果汁饮料。用原果汁（或浓缩果汁）经糖液、酸味剂等调制的果汁含量不低于10g/100mL的制品。

(6) 果肉果汁饮料。用原果浆（或浓缩果浆）经糖液、酸味剂调制而成的果浆含量不低于30g/100mL的制品。高酸、汁少肉多或风味强烈的水果的果肉果汁饮料中，果浆含量不低于20g/100mL。

(7) 果粒果汁饮料。原果汁（或浓缩果汁）中加入柑橘类或其他水果经切细的果肉，经糖液、酸味剂等调制而成的制品。

(8) 高糖果汁饮料。用原果汁（或浓缩果汁）经糖液、酸味剂等调制而成的经稀释后方可饮用的制品。其中，原果汁含量不少于5g/100mL乘以产品标签上标志的稀释倍数；含糖量不少于8%乘以产品标签上标志的稀释倍数。

(9) 果汁水。用原果汁（或浓缩果汁）经糖液、酸味剂等调制而成的制品。其原果汁含量不少于5g/100mL。

(10) 果汁粉。浓缩果汁或果汁糖浆通过脱水干燥而得的制品。含水量为1%～3%。

蔬菜汁饮料分为以下三类：

(1) 蔬菜汁。新鲜或冷藏蔬菜经加工制得的汁液，用食盐或糖类等配料调制而成的制品。

(2) 混合蔬菜汁。两种或两种以上的新鲜蔬菜汁（或冷藏蔬菜汁）经食盐或糖等配料调制而成的制品。

（3）发酵蔬菜汁。蔬菜经乳酸发酵后所得的汁液经食盐等配料调制而成的制品。

果蔬汁按工艺不同分为以下两类：

（1）澄清汁。也称透明汁，不含悬浮物质，呈澄清透明的汁液。如苹果汁、葡萄汁、冬瓜汁等。

（2）混浊汁。也称不澄清汁，它带有悬浮的细小颗粒。如橘子汁、胡萝卜汁、菠萝汁等。有的书上也将果肉果汁饮料、果粒果汁饮料归为混浊汁饮料。

二、果蔬汁生产工作程序

（一）原料选择

用于加工果蔬汁的原料应当具有浓郁的风味和香味，无异味，色泽鲜亮且稳定，糖酸比合适，在加工过程中无明显的不良变化，同时要求原料的出汁率高、取汁容易。我国生产的果蔬汁多以柑橘类、苹果、梨、菠萝、葡萄、桃、猕猴桃、芹菜、山楂、胡萝卜和番茄等为原料。果蔬汁加工要求原料有适当的成熟度，一般在九成熟时进行采摘，但是对果形和果实大小并无严格要求。

（二）原料预处理

1. 挑选与清洗

原料加工前须进行严格挑选，剔除霉变、腐烂、未成熟和受伤变质的果实。挑选对于降低农药残留、减少微生物和棒曲霉素侵染风险有非常重要的作用，同时也能保持果汁的正常风味。清洗水果原料的目的是去除水果原料表面的泥土、部分微生物以及可能残留的化学物质。若原料出现了腐败现象或者受到污染，就可能对果汁的色、香、味产生不利影响，混在原料中的杂物也会使果汁出现异味。另外，通过清洗可以大大降低水果原料中的微生物数量，减少耐热菌对果汁的污染。

工业生产时，果实原料经水流输送、强制清洗后，进入拣选台，由人工在传送带上进行拣选。可剔除霉烂、带病虫害、破损和未成熟的果实以及混杂于其中的异物。在清洗过程中，根据原料的卫生状况，对于农药残留较多的果实，可用一定浓度的稀盐酸溶液或脂肪酸系洗涤剂进行处理，然后用清水冲洗。对于受微生物污染严重的果实，可用一定浓度的漂白粉或高锰酸钾溶液浸泡消毒，然后再用清水冲洗干净。这样可大大提高清洗效果，以保证果汁质量。

2. 破碎

果实榨汁前需进行破碎，适当的破碎有利于压榨过程中果浆内部形成果汁排出通道，提高果实的出汁率，尤其是对于皮、肉致密的果实，须先行破碎。破碎粒度要适当，粒度过小，易造成压榨时外层果汁很快榨出，形成一层厚皮，使内层果汁流出困难，导致出汁率下降；粒度过大，榨汁时，压榨力不足以使果粒内部果汁流出。一般粒度根据水果成熟度确定，当水果硬度较高时，破碎粒度可以小一些；当水果硬度较低时，破碎粒度要大一些，以便获得比较理想的榨汁效果。一般苹果、梨用破碎机进行破碎时，破碎后果块大小以 3～4mm 为宜，草莓、葡萄以 2～3mm 为宜，樱桃为 5mm，番茄可以使用打浆机来破碎取汁，但柑橘宜先去皮后打浆。对于浊汁，破碎时可加入适量的维生素 C 或柠檬酸等抗氧化剂，以改善果汁的色泽。

3. 加热处理

原料经破碎成为果浆后，各种酶从破碎的细胞组织中逸出，活力大大增强，同时果品表面积急剧扩大，大量吸收氧，致使果浆发生酶促褐变反应。必要时可对果浆进行加热，钝化其自身含有的酶，抑制微生物繁殖，保证果汁的质量；同时可以使细胞原生质中的蛋白质凝固，改变细胞的通透性，还能使果肉软化，果胶物质水解，降低汁液黏度，提高出汁率。加热的时间和条件应根据果蔬种类和果蔬汁的用途而定。

4. 果胶酶处理

由于果实的出汁率受果实中果胶含量的影响很大，果胶含量少的果实出汁容易；而果胶含量高的果实由于汁液黏性较大，所以出汁较困难。因此，在破碎后的果肉中加入适量的果胶酶，可以降低果汁黏度，从而使榨汁和过滤工艺得以顺利完成。酶制剂的品种和用量不合适也会降低果蔬汁的质量和产量。酶制剂的添加量依酶的活性而定，酶制剂与果肉应混合均匀，二者作用的时间和温度要严格掌握，一般在 37℃ 恒温下作用 2～4h。

（三）取汁技术

1. 压榨

对于大多数果汁含量丰富的果蔬，取汁方式以压榨为主，榨汁方法依原料种类及生产规模而异。榨汁设备有液压式、轧辊式、螺旋式、离心式榨汁机和特殊的柑橘压榨机等，可依据果蔬的质地、品种和成熟度选择适当的榨汁设备。

2. 浸提

对于汁液含量较低的果蔬原料，难以用压榨的方法取汁，可在原料破碎后采用加水浸提的方法。果蔬浸提汁不是果蔬原汁，是果蔬原汁和水的混合物，即加水的果蔬原汁，这是浸提与压榨的根本区别。浸提时的加水量直接表现出汁量。浸提时要依据浸汁的用途，确定浸汁的可溶性固性物的含量。制作浓缩果汁时，浸汁的可溶性固形物含量要高，出汁率就不会太高；制造果肉型果蔬汁时，浸汁的可溶性固形物的含量也不能太低，因而要合理控制加水量。以山楂为例，浸提时的果水质量比一般为 1∶（2.0～2.5），一次浸提后，浸汁的可溶性固形物的浓度为 4.5°Bx～6.0°Bx，出汁率为 180%～230%。

浸提温度、浸提时间和破碎程度除了影响出汁率外，还影响果汁的质量。浸提温度一般为 60℃～80℃，最佳温度为 70℃～75℃。一次浸提时间为 1.5～2.0h，多次浸提累计时间为 6～8h。浸提前应对果蔬进行适当破碎，以增加与水的接触机会，有利于可溶性固形物的浸提。

果蔬浸提取汁的方法主要有一次浸提法和多次浸提法等。可根据原料的具体条件选择适当的浸提工艺参数，如浸提的温度和时间。

3. 粗滤

粗滤又称筛滤。在生产浑浊果汁时，粗滤只需除去分散在果汁中的粗大颗粒，而保存其色粒，以获得良好的色泽、风味及香味。果汁一般通过孔径为 0.5mm 的滤筛即可达到粗滤要求。当生产透明果汁时，需粗滤后再精滤，或先行澄清处理后再行过滤，以除尽全部悬浮颗粒。粗滤通常装在压榨机汁液出口处，粗滤和压榨在同一机器上完成；也可在榨汁后用粗滤机单独完成粗滤操作。

（四）不同类型果汁的生产关键技术

1. 果蔬汁澄清技术

用压榨工艺制取的原果汁中含有引起浑浊的物质，主要是细胞碎片和其他不溶性成分，另外还有一些在制汁后才出现于果汁中的固体颗粒，如果胶、蛋白质、多酚等成分相互作用形成的聚合物。因此，若产品为澄清果汁，则必须采取措施排除果汁中的浑浊物质。常用的澄清方法有以下几种：

（1）酶法澄清。利用果胶酶、淀粉酶等酶制剂分解果汁中的果胶和淀粉物质等达到澄清目的。果汁中的果胶和淀粉物质是导致果汁浑浊的主要原因。加入果胶酶，可以使果汁中的果胶物质降解，失去凝胶作用，浑浊物颗粒就会相互聚集，形成絮状沉淀。酶解温度通常控制为 50℃～55℃。反应的最佳 pH 因酶种类不同而异，一般在弱酸性条件下进行，pH 为 3.5～5.5。完成酶解的果汁还需要澄清，然后进行过滤。

（2）单宁—明胶澄清法。明胶、鱼胶或干酪素等蛋白质，可与单宁酸盐形成络合物，而果汁中存在的悬浮颗粒可以被形成的络合物缠绕而沉降，从而达到澄清的目的。明胶、单宁的用量主要取决于果汁的种类、品种、原料成熟度及明胶质量，应预先通过试验确定。单宁通常先于明胶加入果蔬原汁中，添加量为 50～150mg/L，一般明胶用量为 100～300mg/L。此法在较酸性和温度较低条件下易澄清，在 3℃～10℃的处理温度下可以达到最佳澄清效果。

（3）加热凝聚澄清法。果汁中的胶体物质受到热的作用会发生凝集从而形成沉淀，可过滤除去。通常将果汁在 80～90s 内加热至 80℃～82℃，然后急速冷却至室温，此时果汁中蛋白质和其他胶质变性凝固析出，从而达到澄清的目的。为了避免加热损失部分芳香物质和减少有害的氧化反应，此操作通常在封闭系统中完成。

（4）冷冻澄清法。由于冷冻可以改变胶体的性质，而解冻破坏胶体，因此可将果汁急速冷冻，使一部分胶体溶液完全或部分被破坏而变成无定形的沉淀，在解冻后滤去，以达到澄清的目的。另一部分保持胶体性质的也可用其他方法过滤除去。此法适用于雾状浑浊的果蔬汁澄清，如苹果汁、葡萄汁、草莓汁和柑橘汁等。

在生产澄清果汁时，为了得到澄清透明且质量稳定的产品，澄清后必须再进行精滤，以除去细小的悬浮物质。常用的精滤设备主要有硅藻土压滤机、纤维压滤器、真空过滤器、膜分离超滤机及离心分离机等。

2. 果蔬汁均质和脱气技术

均质和脱气是浑浊果蔬汁生产中的特有工序，可保证浑浊果蔬汁的稳定性，同时防止果汁营养损失、色泽劣变。

（1）均质。均质是将果蔬汁通过均质设备，使细小颗粒进一步破碎，使颗粒大小均匀，使果胶物质和果蔬汁亲和，保持果蔬汁的均一浑浊状态，提高其稳定性，从而实现不易分离和沉淀且口感细滑的目的。目前，生产上常用的均质机有高压均质机、胶体磨和均质机、超声波均质机等。

①高压均质：原理就是将混匀的物料通过柱塞泵的作用，在高压低速下进入阀座和阀杆之间的空间，此时其速度增至 290m/s，同时压力相应降低到物料中水的蒸汽压以下，于是在颗粒中形成气泡而膨胀，引起气泡炸裂物料颗粒（空穴效应）。由于空穴效应造成强大的剪切力，由此得到极细且均匀的固体分散物。均质压力根据果蔬种类、要求的颗粒大小而异，一般为 15～40MPa。

②胶体磨和均质：主要利用快速转动和狭腔的摩擦作用进行均质，即当果蔬汁进入狭腔（间距可调）时，受到强大的离心力作用，颗粒在转齿和定齿之间的狭腔中摩擦、撞击而分散成细小颗粒。

③超声波均质：当果蔬汁以较高的速度流向振动设备时，振动设备可产生高频率的振动，这样就产生了极大的空穴作用力，使其对果肉颗粒产生良好的分散作用。通过仪器的调整，超声波均质机可产生 20000Hz 的频率，在这个范围内产生的空穴作用可达到 50×10^4MPa。

（2）脱气。果蔬细胞间隙存在着大量的氧、氮和呼吸作用产生的二氧化碳等气体，在加工过程中能进入果汁，或者被吸附在果肉颗粒和胶体的表面。同时，由于原料在破碎、取汁、均质和搅拌等工序中又会混入一定量的空气，所以得到的果汁中含有大量的气体。这些气体通常以溶剂形式在细微粒子表面吸附，也有一小部分以果汁的化学成分形式存在。特别值得注意的是，气体中的氧气会导致果汁营养成分的损失和色泽劣变，这些不良反应在加热时更为明显，因此必须加以去除，这一工艺称为脱气或去氧。

①真空脱气法：真空脱气是将处理过的果汁用泵打到真空脱气罐内进行抽气。基本原理是气体在液体内的溶解度与该气体在液面上的分压成正比。随着液面上压力的降低，溶解在果蔬汁中的气体不断逸出，直至总压降到果蔬汁的蒸汽压时达平衡状态，此时所有气体被排除。此操作所需要的时间取决于气体逸出的速度和气体排至大气的速度。

真空脱气要求果蔬汁的表面积要大。为增加其表面积，可将果蔬汁引入真空室分散成薄膜状或雾状，而真空罐内真空度一般为 90.7～93.3kPa。同时果蔬汁的温度应适当，以使果蔬汁中的气体迅速逸出。

②置换脱气法：由于惰性气体对果蔬汁的影响不大，因此可通过专门的设备将氮气、二氧化碳等惰性气体压入果蔬汁中，以形成强烈的泡沫流。在泡沫流的冲击下，氮气、二氧化碳等惰性气体将果蔬汁中的氧气置换出来，达到脱气的目的。这样既可减少果蔬汁中挥发性芳香物质的损失，也可防止果蔬汁的氧化变色。

③化学脱气法：可在果蔬汁中加入一些抗氧化剂或需氧的酶类作为脱氧剂，以消耗果蔬汁中的氧气，达到脱气的目的。常用的脱氧剂有抗坏血酸、葡萄糖氧化酶等。但在操作时应注意，为避免花青素分解，在含花青素丰富的果蔬汁中不适合应用抗坏血酸。

3. 果蔬汁浓缩技术

原果汁的含水量很高，通常为80%～85%。浓缩工序可以把原果汁中的固形物含量从5%～20%提高到60%～75%。这种浓缩汁有相当高的化学稳定性和微生物稳定性。浓缩度很高的浓缩汁，体积可缩小6～7倍。浓缩果蔬汁用途广泛，特别有利于贮藏和运输，可作为各种食品的原料。目前常用的浓缩方法主要有真空浓缩、冷冻浓缩和反渗透浓缩。

（1）真空浓缩法。真空浓缩是以蒸发的方式使果汁固形物浓度达到70%～71%。由于绝大多数原果汁的品质容易受到高温损害，所以其浓缩过程通常是在低于大气压的真空状态下，使果蔬汁的沸点下降，然后加热使果蔬汁在低温条件下沸腾，使水分从原果蔬汁中分离出来。真空浓缩中由于蒸发过程是在较低温度条件下和较短的浓缩时间内进行的，因此能较好地保持果蔬汁的色、香、味，不会产生影响产品成分和感官质量的反应。目前，因设备不同，果汁蒸发浓缩的时间从几秒钟到几分钟不等，末效蒸发温度通常为50℃～60℃。有些浓缩设备的末效蒸发温度可低到40℃以下。果蔬汁在浓缩前应进行适当的高温瞬时杀菌，避免由于真空浓缩的温度条件较适合微生物繁殖和酶的作用而导致果汁品质劣变。

（2）冷冻浓缩法。冷冻浓缩是利用冰与水溶液之间的固、液相平衡原理，将水以固态方式从溶液中去除的一种浓缩方法。当水溶液中所含溶质浓度低于共熔浓度时，溶液被冷却后，部分水结成冰晶而析出，剩余溶液中的溶质浓度则由于冰晶数量的增加和冷冻次数的增加而提高。溶液的浓度逐渐增加，至某一温度时，被浓缩的溶液全部冻结，这一温度即为低共熔点或共晶点。

果蔬汁冷冻浓缩包括冰晶的形成、冰晶的成长、冰晶与液相分开三个步骤。冷冻浓缩的方法和装置有很多，如图8-1所示为荷兰Grenco冷冻浓缩系统，它是目前食品工业中应用较成功的一种装置。在此系统中，果蔬汁通过刮板式换热器形成冰晶，再进入结晶器，使冰晶体积增大，最后冰晶和浓缩物被泵至洗涤塔将冰晶分离出来，如此反复，直至达到浓缩要求。将冰晶分离后，冷冻浓缩汁内基本保留了原汁所含有的一切物质，但此种浓缩方法的缺点是分离冰晶时不可避免地会损失部分浓缩汁。由于在-7℃～-3℃下完成浓缩操作，原汁中的各种生物化学反应和化学反应受到抑制，因此产品不会出现滋味和香味的变化，也不会产生非酶褐变反应和维生素损失等。

由于受到冰晶—浓缩汁混合物黏度的限制，冷冻浓缩汁的最大浓缩浓度只能达到40%～50%。果胶、蛋白质和其他胶体物质会增加浓缩汁的黏度，因此对浓缩过程也会有不利影响。

（3）反渗透浓缩法。反渗透浓缩是一种膜分离技术。反渗透浓缩的原理如图8-2所示，即用一张半透膜将果汁与纯水隔开，水会自动穿过半透膜向果汁一侧渗透，这种自动渗透的压力叫作渗透压。反渗透是在果汁一侧施加压力，若该压力大于果汁的渗透压，则果汁中的水能穿过膜反向渗入水中，直至两侧压力相等为止。

反渗透浓缩与真空浓缩等与加热蒸发浓缩相比，优点是蒸发过程不需加热，可在常温条件下实现分离或浓缩，品质变化小；浓缩过程在密封中操作，不受氧气影响；在不发生相变的状态下操作，挥发性成分的损失较少；节约能源，所需能量约为蒸发浓缩的

1/17，是冷冻浓缩的 1/2。

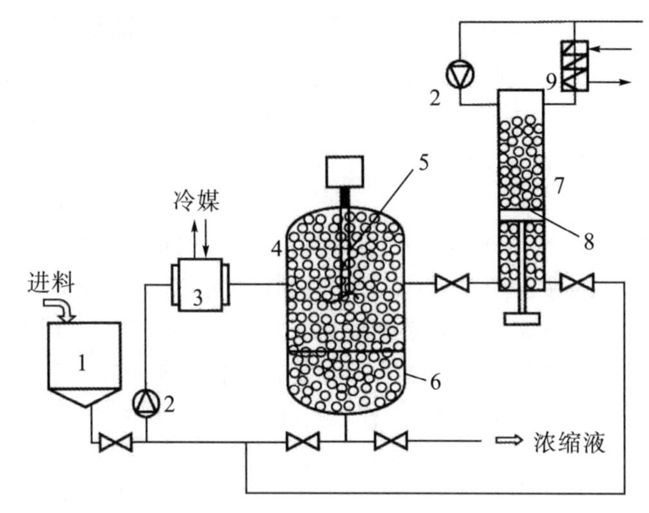

1—原料罐；2—循环泵；3—刮板式换热器；4—再结晶罐；5—搅拌器；
6—过滤器；7—洗净塔；8—活塞；9—冰晶溶解用换热器

图 8-1　Grenco 冷冻浓缩系统

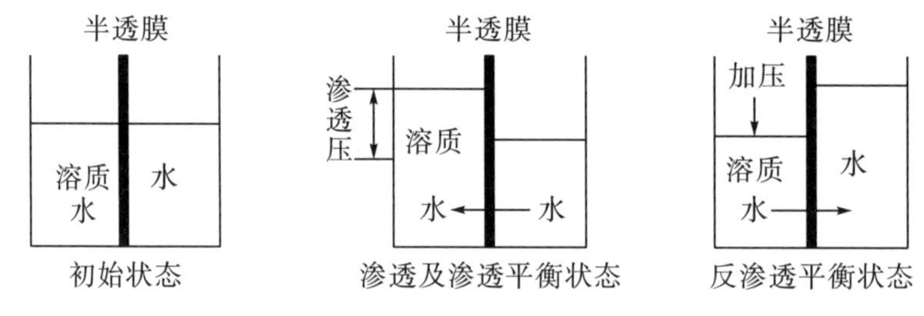

图 8-2　反渗透浓缩的原理

目前，反渗透浓缩常用膜为醋酸纤维素及其衍生物、聚丙烯腈系列膜等。反渗透浓缩依赖于膜的选择性筛分作用，以压力差为推动力，允许某些物质透过而不允许其他组分透过，以达到分离浓缩的目的。影响反渗透浓缩的主要因素有膜的特性及适用性，果蔬汁的种类、性质，以及温度和压力、浓差极化现象等。

膜的特性及适用性：不同材质的膜有不同的适用性，介质的化学性质对膜的效果有一定的影响，如醋酸纤维素膜 pH 为 4～5，水解速度最小；在强酸和强碱中水解加剧。

浓差极化现象：所有的分离过程均会产生这一现象，在膜分离中其影响特别严重。当分子混合物由推动力带到膜表面时，水分子透过膜，另外一些分子被阻止，这就导致在近膜表面的边界层中被阻组分的集聚和透过组分的降低，这种现象即所谓浓差极化现象。它的产生使透过速度显著减小，削弱膜的分离特性。工程上主要采取加大流速、装设湍流装置、脉冲、搅拌等消除其影响。

反渗透浓缩的操作条件：一般情况下，操作压力越大，一定膜面积上透水速率越大，但又受到膜的性质和组件的影响。理论上，随温度升高，反渗透速度增加，但果蔬汁大多为热敏物质，应控制温度为 40℃～50℃。

果蔬汁的化学成分、果浆含量和可溶性固形物的初始浓度对果汁透过速度影响很大，果浆含量和可溶性固形物含量高，不利于反渗透的进行。

（五）果蔬汁的调整与混合

为使果蔬汁符合一定的规格要求并改进风味，常需要适当调整以使果蔬汁的风味接近新鲜果蔬。调整范围主要为糖酸比的调整及香味物质、色素物质的添加。调整糖酸比及其他成分，可在特殊工序如均质、浓缩、干燥、充气以前进行。澄清果汁常在澄清过滤后进行调整，有时也可在特殊工序中间进行调整。

果蔬汁饮料的糖酸比是决定其口感和风味的主要因素。一般果蔬汁适宜的糖分和酸分的比例在（13∶1）～（15∶1）范围内，适宜于大多数人的口味。因此，调配果蔬汁饮料时，首先需要调整含糖量和含酸量。一般果蔬汁中含糖量为8%～14%，有机酸含量为0.1%～0.5%。调配时用折光仪或白利糖表测定并计算果蔬汁的含糖量，然后按下列公式计算补加浓糖液的质量和补加柠檬酸的质量：

$$X=\frac{m(B-c)}{D-B}$$

式中，X——需加入的浓糖液（酸液）的质量，kg；

D——浓糖液（酸液）的浓度，%；

m——调整前原果蔬汁的质量，kg；

c——调整前原果蔬汁的含糖（酸）量，%；

B——要求调整后的含糖（酸）量，%。

调整糖酸比时，先按要求用少量水或果蔬汁使糖或酸溶解，配成浓溶液并过滤，然后加入果蔬汁中并放入夹层锅内，充分搅拌，调和均匀后，测定其含糖量，如不符合产品规格，可再行适当调整。

果蔬汁除进行糖酸比调整外，还需要根据产品的种类和特点进行色泽、风味、黏稠度、稳定性的调整。所使用的食用色素、香精、防腐剂、稳定剂等应按食品添加剂的规定量加入。

许多果品蔬菜如苹果、葡萄、柑橘、番茄、胡萝卜等，虽然能单独制得品质良好的果蔬汁，但与其他种类的果实配合，风味会更好。不同种类的果蔬汁按适当比例混合，可以取长补短，制成品质良好的混合果蔬汁，也可以得到具有与单一果蔬汁不同风味的果蔬汁饮料。中国农业大学研制成功的“维乐”蔬菜汁，是由番茄、胡萝卜、菠菜、芹菜、冬瓜、莴笋6种蔬菜复合而成，其风味良好。果蔬混合汁饮料是果蔬汁饮料加工的发展方向。

（六）杀菌

果蔬汁杀菌的目的是杀死果蔬汁中的致病菌、产毒菌、腐败菌，并破坏果蔬汁中的酶，使果蔬汁在贮藏期内不变质，同时尽可能保存果蔬汁的品质和营养价值。果蔬汁杀菌的微生物对象为酵母菌和霉菌，酵母菌在66℃下1min、霉菌在80℃下20min即可被杀灭。所以，可以采用一般的巴氏杀菌法杀菌，即以80℃～85℃的温度杀菌20～30min，然后放入冷水中冷却，从而达到杀菌的目的。但由于加热时间太长，果蔬汁的色泽和香味都有较多的损失，尤其是浑浊果汁，容易产生煮熟味。因此，常采用高温瞬时杀菌法，即采用（93±2）℃的温度保持15～30s进行杀菌，特殊情况下可采用120℃的温度保持3～10s进行杀菌。

（七）灌装和包装

果汁的灌装方法有热灌装、冷灌装和无菌灌装等。热灌装是将果汁加热杀菌后立即灌装到清洗过的容器内，封口后将瓶子倒置10～30min，对瓶盖进行杀菌，然后迅速冷却至室温。冷灌装是先将果汁灌入瓶内并封口，再放入杀菌釜内用90℃的温度杀菌10～15min，以上两种方法是常用的方法。无菌灌装可使产品达到商业无菌。无菌灌装的条件是果汁和包装容器要彻底杀菌，灌装要在无菌的环境中进行，灌装后的容器应密封好，防止再次污染。无菌灌装的优点是分别连续加工出无菌果汁和对容器进行杀菌，从而得到高经济性和高质量的产品。

包装形式有大包装和小包装两种。按产品销售方式的不同，大包装用于贮藏或作为原料销售，一般用塑料桶或无菌大袋容器包装；小包装用于市场零售，一般用玻璃瓶、塑料瓶和铝箔复合材料容器包装等。

三、常见问题分析与控制

（1）果汁败坏。表面长霉、发酵，同时产生CO_2及醇，或产生醋酸。引起果汁败坏的原因有：

①醋酸菌、丁酸菌等败坏苹果、梨、柑橘、葡萄等果汁，它们能在嫌气条件下迅速繁殖，对低酸性果汁具有极大的危害性。

②酵母是引起果汁败坏的重要菌类，引起果汁发酵产生大量CO_2，发生胀罐，甚至会使容器破裂。

③耐热性霉菌、绿衣霉、红曲霉、拟青霉等破坏果胶，改变果汁原有酸味，产生新的酸，从而导致风味恶化。

为避免果汁败坏，必须采用新鲜、无霉烂、无病害的果实作榨汁原料，注意原料榨汁前的洗涤消毒，尽量减少果实外表的微生物，严格控制车间、设备、管道、容器、工具的清洁卫生，防止半成品积压等。

（2）风味的变化。果汁能否满足消费者的要求，关键在于能否在贮藏期保持其风味。浓度越高的果汁，风味变化越突出。风味的变化与非酶褐变形成的褐色物质有关。柑橘类果汁风味变化与温度有关，如在4℃下贮藏，风味变化缓慢。

（3）果蔬汁中营养成分的变化。不同的贮藏温度，对果蔬汁中维生素C的保存有很大的影响，汁液中类胡萝卜素、花青苷和黄酮类色素受贮藏温度、贮藏时间、氧、光和金属含量的影响。蔗糖转化是果汁贮藏中的重要变化之一，较高的贮藏温度会促进蔗糖转化。要有适宜的低温，贮藏期不宜过长，避光，隔氧，采用不锈钢设备、管道工具和容器，防止有害金属的污染。

（4）罐内腐蚀。果汁一般为酸性、腐蚀性食品，它对镀锡箔板有腐蚀作用。提高罐内真空度、采用软罐包装（塑料包装）、降低贮藏温度等可防止罐内腐蚀。

（5）浓缩汁的败坏常与产双乙酰细菌的高度感染和低劣的贮藏条件有关。当果汁中的果胶丧失胶凝化作用后，汁液内非可溶性悬浮颗粒会集聚在一起，导致果汁形成一种可见的絮状物。果实成熟度、果汁温度、有无天然存在于果汁中的果胶酶及用酶剂量的多少都会影响絮状物的形成。果实品种的差异也会影响絮状物的形成。

第三节　蔬菜腌制

凡是将新鲜果蔬经预处理后，再用盐、香料等腌制，使其进行一系列的生物化学变化，制成鲜香嫩脆、咸淡或甜酸适口且耐保存的加工品，统称腌制品。其中以蔬菜制品居多，水果只有少数品种适宜腌制，且大多是为了保存原料或延长加工期。腌制是我国最为普遍、产量最大的一种加工方法。蔬菜腌制在我国历史悠久、分布广泛，如四川榨菜、泡菜，北京冬菜、酱菜，扬州、镇江酱菜，浙江萧山萝卜干、小黄瓜，云南大头菜，广东酥姜、咸酸菜，惠州梅菜，潮汕贡菜等，均畅销国内外，深受消费者欢迎。

蔬菜腌制品主要包括泡酸菜、成菜、酱菜、糖醋菜、盐渍菜5大类。腌制品含盐量一般为：泡酸菜0％～4％，咸菜类10％～14％，酱渍菜8％～14％，糖醋菜1％～3％，盐渍菜25％。目前蔬菜腌制品正在向营养化、疗效化、低盐化、多样化、天然化发展。

蔬菜腌制的原理主要是利用食盐的高渗透压作用、微生物的发酵作用、蛋白质的分解作用，以及其他一系列生物化学作用，抑制有害微生物的活动和增加产品的色、香、味。蔬菜腌制时，常常加入一些香辛料和调味品，它们不但起着调味的作用，而且具有不同程度的抗菌、抗氧化或防腐作用。下面分别介绍各类蔬菜腌制品的加工技术。

一、泡酸菜类的腌制

泡菜和酸菜主要是利用乳酸菌发酵产生乳酸，辅以低盐来保存蔬菜并增进其风味，是我国民间大众化的蔬菜加工品。泡酸菜鲜美可口，且能增进食欲、助消化。现代医学证明，泡酸菜中的乳酸和乳酸菌对人体的健康十分有益，如抑制肠道中腐败菌的生长和减弱腐败菌在肠道的产毒作用，并有防止便秘、降低胆固醇、抗肿瘤以及调节人体生理机能等保健和医疗作用。

（一）生产工作程序

1. 酸菜

（1）原料选择与处理。腌制酸菜的主要原料是叶菜类，如白菜、甘蓝、芥菜等。蔬菜收获后，除去烂叶、老叶，削去菜根，晾晒2～3d，晾晒至原重的65％～70％为宜。

（2）腌制。腌制容器一般用大缸或木桶。用盐量为每100kg晒过的蔬菜用盐3～5kg，如要贮藏较长时间，可适当增加用盐量。腌渍用水以硬水为宜。腌制时，一层菜、一层盐，并进行揉压，要缓慢而柔和，以全部菜压紧、压实见卤水为止，一直腌渍距缸沿 10cm 左右，加上竹栅，压以重物。待菜下沉、菜卤上溢后，还可加腌一层，仍然压上重物，使菜卤漫过菜面 7～8cm，置凉爽处任其自然发酵产生乳酸，30～40d 即可腌成。如急于食用，可放在适宜乳酸菌繁殖的温度处，发酵后，再置于阴凉处。

（3）质量标准。因蔬菜原料不同，产品色泽为黄绿色或乳白色，具有乳酸发酵所产生的特有香气，无不良气味，酸咸适口，质脆。

2. 泡菜

（1）原料选择。凡是组织紧密、质地脆嫩、肉质肥厚且在腌制过程中不易软化的新鲜蔬菜均可作为泡菜的原料。例如大头菜、球茎甘蓝、萝卜、甘蓝、嫩黄瓜等。也可以选用几种蔬菜混合泡制。

（2）原料处理。新鲜原料充分洗涤后，将不宜食用的部分剔除，根据原料的体积大小决定是否切分，块形大且质地致密的蔬菜应适当切分，特别是大块的球茎类蔬菜应适当切分。清洗、切分的原料沥干表面水分后即可入坛泡制。

（3）盐水的配制。盐水对泡菜的质量影响很大，泡菜用水要求符合饮用水标准，如井水、泉水或硬度较大的自来水均可用于配制泡菜用的盐水，因为硬水有利于保持泡菜成品的脆性。经处理的软水用于配制泡菜用的盐水时，需加入原料重 0.05%的钙盐。

盐水的含盐量为 6%～8%，为了增进泡菜的品质，还可在盐水中加入 2%的红糖、3%的红辣椒以及其他香辛料，香辛料应用纱布包盛装后置于盐水中。将水和各种配料一起放入锅内煮沸，冷却后备用。冷盐水中也可以加 2.5%的白酒与 2.5%的黄酒。

（4）泡菜坛及其准备。泡菜坛用陶土烧制而成，抗酸碱、耐盐。其口小肚大，距坛口 6～15cm 处有一水槽，槽缘略低于坛口，坛口上放一小碟作为假盖，坛盖扣在水槽上，其结构见图 8-3。泡菜坛的大小规格不一，小的泡菜坛可容纳 1～2kg 泡菜，大的可容纳 10～50kg。这种结构的泡菜容器既能有效地将容器内外隔离，又能自动排气，而且在发酵过程中可形成厌氧环境，这样不仅有利于乳酸发酵，而且可以防止外界杂菌的侵染。

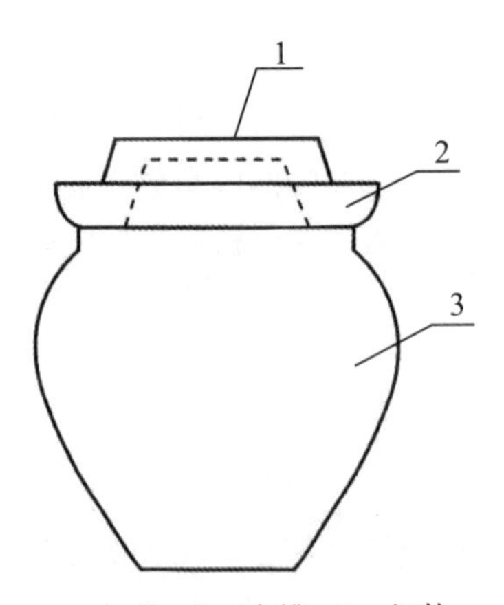

1—坛盖；2—水槽；3—坛体

图 8-3　泡菜坛的结构示意图

（资料来源：赵晨霞．果蔬贮藏加工技术［M］．北京：科学出版社，2006.）

泡菜坛在使用前必须清洗干净，如果泡菜坛内壁黏有油污，应用去污剂清洗干净，然后再用清水冲洗 2～3 次，倒置沥干坛内壁的水后备用。

（5）入坛泡制与管理。将准备就绪的蔬菜装入泡菜坛内，装至半坛时，将香辛料包放入，再装原料至坛口 6cm 处即可。用竹片将菜压住，以防腌渍的原料浮于盐水面上。随后注入配置好的冷盐水，要求盐水将原料淹没。首次腌制时，为了使发酵迅速，并缩短成熟时间，将新配置的冷盐水在注入泡菜坛前进行人工接入乳酸菌，或加入品质优良的陈泡菜汤。将假盖盖在坛口，坛盖扣在水槽上，并在水槽内注入清水或食盐溶液。最后将泡菜坛置于室内的阴凉处自然发酵。

根据微生物的活动和乳酸积累量，发酵过程一般可分为三个阶段：

①初期。以异型乳酸发酵为主，伴有微弱的酒精发酵和醋酸发酵，产生乳酸、乙醇、醋酸及二氧化碳，逐渐形成嫌气状态。乳酸积累约为 0.3%～0.4%，pH=4.5～4.0，是泡菜的初熟阶段，时间 2～5d。

②中期。正型乳酸发酵，嫌气状态形成，乳杆菌活跃。乳酸积累达 0.6%～0.8%，pH=3.5～3.8，大肠杆菌、腐败菌等死亡，酵母、霉菌等受抑制，是泡菜完熟阶段，时间 5～9d。

③后期。正型乳酸发酵继续进行，乳酸积累可达 1.0%以上，当乳酸含量达 1.2%以上时，乳酸菌本身也受到抑制，此时的产品酸味浓，也叫作酸菜。

泡菜的成熟期随原料种类、气温及食盐浓度等而异。泡菜在发酵中期食用风味最佳。如果在发酵初期取食，成品咸而不酸；如果在发酵后期取食，风味过酸。

成熟的泡菜取食后，应及时添加新原料，同时也应按原料的 5%～6%补充食盐，其他调味料也应适当地添加。

（6）成品泡菜。成品泡菜应清洁卫生，保持蔬菜原有色泽，香气浓郁，组织细嫩，质地清脆，咸酸适度，略有甜味与鲜味，尚有蔬菜原有的特殊风味。

（二）质量控制点及预防措施

1. 失脆及预防措施

（1）失脆原因。产品质地脆嫩是大部分腌制菜质量标准中的一项重要指标。蔬菜腌制过程中，促使原果胶水解而引起脆性减弱的原因有两方面：一是用来腌制加工的蔬菜原料成熟度过高，或者受了机械损伤，原果胶酶的活性增强，使细胞壁中的原果胶水解；二是由于腌制过程中一些有害微生物的生长繁殖，所分泌的果胶酶类能水解果胶物质，导致蔬菜变软而失去脆性。

（2）保脆措施。

①原料选择。在腌制前剔除过熟及受过机械损伤的蔬菜，将原料与泡菜坛清洗干净。

②及时腌制与食用。收购的蔬菜要及时进行腌制，防止蔬菜品质下降；不宜久存的泡菜应及时取食，取食泡菜后应及时补充新的原料，充分排出坛内空气，同时严密水封，并经常检查。泡菜取食时，切忌将油脂带入坛内，以防腐败微生物分解脂肪使泡菜腐臭。

③抑制有害微生物。腌制过程中一定要减少有害微生物的污染。

④使用保脆剂。为使腌制菜保持脆口，一般在腌制时加入保脆剂，即把蔬菜原料浸泡在铝盐和钙盐的水溶液中进行短期浸泡，然后取出再进行初腌，或者直接往初腌的盐卤中加入一定量的钙盐或铝盐，加入量一般为蔬菜原料的0.05%～0.1%。但如果加入量过多，反而会使蔬菜组织过硬，口感发艮。另外，用碱性的井水浸泡也可起到保脆的效果，因为井水中含有氯化钙、碳酸氢钙、硫酸钙等多种钙盐。

⑤调整渍制液的pH和浓度。果胶在pH为4.3～4.9时水解度最小，如果pH<4.3或pH>4.9，水解就增大，菜质就容易变软。另外，果胶在浓度大的渍制液中溶解度小，菜质就不易软化。

2. 微生物败坏及预防措施

蔬菜腌制过程中，微生物的发酵作用主要是乳酸发酵，其次是酒精发酵，醋酸发酵极轻微。制作泡菜和酸菜时，需要利用乳酸发酵。

(1) 微生物败坏。蔬菜腌制过程中，除了有益微生物的发酵作用外，还会发生有害微生物的发酵作用，如大肠杆菌、丁酸菌、霉菌、有害酵母菌。这些有害的微生物大量繁殖后，不仅消耗糖分与乳酸，还降低制品的质量，会使产品劣变。有时还会生成亚硝酸盐、亚硝胺、硫化氢等一些有害物质，并产生异味。

(2) 预防措施。应保证蔬菜原料鲜嫩完整，无损伤及病虫害侵染，清洗附着的泥土和污物。加工用水、食盐必须符合国家卫生标准。腌制中要便于封闭隔离空气。容器在使用前，要进行检查和消毒。蔬菜腌制受食盐浓度、酸度、温度、空气等环境因素的影响，腌制时要注意采取综合措施抑制有害微生物的活动。

添加防腐剂虽然能够抑制某些微生物和酶的活动，但其作用是有限的，常用的防腐剂有苯甲酸钠、山梨酸钾和脱氢醋酸钠等。生产中，泡菜盐水表面已有酒花酵母菌膜产生，在泡菜坛内加入大蒜、洋葱、红萝卜或高度白酒，然后密封一段时间，则可有效地抑制酒花酵母菌的生长。

3. 腌制中亚硝酸盐的生成及预防措施

(1) 亚硝酸盐的生成。蔬菜生长过程中所摄取的氮肥是以硝酸盐或亚硝酸盐的形式进入体内的。在采收时仍有部分亚硝酸盐或亚硝酸尚未转化而残留，土壤中也有硝酸盐的存在，此外，植物体上附着的硝酸盐还原菌（如大肠杆菌）所分泌出的酶也会使硝酸盐转化为亚硝酸盐。在加工时所用的水质不良或受细菌侵染，均可促成这种变化。

亚硝胺是由亚硝酸和胺化合而成的，胺来源于蛋白质、氨基酸等含氮物的分解，其在新鲜蔬菜原料中含量极少，但在腌制过程中会逐渐地分解，并溶解到腌液中。腌液的表面往往出现霉点、菌膜，这都是蛋白质含量很高的微生物，如白地霉生成的菌膜，一旦受到腐败菌的侵染，会降解为氨基酸，并进一步分解成胺类，在酸性环境中具备了合成亚硝胺的条件，尤其在腌制条件不当导致腌菜劣变时，还原与合成作用更明显。

(2) 亚硝酸盐的控制。选用新鲜蔬菜原料，加工前冲洗干净，减少硝酸盐还原菌的侵染。据试验，采后蔬菜经晾晒有助于降低蔬菜体内亚硝酸盐含量，晾晒1～3d后可基本消失；腌制时用盐要适当，撒盐要均匀并将原料压紧，使乳酸菌迅速生长、发酵，形成酸性环境，从而抑制分解硝酸盐的细菌活动；如发现腌制品表面产生菌膜，不要打捞或搅动，以免菌膜下沉使菜卤腐败而产生胺类，可加入相同浓度的盐水将菌膜浮出，或立即处理销售；腌制成熟后食用，不吃霉烂变质的腌制菜，待腌制菜亚硝酸盐生成的高峰期过后再食用；要严格控制腌制品表面不要“生花”，表面的霉点或菌膜一旦被搅破下沉则不宜继续食用。

二、酱菜的腌制

酱菜是世界三大名酱腌菜之一，我国腌制历史悠久，各地有不少名优产品，如扬州的什锦酱菜、北京的甜面酱八宝菜、浙江的酱黄瓜等。优良酱菜不仅要具有酱料的色、香、味，还应保持蔬菜特有的风味、质地等。蔬菜的酱制是取用经腌渍后保藏的咸菜坯，经去咸排卤后进行酱渍。酱菜的原料甚为广泛，凡肉质肥厚、质地嫩脆的叶菜类、茎菜类、根茎类、瓜菜类等均可。常见的品种有萝卜、黄瓜、茄子、大蒜、薤、甜辣椒、生姜、胡萝卜、莲藕等。酱菜的腌制包括盐腌和酱渍两部分。具体生产工序如下。

1. 原料选择及处理

原料选择好，经充分洗净后，削去粗筋须根、黑斑烂点等不能食用的部分，然后根据原料的种类、大小和形态切半或切成条状、片状、颗粒状等。小型蔬菜可不切分，如小型萝卜、嫩黄瓜、蒜头等。

2. 盐腌

原料切分后即可进行盐腌处理。盐腌有干腌和湿腌两种。干腌法即用占原料重15%～20%的干盐直接与原料拌和或分层撒腌于缸内或池内的方式，主要用于含水量较大的蔬菜，如萝卜、黄瓜等。湿腌法则用25%的食盐溶液浸泡原料，菜水比为1∶1，适合于含水量较少的蔬菜，如蒜头、大头菜等。盐腌的期限因种类不同而异，一般为10～20d。

一般咸菜坯的含盐量为20%左右。原料盐腌的目的：高浓度食盐的高渗透作用，会改变细胞膜透性，利于酱渍时酱液的渗入；可除去原料中部分苦、涩、生味及其他异味，从而改变原料的风味及增进原料的透明度；高浓度食盐可抑制微生物生长，使原料长期保存不坏，盐腌是保存半成品的主要手段。

3. 脱盐

酱渍前先要脱盐，最好将菜坯用流动的清水浸泡，脱盐的效果较好。脱盐并不要求把菜坯中的食盐全部脱除干净，而是脱去大部分食盐而保留一小部分。用口尝尚能感到少许咸味即可，一般含量在2%左右。脱盐后，取出沥干明水即可酱渍。

4. 酱渍

酱渍是将盐腌的菜坯脱盐后浸渍于甜面酱、酱油中的过程，使酱料中的色、香、味物质扩散到菜坯内，一段时间后达到渗透平衡，即制成成品酱菜。酱料的好坏是影响制品质量的关键因素。日本酱菜世界闻名，主要是由于日本酿造业发达，酱及酱油品质好。优质酱料酱香突出、鲜味浓，无异味、呈红褐色、黏稠。

（1）酱渍方法。

针对不同的原料，酱渍方法各不相同，常用的方法有三种：①直接将处理好的菜坯浸渍在酱或酱油中；②像腌渍咸菜坯一样，在腌渍容器内一层菜坯一层酱，层层相间，上面一层多加酱；③将原料装入布袋内后用酱覆盖。酱的用量一般与菜坯的重量相等。

（2）酱渍管理。

酱渍期要进行搅拌，使菜坯均匀地吸附酱色及酱味，加快酱渍时间，使制品表里一致。成熟制品不但具有酱的色、香、味，而且质地嫩脆。由于酱渍时菜坯中仍有水分渗出使酱的浓度降低，因此生产上可采用 3 次酱渍法，即将菜坯依次在 3 个酱缸（或池）中各酱渍 7～10d，每个缸（池）中均装新酱，当原料从第三个酱缸（池）中取出时制成成品。酱渍时间因盐的浓度降低，可导致一些耐盐性微生物的生长，因此在操作时应注意卫生管理。

由于常压下酱渍时间长、耗工耗料，目前正研究采用真空—压缩速制酱菜工艺，会大大缩短酱渍时间，使制品新鲜、脆嫩、营养损失少。

生产上可在酱料中加入各种调味料，从而制成各色产品。酱料中加入辣椒，制成辣椒酱菜；加入花椒、香料、曲酒、味精、食糖等，制成五香酱菜；将各种菜坯按比例混合酱渍或将已酱渍好的酱菜按比例制成什锦酱菜。

三、榨菜的腌制

榨菜是由于最初加工曾用木榨压出多余水分，从而得名榨菜。榨菜为我国特产，1898 年始创于四川涪陵，由茎用芥菜的膨大茎（俗称青菜头）加工而成。一般分坛装榨菜、方便榨菜两种，前者主要为原料经去皮、切分、脱水、盐腌、拌料、后熟而成；后者是以坛装榨菜为原料，经切分、拌料、袋装、抽空、密封、杀菌冷却而成。目前除四川外，浙江、福建、江西、湖南等地均有生产，而且产量逐年增加。

浙江榨菜腌制尽管起步晚，但发展快，目前产量已超过四川，腌制工艺有特色，现将浙江榨菜的腌制工艺生产程序介绍如下。

1. 原料选择、采收

原料应选择质地紧密、粗纤维少、菜头突起物圆钝、含可溶性固形物在 5%以上的单个重 150g 以上、无病虫害及腐烂者。青菜头品种较多，比较适合腌制榨菜的有草腰子、枇杷叶等。一般在苔茎形成即将抽出时采收，过早过晚均不宜。另外，为防止单一品种集中成熟易造成加工时太集中、繁忙的现象，最好早、中、晚取品种搭配栽培，延长加工期限。

2. 整理切分

剔尽菜叶，切去菜根，用剥皮刀将每个菜头基部的粗皮老筋去除，但不伤及上部的表皮，俗称扦菜。扦菜后根据菜的形状和大小进行切分，一般质量为 300～500g 的菜头分为 2 块，500g 以上者分成 3 块，切分后质量以 150g 左右为宜。菜体的形状、大小尽量均匀一致，保证晾晒时干湿均匀，成品整齐美观。

3. 腌制

一般采用 2 次腌制脱水。

（1）第一次腌制及上囤。

采用腌制池，每层不超过 15cm，一层蔬菜、一层盐，层层压紧。撒盐要均匀，底少面多，中间多、外围少，加盐量以每 100kg 剥好的菜头用盐 3～4kg，撒好面盐后，铺上竹编隔板，用大石板压住。第一次腌制时间一般为 36～48h，防止盐分低而引起发酵。到时间后马上上囤，即将菜头在盐水池中淘洗后捞出装入囤中，囤基上铺竹帘，上囤时层层压紧，以高 2m 左右为宜，利于排水。有时囤面可压重物挤压水分。上囤时间一般不超过 24h，出囤时菜重为原料的 50%～60%。

（2）第二次腌制及上囤。

将出囤的菜头称重后再置于菜池内，每层厚度为 13～15cm，加盐量按每 100kg 加盐 5～8kg，操作同前。第二次腌制可以增加压力使菜头压紧，正常情况下腌制一般不超过一周，但有时可达 15～20d，这时需适当增加菜水的含量以防止乳酸发酵及其他发酵作用。腌制结束后第二次上囤，此次囤身宜大不宜小，上面可不压重物，时间不应长于 12h，然后出囤，此时盐腌脱水的过程基本结束。

4. 修剪、分级、整理

修剪主要是修去飞皮、挑去老筋、剪去菜耳、除去斑点等，使菜头光滑整齐。修剪后的菜块要进行切分、整形，必要时可分级，分别处理，使生产的制品规格一致。

5. 淘洗上榨

整理后的菜块再经澄清过滤的咸卤水淘洗干净，一般洗 2～3 遍，彻底除尽泥沙。洗净后上榨，以榨干菜块外部的明水以及菜块内部可能被压出的水分，上榨时注意一定要缓慢地下压，防止菜块变形或破裂，时间不宜过久，出榨率为 70%～80%，品级不同，出榨率也不同。

6. 拌料装坛

将上榨后的菜块再拌和食盐及其他配料装入坛内的过程。配料的种类及用量各地有所不同。一般配料用量如下：按每 100kg 榨菜的干菜块加入辣椒粉 1.3～1.75kg，混合香料 90～150g，甘草粉 55～65g，花椒 60～90g，食盐 4～5g，苯甲酸钠 50～60g。先将配料混合拌匀，再分几次与菜块同拌，拌好后即可装坛。有些地区还加一些香料，如茴香、胡椒、干姜片等。装坛时一般分五次装入，层层压紧，每坛装至距坛口 2cm 为止，再加盖面盐 50g，塞好干咸菜叶，塞口时务必塞紧。

7. 覆口封口

装坛后 15～20d 左右进行一次检查，将塞口干菜取开，若坛面菜下落变松，无发霉等现象，则马上添同等级新菜使坛内添满，装满后撒上面盐和塞入干菜叶；若坛面生花发霉，则将这一部分挖出来另换新菜装紧装满。坛口塞好后擦净，即可用水泥封口，贮藏于冷凉地方，1～2 个月即可腌制成熟，制成坛装成品。

8. 切分包装

切分包装是制作方便榨菜的工序。以腌制好的坛装榨菜为原料经过切片或切丝，称量装袋，防腐保鲜，真空密封而成。由于方便，榨菜包装小、易携带、食用方便、风味好、易保存，深受消费者欢迎，远销国内外。包装材料普遍采用复合塑料薄膜袋。要求材料无毒，不与内容物起化学变化，能密封，透水、透气性小，耐高温、防光等，主要采用聚酯/铝箔/聚乙烯。成品榨菜应色泽鲜艳，香味浓郁，无生味，质地脆嫩，咸淡适口，无泥沙，干湿适度，贮藏 1 年不变质。

四、糖醋菜类的腌制

1. 原料选择与处理

适用于糖醋加工的原料广泛，例如黄瓜、萝卜、子姜、未成熟的番木瓜、杧果等。原料要清洗干净，按需要去皮或去根、去核等，再按食用习惯切分。

2. 盐渍处理

整理好的原料用 8%左右食盐腌制至原料呈半透明为止，可以排除原料中不良风味（如苦涩味），增强原料组织细胞膜的渗透性，使其呈半透明状，以利糖醋液渗透。如果以半成品保存原料时，则需补加食盐至 15%～20%。

3. 浸渍

（1）糖醋液配制。一般选用白砂糖、醋酸，糖醋液含糖 30%～40%，含醋酸 2%左右。白砂糖加热溶解过滤后煮沸，待温度降低至 80℃时，加入醋酸。

（2）浸渍。用腌好的原料做糖醋菜，原料要在清水中脱盐至稍有咸味捞起，并沥去水分，随即转入已配制好的糖醋液内，糖醋液用量一般与原料等量，1 周左右即可成熟。

4. 杀菌包装

如要较长期保存，需进行罐藏。包装容器可用玻璃瓶、塑料瓶或复合薄膜袋，进行热装堆包装或抽真空包装。若密封温度≥75℃，不再进行杀菌也可长期保存。也可包装后进行杀菌处理，在 70℃～80℃热水中杀菌 10min。热装罐密封后或杀菌后都要迅速冷却，否则制品容易软化。

五、常见问题分析与控制

（一）常见问题

腐烂败坏是变质、变味、变色、分解等不良变化的总称。发生败坏的原因如下：

（1）生物败坏。由有害微生物生长繁殖引起，有害的微生物主要是好气性菌和耐盐菌。在有空气存在的条件下，容易造成腌制菜败坏，同时又促进氧化。败坏的现象有生花、酸败、发酵、软化、腐臭、变色等。严重时不能食用，会对人体健康造成危害。

（2）物理性败坏。主要是由光线和温度造成的。腌制菜在光照作用下，会使成品中物质分解，引起变色、变味和抗坏血酸的损失。

（3）化学性败坏。各种化学反应引起的变化，如氧化、还原、分解、化合反应都会使腌制品质量产生不同程度的败坏。

（二）控制措施

（1）加强原料管理。要选用新鲜的蔬菜作为原料，注意保质，严防腐败变质；蔬菜在腌制前要经过清洗、晾晒，可以减少亚硝酸盐的含量；腌制用水要符合饮用水的卫生要求。

（2）加强卫生措施。在蔬菜腌制过程中，要严防有害细菌生长；食盐加入量要充足；腌制时蔬菜原料要浸没于水下。如果发生有害微生物侵染，应把腌菜用清水洗净，放在阳光下暴晒数小时，然后继续腌制，这样做也有利于分解和破坏亚硝酸。另外，取食时要防止油滴进入腌菜中。

（3）注意经常定期或不定期检查温度、坛盖的密封及卫生情况，若发现问题，要及时处理。贮藏腌菜一定要特别注意环境卫生，避光，放到阴凉处。

第四节 现代果蔬加工新技术

一、超临界流体萃取技术

（一）概述

超临界流体萃取（Supercritical Fluid Extraction，SFE）是一种新的分离技术。Hannay 在 1897 年就发现了超临界流体（Supercritical Fluid，SCF）的独特溶解现象。20 世纪 50 年代，美国 Todd 从理论上提出将超临界流体用于萃取分离的可能性，但直到 20 世纪 70 年代才引起人们的普遍重视。1978 年，德国建成了第一个利用超临界流体萃取技术从咖啡豆脱除咖啡因的工厂。近年来，超临界流体萃取技术在美国、德国、日本等发达国家发展极为迅速，其应用领域有食品、医药、化妆品、化工等，特别是在食品工业中的应用发展尤为迅速。由于其选择性强，特别适用于热敏性、易氧化物质的提取和分离，因此，为天然食品原料的开发和应用开辟了广阔的前景。

常用作 SCF 的溶剂有二氧化碳、氨、乙烯、丙烷、丙烯、水、甲苯等。目前研究较多和工业上最常用的萃取剂是 CO_2。CO_2 的临界温度为 31.04℃，临界压力为 7.38MPa，临界条件易达到，并且具有化学性质不活泼、与大部分物质不反应、无色无毒无味、不燃烧、安全性好、价格便宜、纯度高、容易获得等优点。超临界 CO_2 是一种非极性的溶剂，对非极性的化合物有较高的亲和力，当化合物中极性官能团出现时，会降低该化合物被萃取的可能性，甚至使之完全不能被萃取，此时就需要在超临界 CO_2 中加入少量夹带剂，以增强其溶解力和选择性。常与超临界 CO_2 一起使用的夹带剂有甲醇、乙烷、乙醇、乙酸酯、丙酮、二氯甲烷、己烷、水、乙酸甲酯等。

（二）原理

超临界流体萃取分离的基本原理是，利用 SCF 对物料有较好的渗透性和较强的溶解能力，将 SCF 与待分离的物质接触，使其有选择性地依次把极性大、小，沸点高、低和分子质量大、小的成分萃取出来。并且 SCF 的密度和介电常数随着密闭体系压力的增加而增大，极性增大，利用程序升压可对不同极性的成分进行分步提取。当然，对应各压力范围所得到的萃取物不可能是单一的，但可以通过控制条件得到最佳比例的混合成分，然后借助减压、升温的方法使超临界流体变成普通气体，被萃取物质则自动完全或基本析出，从而达到分离提纯的目的，并将萃取、分离两个过程合为一体。

超临界流体萃取分离过程是以高压下的高密度超临界流体为溶剂，萃取所需成分，然后采用升温、降压或吸附等手段将溶剂与所萃取的组分分离。超临界流体萃取过程如图 8−4 所示，包括原料预处理、萃取和分离以及二氧化碳增压和循环。

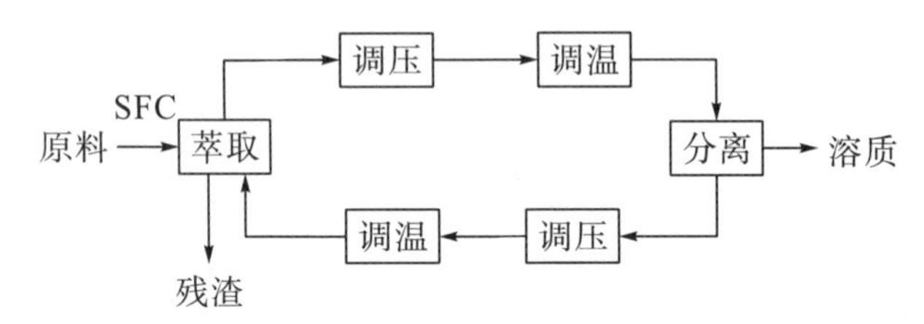

图 8−4　超临界流体萃取工艺图

超临界流体萃取工艺主要由超临界流体萃取溶质以及被萃取的溶质与超临界流体分离两部分组成。根据分离槽中萃取剂与溶质分离方式的不同，超临界流体萃取可分为三种加工方式：①等压升温法：从萃取槽出来的萃取相在等压条件下，加热升温，进入分离槽，溶质分离，溶剂经调温装置冷却后回到萃取槽循环使用。②等温减压法：从萃取槽出来的萃取相在等温条件下减压、膨胀，进入分离槽，溶质分离，溶剂经调压装置加压后再回到萃取槽中。③恒温恒压法：从萃取槽出来的萃取相在等温等压条件下进入分离槽，萃取相中的溶质由分离槽中吸附剂吸附，溶剂再回到萃取槽中循环使用。此外，还有添加惰性气体的方法，其特点是在分离时加入惰性气体如 N_2、Ar 等，使溶质在超临界流体中的溶解度显著下降。整个过程是在等温等压下进行，因此非常节能。但吸附法和添加惰性气体的方法存在如何使超临界流体和吸附剂及惰性气体分离的问题。

（三）在果蔬加工中的应用

1. 果蔬中天然香料和风味物质的提取

果蔬中的挥发性芳香成分由精油和某些具有特殊香味的成分构成。在超临界条件下，精油和具有特殊香味的成分可同时被抽出，并且植物精油在超临界 CO_2 流体中溶解度很大，与液体 CO_2 几乎能完全互溶，因此精油可以完全从果蔬组织中被抽提出来，加之超临界流体对固体颗粒的渗透性很强，使萃取过程不仅效率高，而且与传统工艺相比有较高的收率。超临界流体 CO_2 萃取技术生产天然辛香料的植物原料有很多，如啤酒花、生姜、大蒜、洋葱、山苍子、辣根、香荚兰、木香、辛夷、砂仁和八角茴香等。

Seied Mahdi Pourmortazavi 等研究了利用超临界流体萃取果蔬中的精油，结果表明，与蒸馏法相比，此法萃取时间短，成本低，产品更纯净。

2. 天然色素及各种天然添加剂的提取

超临界流体 CO_2 萃取技术可以分离辣椒红色素、番茄红素和 β－胡萝卜素等天然色素。辣椒红色素是从成熟的辣椒果皮中提取的一种天然红色素。它色调鲜艳、热稳定性好，对人体安全无害，具有营养和着色双重功能，是一种理想的有广阔发展前景的着色剂。目前辣椒红色素已实现超临界流体 CO_2 萃取生产。玉米黄素存在于玉米、辣椒、桃、柑橘等多种果蔬原料中，采用超临界流体 CO_2 萃取玉米黄素，除了避免溶剂残留问题外，所得产品的外观、溶解度、澄清度、色调等综合指标均优于采用有机溶剂萃取所得的产品。此外，超临界流体 CO_2 萃取剩余物有利于蛋白质的回收。

二、超微粉碎技术

（一）概述

超微粉碎技术的应用是食品加工业的一种新尝试。美国、日本市售的果味凉茶、冻干水果粉、超低温速冻龟鳖粉等，都是应用超微粉碎技术加工而成。超微粉碎食品可作为食品原料添加到糕点、糖果、果冻、果酱、冰激凌、酸奶等多种食品中，增加食品的营养，增进食品的色、香、味，改善食品的品质，丰富食品的品种。鉴于超微粉碎食品的溶解性、吸附性、分散性好，容易消化吸收，故可作为减肥食品、糖尿病人专用食品、中老年食品、保健食品、强化食品和特殊营养食品。

（二）原理

超微粉碎技术是利用各种特殊的粉碎设备，对物料进行碾磨、冲击、剪切等，将粒径在 3mm 以上的物料粉碎至粒径为 10～25μm 以下的微细颗粒，从而使产品具有界面活性，呈现出特殊功能的过程。与传统的粉碎、破碎、碾碎等加工技术相比，超微粉碎产品的粒度更加微小。

超微粉碎设备按其作用原理可分为气流式和机械式两大类。气流式超微粉碎设备是利用转子线速率所产生的超高速气流，将产品加速到超高速气流中，转子上设置若干交错排列的、能产生变速涡流的小室，形成高频振动，使产品的运动方向和速率瞬间产生剧烈变化，促使产品颗粒间急促撞击、摩擦，从而达到粉碎的目的。与普通机械式超微粉碎相比，气流式超微粉碎可将产品粉碎得很细，粒度分布范围很窄，即粒度更均匀。又因为气体在喷嘴处膨胀可降温，粉碎过程不产生热量，所以粉碎温度很低。这一特性对于低熔点和热敏性物料的超微粉碎特别重要。其缺点是能耗大，一般认为要高出其他粉碎方法数倍。机械式超微粉碎设备又分为球磨机、冲击式微粉碎机、胶体磨和粉碎机和超声波粉碎机四类。超声波粉碎机的原理是：高频超声波由超声波发生器和换能器产生，超声波在待处理的物料中引起超声空化效应，由于超声波传播时产生疏密区，而负压可在介质中产生许多空腔，这些空腔随振动的高频压力变化而膨胀、爆炸，真空腔爆炸时能将物料振碎。同时由于超声波在液体中传播时产生剧烈的扰动作用，使颗粒产生很大的速率，从而相互碰撞或与容器碰撞而击碎液体中的固体颗粒或生物组织。超声波粉碎后的物料颗粒在 4μm 以下，而且粒度分布均匀。

（三）在果蔬加工中的应用

蔬菜在低温下磨成微膏粉，既保存了营养素，其纤维质也因微细化而使口感更佳。例如，一般被人们视为废物的柿树叶富含维生素 C、芦丁、胆碱、黄酮苷、胡萝卜素、多糖、氨基酸及多种微量元素，若经超微粉碎加工成柿叶精粉，可作为食品添加剂制成面条、面包等各类柿叶保健食品，也可以制成柿叶保健茶。成人每日饮用柿叶茶 6g，可获取维生素 C 20mg，具有明显的阻断亚硝胺致癌物生成的作用。另外，柿叶茶不含咖啡因，风味独特，清香自然。可见，开发柿叶产品，可变废为宝，前景广阔。

利用超微粉碎技术对植物进行深加工的产品种类繁多，如枇杷叶粉、红薯叶粉、桑叶粉、银杏叶粉、豆类蛋白粉、茉莉花粉、月季花粉、甘草粉、脱水蔬菜粉、辣椒粉等。

三、酶工程技术

（一）概述

酶工程技术是利用酶和细胞或细胞器所具有的催化功能来生产人类所需产品的技术，包括酶的研制与生产、酶和细胞或细胞器的固定化技术、酶分子的修饰改造以及生物传感器。酶是活细胞产生的具有高效催化功能、高度专一性和高度受控性的一类特殊蛋白质，其催化作用的条件要求非常温和，可在常温、常压下进行，又有可调控性。食品工业是应用酶工程技术最早和最广泛的行业。近年来，由于固定化细胞技术、固定化酶反应器的推广应用，促进了食品新产品的开发，产品品种增加，质量提高，成本下降，为食品工业带来了巨大的社会经济效益。

酶制剂中酶的来源主要有植物、动物和微生物。最早人们多从植物、动物组织中提取，例如，从动物胰脏和麦芽中提取淀粉酶，从动物胃膜、胰脏和木瓜、菠萝中提取蛋白酶。酶大多由微生物生产，这是因为微生物种类多，几乎所有酶都能从微生物中找到，而且其生产不受季节、气候限制。由于微生物容易培养、繁殖快、产量高，故可在短时间内廉价地大量生产。

近年来，随着基因工程技术的迅速发展，又为酶产量的提高和新酶种的开发开辟了新的途径。基因工程技术的最大贡献在于，它能按照人们的意愿构建新的物种，或者赋予新的功能。虽然目前基因工程还未形成大规模的产业，但是它作为一种改良菌种、提高产酶能力、改变酶性能的手段，已受到了人们的极大关注。例如，利用改良的过氧化物酶能够在高温和酸性条件下脱甲基和烷基，生产一些食品特有的香气因子。基因工程菌生产 α-淀粉酶是目前人们研究最多的课题，美国 CPC 国际公司的 Moffet 研究中心，已成功地采用基因工程菌生产了 α－淀粉酶，并已获得美国食品药品监督管理局（FDA）的批准。此外，运用基因工程技术，提高葡萄糖异构酶、纤维素酶、糖化酶等酶活力的研究也取得了一定的成绩。

（二）原理

酶是生物体内活细胞产生的一种生物催化剂，大多数由蛋白质组成（少数为RNA），能在机体中十分温和的条件下，高效率地催化各种生物化学反应，促进生物体的新陈代谢。生命活动中的消化、吸收、呼吸、运动和生殖都是酶促反应过程。酶是细胞赖以生存的基础，细胞新陈代谢包括的所有化学反应几乎都是在酶的催化下进行的。但是酶不一定只在细胞内起催化作用。在细胞外，酶同样可以通过降低化学反应活化能而起到催化各种各样化学反应的作用。

（三）在果蔬加工中的应用

果蔬加工中最常用的酶有果胶酶、纤维素酶、半纤维素酶、淀粉酶、阿拉伯糖酶等。其中，果胶酶已成为许多国家果汁、蔬菜汁加工的常用酶之一。利用果胶酶可以明显提高果汁澄清度，增加果汁出汁率，降低果汁相对黏度，提高果汁过滤效果。果胶酶主要由滋生物来生产，人们通过一系列诱变育种技术，可以筛选优良菌种。随着人们对天然健康食品的不断需求，近年来，采用果胶酶和其他酶（如纤维素酶等）处理可以大大提高果蔬出汁率，简化工艺步骤，并且可制得透明澄清的果蔬汁。再经过各种调配就可以制成品种繁多的饮料食品，如胡萝卜汁、南瓜汁、番茄汁、洋葱汁饮料等。葡萄糖氧化酶可用于果汁脱氧化，国内外对其生产及固定化方法进行了深入的研究。特别是近年来，随着葡萄糖酸钙、葡萄糖酸锌、葡萄糖酸铁等葡萄糖酸系列产品的兴起，需求日益增加，因而开发性能优良的固定化葡萄糖氧化酶用以氧化葡萄糖、生产葡萄糖酸具有实际意义。

思考题

1. 根据所学知识，详细设计一种果品/蔬菜的加工技术及方法。
2. 论述现代果蔬加工新技术发展趋势。

第九章　三峡库区特色果蔬贮藏及加工

【本章重点】

掌握所学知识的实际综合运用。

第一节　三峡库区猕猴桃贮藏及加工

三峡库区是全国四大野生猕猴桃的原产地之一，是中华猕猴桃原产地之一，是优质猕猴桃生产的最佳生态区，是我国猕猴桃生长最适宜和最集中的产地，具有种植优质猕猴桃得天独厚的天时、地理、人文和交通条件。重庆市万州区盛产中华红阳猕猴桃，目前当地种植该品种达 7000 亩，并且种植面积还在扩大。中华红阳猕猴桃是近来开发的新型奇异果，该品种 2001 年被农业部评为全国优质猕猴桃第一名，是我国唯一通过审定的红果肉早熟品种，兼有优质、丰产、抗病性强等特征，被各国专家一致推荐为世界猕猴桃新一代主流品种和换代首选品种，具有国际领先水平。

万州红阳猕猴桃成熟期在 9—10 月，其风味浓郁，品质极佳，外观光滑无毛，并有浓郁的蜂蜜味，综合性状甚至超过享誉世界的新西兰王牌品种——金色猕猴桃。红阳猕猴桃（又称红心猕猴桃）属于高档水果，富含人体必需的各种氨基酸，维生素 C 含量更是高居水果之冠，具有良好的营养和保健功效，对于心血管疾病、排毒养颜及抗癌尤有益处，因而素有“维 C 之冠，水果之王，王中精品”的美誉，一直供不应求。

一、贮藏方法

猕猴桃的自然保质期极短，果实采后 10d 左右开始腐烂，因此，加强对猕猴桃采后管理十分重要。猕猴桃品种之间耐贮性差异很大，中华猕猴桃能贮藏 1.5～3 个月，常温条件下仅能贮藏 1～2 周。其中低温贮藏应用得最广泛。在贮藏过程中需特别注意控制好湿度。贮藏室内的相对湿度若低于 90%，果皮易皱；若高于 95%，果实易烂。此外，贮藏期间应经常检查果品的质量，若发现软熟果或烂果，要及时捡出、处理。猕猴桃一般使用木箱或纸箱包装，果实在箱内只能做单层摆放，箱内需衬有带孔聚乙烯薄膜，以便保持高温度、湿度和积累二氧化碳，有利于果实长期贮藏。

（一）简易贮藏

（1）室内贮藏。将猕猴桃放在米糠、木箱或纸盒中，放置室内阴凉通风的地方，贮藏期为10天至半个月。

（2）地窖贮藏。在地窖的地面上铺一层洁净的湿沙，然后在上面放一层猕猴桃，再在猕猴桃上铺一层湿沙，如此反复放果、铺沙，堆垛（最高不超过40cm），使猕猴桃果与沙混合堆积贮藏。可贮藏20～30d。

（3）松针砂藏。先将采收的猕猴桃放在冷凉处过夜降温或低温，然后把猕猴桃放入铺有新鲜松针和湿砂的木箱中，一层果实一层松针湿砂，装满后放在阴凉通风处。可贮藏1～2个月。

（二）通风库贮藏

猕猴桃采收后贮藏前用SM－8保鲜剂8倍稀释液浸果，晾干后装筐，每筐约12.5kg，垛于库内。在贮藏前期和后期库温较高时，每隔8h开紫外线灯30min杀菌并清除乙烯。午夜到早晨打开排风扇，排出库内湿热空气和乙烯等有害气体，引入冷空气降低库温。排风扇风速为0.3m/s左右。

（三）冷库贮藏

冷库贮藏是采用机械的方法控制贮藏环境中温度的一种较先进的贮藏方法。它的最大优点是可以创造最适宜的温度条件贮藏果蔬，最大限度地抑制果蔬生理代谢过程，达到比较理想的贮藏保鲜效果。

（1）库内消毒。排出库间异味，消除库内杂物。用饱和的高锰酸钾溶液或漂白粉洗刷地面。用5～15g/m^{3}硫黄拌干锯末熏蒸，紧闭库门24h，48h后开机降温。

（2）预冷、装袋。将消毒后的库间或预冷间采取强制空气冷却、冷库冷却或水冷却等方法，使温度提前2天降至0℃～2℃。用水冷却的必须及时干燥，消除果面水汽。24h内将采摘果入库预冷（日入库预冷量为冷库容量的15％左右），库温稳定在3℃左右，待全部入库预冷结束，根据要求分级装袋。装袋时选用不漏气的保鲜袋，将袋底部撑开，平铺于箱内，将果实一层一层轻放于袋内，防止果顶损坏或刺伤其他果实，最后放入保鲜剂。扎好袋的果箱按级别堆垛。

（3）贮藏管理。

①温度管理。恒定的低温是降低猕猴桃呼吸量，减缓糖化、软化的最有效手段之一，一般为0℃左右。

②湿度管理。相对湿度一般控制为90％～95％。湿度过小，可使猕猴桃失水，果皮发皱；湿度过大，猕猴桃易腐烂。湿度较大时，可结合通风换气进行排湿或使用干燥剂吸湿；湿度较小时，可加湿或喷水。

③气体浓度。猕猴桃吸收氧气产生二氧化碳和乙烯会加快衰老。贮藏过程中要及时降低氧气浓度，提高二氧化碳浓度，排除乙烯。库内通风换气是改善库间气体环境的有效办法，可以排除环境中的有害气体。

④净度的检查。净度不仅包括果实的净度，还包括环境的净度。果实无病虫害、无污染，在贮藏过程中要及时处理感染病菌或腐烂变质的果实；要及时清理库间杂物，排除有害气体。

⑤其他管理。闲杂人员不得进入库内；不得酒后或携带芳香类物质入库；库内严禁烟火；严禁与挥发香气味的果蔬混放；保证冷库保温密封；定时检查库温；加强机器设备的定期检查、维修、保养，防止自控失灵或降温失控。

（四）气调贮藏

气调贮藏的原理是人工改变和控制贮藏环境中的二氧化碳和氧气浓度。一般通过抽气或降氧机把贮藏环境中的氧气浓度从21%左右很快降到2%～4%，并将二氧化碳浓度从0.3%增加至2%～5%。一般将分级及预冷后的果实放入果箱中，每箱装10～15kg，然后在箱外套一个0.06mm厚的塑料袋，袋上有气孔。如果有降氧机和氮气，使用快速降氧法。先用抽气泵抽取袋内空气，再充氮气，反复2～3次后，袋内的氧气浓度减少到所需指标，即可进行贮藏。气调贮藏可以延长猕猴桃的贮藏期，在0℃和O_2浓度为2%～4%、CO_2浓度为2%～5%的条件下，猕猴桃可贮藏6～8个月，果实依然能保持其硬度，成熟后品质良好。另外，可用塑料薄膜做简易气调贮藏，在袋内加一些浸有饱和高锰酸钾的碎砖块，吸收乙烯气体，贮藏效果更好。

（五）排除乙烯贮藏

将泡沫硅、珍珠岩等小碎块放入高锰酸钾的饱和溶液中，浸透后沥干，制成载体装入密封的塑料袋中备用。使用时，将装有高锰酸钾载体的塑料袋打许多小洞，放在装果袋的上部，然后密封装果袋，在0℃库内结合调气进行贮藏。耐贮藏猕猴桃品种用此方法可保鲜6～8个月。

二、红心猕猴桃加工技术——猕猴桃果脯的制作

（一）工艺流程

原料→筛选→预处理→糖制→烘烤→整修→包装。

（二）生产技术要点

1. 原料选择

生产猕猴桃果脯可用果实硬度较大的品种。准备加工的果实应挑选成熟度在坚熟期采收的果实。筛除体积小的果实，剔除病果、虫果、腐烂果、生果及过熟变软的果实。

2. 预处理

将选好的果实去皮，一般采用化学去皮法。去皮后，用清水洗净、晾干水分，将块形较大的果实适当进行切块处理。然后将果块放入竹盘内，送入熏硫房中进行熏硫处

理。硫黄用量可按果块的0.2%～0.4%考虑，熏硫时间一般为2h左右。若无熏硫设备，可把果实浸入0.25%亚硫酸氢钠溶液中浸泡2～4h。

3. 糖制

糖制采用多次煮成法。第一次糖煮时，取水20L，放入锅中加热至80℃，加入白砂糖20kg，同时加入柠檬酸40g，共同煮沸5min。取已处理好的果块50kg，投入糖液中煮沸10～15min，然后连同糖液带果块一起放入大缸中浸泡24h。第二次糖煮时，把缸中的糖液及果块放入锅中，加热至沸后分两次加入白砂糖共20kg，煮沸至糖液浓度达65%时，加入浓度为65%的冷糖液20kg，立即起锅放入缸中浸泡24～48h。出锅时再升温到80℃左右，将果块捞出，沥干糖液，摆盘烘烤。

4. 烘烤

糖制好的果块沥干糖液后，摆入烘烤盘中放到烘烤车推入烤房，迅速升温到60℃左右，6h后升温到70℃，烘烤结束前6h再降温到60℃，一般烘烤20h左右即可停止。烘烤中要注意通风排潮，次数一般为3～5次，每次15min左右。另外，还要注意调换烘盘位置及翻动盘内果块使之均匀烘干，调换的时间和次数视产品干燥情况而定，一般在烘烤过程中倒盘1～2次。第二次倒盘要对产品进行整修。当烘烤产品含水量为18%左右时，触摸产品表面不黏手即可。

5. 整修与包装

出烤房的果脯应放于25℃左右的室内回潮24～36h，然后进行检验和整修，去掉果脯上的杂质、斑点及碎渣，挑出煮烂、干瘪和色泽不好等不合格产品。合格品用无毒食品级玻璃纸包好入库。

（三）加工中的注意事项

制作猕猴桃果脯的过程中，技术要求比较高的关键步骤是糖煮。若掌握不好，即使是使用适宜的原料也往往出现煮烂、干缩、返砂、流糖和褐变现象。为减少和防止这类问题，可采取一些相应的技术措施。

第一，掌握好糖液中适当的还原糖含量。还原糖含量最高不超过总含糖量的60%，最低不低于40%。调整还原糖含量的方法是加入白砂糖或转化糖液。对于含酸量较少的猕猴桃果实，糖煮时要在糖液中加入适量的柠檬酸，以促进部分蔗糖转化。

第二，为防止煮烂，可采取以下方法：煮前用1%食盐水进行热烫处理；煮前用0.1%氯化钙溶液浸泡处理；煮前用5%石灰水上清液进行处理，但处理后需用清水漂净残余石灰。

第三，为防止褐变，除掌握好还原糖含量外，在预处理中要加强熏硫处理或浸硫处理等措施。

（四）产品质量标准

产品呈乳黄色或橙黄色，鲜艳透明有光泽，色度基本一致，浸糖饱满，稍有弹性，无生心、无杂质，产品中心有红心猕猴桃特有的红色肉丝；在规定的存放条件和时间内不返糖、不结晶、不流糖、不干瘪；保持原果味道，甜酸适宜，无异味；总糖含量为65%～75%，水分含量为16%～18%；符合国家规定的食品卫生标准。

三、红心猕猴桃加工技术——猕猴桃酒的制作

（一）工艺流程

鲜果→分选→去皮→破碎→接种→初发酵→分离→调整→前酵→陈酿→倒罐两次→成熟酒液→勾兑→澄清→过滤→灌装→杀菌→成品。

（二）生产技术要点

1. 原料选取、去皮、破碎

选择九成熟、果肉翠绿、无腐烂、轻微变软的新鲜优质猕猴桃。

2. 接种

酵母的选育和用量是接种的关键。糖度低、酸度高是猕猴桃不同于葡萄等水果的特点，添加酵母前应测量猕猴桃汁糖度，达到符合酵母生长的适宜环境后再添加7%～10%的果酒酵母。

3. 初发酵

接种后的猕猴桃浆汁在密闭发酵罐中进行初发酵，温度控制为30℃，初发酵开始阶段进度较慢，之后酵母迅速生长发酵，这时密闭排气口有大量二氧化碳气体冒出。

4. 分离

酵母经过旺盛发酵后，猕猴桃浆汁中的含糖量迅速下降，酵母发酵速度随之降低。初发酵后的猕猴桃浆汁所含大量果肉、沉淀因子和老化酵母因发酵速度降低而逐渐沉降下来，此时将浆汁通过压滤机，除去沉淀物和大部分悬浮物，然后将杀过菌的浆汁进行成分调整。

5. 调整

猕猴桃鲜果中还原糖含量为8%～11%，若用鲜果发酵仅得酒精度为4.5%～5.5%（v/v），因此在此基础上添加适量糖水，使发酵糖度提高，进而提高酒精度至7%～8%（v/v）。

6. 前酵

前酵期，伴随酵母的大量增殖和发酵产酒，使发酵的温度上升，因此在鲜果前酵期必须保持27℃的发酵温度。

7. 陈酿

在发酵中残糖量降到1%以下时，再加食用酒精调整酒精度至15%左右，密封进行陈酿。陈酿期间倒罐两次，及时除去酒脚以防沉淀物影响酒质的成分溶出，并防止因酵母的自溶而使酒浑浊。

8. 勾兑

经陈酿后的猕猴桃原酒酸度高，无法直接饮用，应按质量要求调整好糖度、酒精度和酸度，并密封贮藏一段时间再灌装。

9. 澄清

由于调配后的果酒澄清度较差，存放时间长了会出现大量沉淀，因此必须先进行下胶，具体操作是：称取粉末钠基膨润土 1kg（500kg 酒用量），用砂滤水配成膨润土溶液，含量为 80%左右，静止 10min；称取 303 型粉末活性炭 0.25kg 投入已静置好的膨润土溶液中，搅拌混合均匀，然后进行活化处理 5min 后，迅速将已活化好的混合胶剂投入酒中搅拌均匀，10min 后过滤。

10. 灌装、杀菌

澄清后的猕猴桃酒用果酒灌装机灌装密封，然后送入加压连续式杀菌设备进行杀菌并冷却，得到成品。

（三）酒加工中的注意事项

1. 维生素 C 的保留

伴随着升温和光、空气的作用，维生素 C 容易大量损失，因此主发酵应在较低温度下进行，以 27℃开始为宜，期间升温幅度不超过 5℃。果汁避免接触铁器，发酵中尽量减少果汁与光、空气的接触，满缸、封缸隔绝空气等措施均可减少维生素 C 的损失。

2. 鲜果后熟度和酿酒的关系

未经后熟软化的果实糖度低，单宁含量高，酿酒中产酒率低，且给果酒带来涩味；过熟果实糖低、酸度高，且果实易受霉菌污染，使发酵液挥发酸含量升高，总酸含量升高，产酒率低。所以对刚采收的鲜果，须经过 6～7d 的后熟软化处理，使其微软显清香时再进行破碎发酵。

3. 分离时间的确定

猕猴桃鲜果发酵时间不能太长。若超过 3d，总酸、挥发酸、单宁含量升高，且酒精产量降低，酒精度呈下降趋势，糖度下降少，易受杂菌侵入；若超过 5d，由于受酒花菌污染而无法再发酵。因此，混合发酵的适宜时间为 3d，以挥发酸含量不超过 0.05%、单宁含量不超过 0.15%为宜。

（四）产品质量标准

产品呈淡黄色或浅黄色，清亮透明，酒体均匀一致，醇厚甘润，酒体丰满，回味无穷，具有猕猴桃酒特有的芳香。糖度≤4g/L，酒精度为 14～16g/100mL，总酸度≤6g/kg。无致病菌及因微生物作用所引起的腐败现象。

第二节　三峡库区葡萄贮藏及加工

三峡库区是我国的葡萄原产地之一，三峡库区良好的地理、交通条件为葡萄的产业化发展创造了便利的条件。重庆市万州区新田镇位于三峡库区腹心地的长江边，冬暖春早，夏季高温多湿，平均年降水量1200mm，年平均气温18℃左右，无霜期300多天。20世纪八九十年代曾多次较大面积发展葡萄，但因品种、技术等方面的原因未能成功。2000年，万州区新田镇引进葡萄品种藤稔等，在天德村少量试种获得成功。2012年，万州区新田镇葡萄栽植面积有400多亩，其中栽植面积100亩1户、50亩2户、20亩3户；每亩纯收入1万元的2户、5000元的多户，1户纯收入100万元，多户纯收入10万元。并成功创建“向葡萄”品牌。

葡萄是我国的六大水果之一，适应性强，南北各地均有栽培。随着人们生活水平的提高，已由以酿造品种为主转向鲜食，鲜销量越来越大。河北、山西等省贮藏历史较长，一般可贮藏至春节。若应用冷库，贮藏时间还可延长。

一、葡萄贮藏

葡萄的贮藏工艺流程见图9－1。

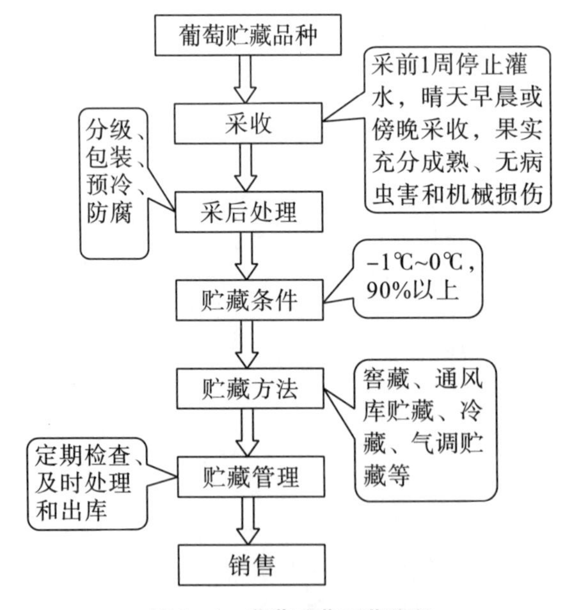

图9－1　葡萄贮藏工艺流程

（一）操作要点

1. 品种选择

选择耐贮性好的品种，主要为果穗紧实、果粒较大、色泽较深、可溶性固形物含量高、品质好的产品。葡萄按成熟期分为早、中、晚熟品种，但以晚熟品种最耐贮藏，如龙眼、紫玫瑰、红鸡心等，其中以龙眼耐贮性最好。近年来，我国从美国引进的美国红提、秋红、秋黑等品种，被认为是目前栽培的所有鲜食品种中商品性状、贮藏性能最佳的品种。

2. 贮藏条件

温度为−1℃～0℃，空气相对湿度为90%以上。一般认为O_2浓度为2%～4%、CO_2浓度为3%～5%适合于大多数葡萄品种，贮藏寿命为60～90d。

3. 采收及采后处理

（1）采收。葡萄为非呼吸跃变型果实，因此贮藏用葡萄必须充分成熟时采收。在本地气候允许的情况下，应尽量晚采，使葡萄组织充实、发育充分，为耐贮藏打下基础。一般用于贮藏的葡萄在采前1周必须停止灌水，并选择在晴天的早晨或傍晚且相对干燥的气候条件下采收。用果剪轻轻剪下果穗，同时剔除果穗上病虫粒、破粒和未成熟的小粒果，以防病菌侵染。注意采收时防止果穗发生各种机械损伤。

（2）采后处理。

①分级与包装。采后葡萄就地进行分级、包装，挑选穗大、紧密适度、颗粒大小均匀、成熟度一致的果穗进行贮藏。装箱或装筐，箱（筐）内垫2～3层软纸，以一层果穗为宜，果穗横卧，紧密相接，防止碰伤。一般每箱（筐）装量为5kg左右。

②预冷。装好后的葡萄要尽快预冷降温，防止高温失水萎蔫及葡萄各种病害的发生。在预冷时，袋装的不要扎口，以防袋内结露造成葡萄腐烂。

③药剂处理。为防止葡萄贮藏中各种病害的发生，在贮藏中普遍应用含有SO_2的保鲜剂，或直接用SO_2气体进行处理（一般SO_2浓度为10～20g/m^3）。

4. 贮藏方法及管理

（1）窖藏和通风库贮藏。适用于北方地区晚熟品种的贮藏。将采后处理过的葡萄，在外部气温下降至0℃左右入窖（库）。在窖（库）内搭成木架，架离地50～60cm，架上铺芦苇秆，将葡萄筐（箱）放在上面，堆成单排或双排，高达3～4层，每层间隔板条，架与架之间留通道，窖（库）中间设通道，便于检查及通风。

（2）冷藏。葡萄在冷库中贮藏可采用塑料加小包装方式（每一个小包装为5kg左右）。产品入库前，对库内金属管道和机械应涂防腐药剂，库内要先进行消毒（用硫黄熏蒸或药剂消毒的方式）。消毒后，将预冷装箱的葡萄入库，入库后摆放不要过高，防止产品挤压；并且产品间要留有一定的空间，便于通风与贮藏期间的管理。在贮藏过程中，应保持库温为−1℃～0℃。如库温波动，会造成袋内结露，引起果实腐烂和药害的发生。同时，空气相对湿度应维持为90%以上。定期检查产品，如发现葡萄果梗干枯、变褐、果粒腐烂或有较重的药害时，应及时处理和就近销售。

（3）气调贮藏。

①低温简易气调贮藏。葡萄采收后，剔除病粒、小粒并剪除穗尖，将果穗装入内衬厚0.03～0.05mm的聚氯乙烯袋的箱中（每箱装5kg左右），聚氯乙烯袋敞口，经预冷后放入保鲜剂，扎口后码垛贮藏。贮藏期间维持库温为−1℃～0℃，相对湿度为90%～95%。定期检查果实质量，若发现霉变、裂果腐烂、药害、冻害等情况，应及时处理。

②低温低气压贮藏。低温低气压贮藏是今后葡萄等果品贮藏的一个重要发展方向。这种方法是将葡萄贮藏在密闭的室内，用真空抽出部分空气，使内部气压降到一定程度后，新鲜空气不断通过压力调节器、加湿机器变成近似饱和湿度的空气进入贮藏室，从而去除田间热、呼吸热和代谢产生的乙烯、二氧化碳、乙醇、乙醛等气体，使贮藏物品长期处于最佳休眠状态。此项技术在欧洲等国家研究较早，我国内蒙古包头市也已推出了工业化减压保鲜贮藏系统及装置的应用技术。这种贮藏方法能够降低葡萄的呼吸强度和乙烯产生速度，阻止衰老，减少了葡萄的生理病害，不失为一种理想的葡萄贮藏技术。

（二）常见问题分析与控制

（1）葡萄灰霉病。葡萄灰霉病是贮藏后期的主要病害，果粒和果梗在贮藏期间易受侵染。主要症状是病斑早期呈现圆形、凹陷状，有时界限分明，色浅褐或黄褐。产生原因是烂果通过接触传染，在贮藏期有时整穗腐烂。

控制方法：采前用代森锰锌、多菌灵、硫菌灵、波尔多液等喷果；选择晴天露水干后采收；采后用药剂处理；贮藏过程中定期用SO_2熏蒸；保持库温恒定；定期检查产品，发现异常及时处理，减少病原菌感染机会。

（2）葡萄黑霉病。发病初期果面呈现紫褐色小斑，扩大后边缘褐色，中部灰白色稍凹陷，果面呈现清晰的小黑点，果粒逐渐变黑软后又干缩成僵果。

控制方法：采前喷杀菌剂，冬季必须彻底清洁田园，采收时将病果及时去除。此病在贮藏中不蔓延。

（3）葡萄黑斑病。主要症状为梗端周围形成棕色或深褐色腐烂。如果在采收季节初期降雨，就可能发生此病。

控制方法：注意采收避开雨季，可防雨栽培；采前喷药防治，采后药剂处理。

（4）葡萄药剂中毒。这是葡萄贮藏中的生理病害，主要是由葡萄贮藏中使用SO_2或其他药剂浓度使用不当引起。主要症状表现为葡萄果面上产生许多黄白色凹陷的小斑，与周围健康组织界限清晰，通常发生于蒂部。

控制方法：在贮藏过程中严格控制SO_2或其他药剂使用的浓度和使用次数，并注意适当通风。

二、葡萄加工技术——红葡萄酒的制作

（一）工艺流程

原料选择→清洗→破碎、除梗→SO_2 处理→成分调整→入罐（桶）发酵→压榨→后发酵→陈酿→澄清过滤→成品调配→装瓶、密封、杀菌→成品。

（二）生产技术要点

（1）容器消毒。制酒的各种容器都必须进行消毒，方法是将容器洗净，然后用硫黄熏蒸，用量为 8～10g/m^3。小型容器可用含 SO_2 0.2%的亚硫酸溶液浸泡消毒。

（2）原料选择。选用果皮带色的葡萄，如赤霞珠、法国兰、蛇龙珠等，剔除病烂、病虫、生青果。用清水洗去表面污物。

（3）破碎、去梗。可用破碎机破碎，再经除梗机去掉果梗；也可先去果梗，后用破碎机或手工破碎，以使酿成的酒口味柔和。经破碎除去果梗的葡萄浆，因含有果汁、果皮、籽实及细小果梗，应立即送入发酵罐，发酵罐上面应留出 1/4 的空隙，不可加满，以防浮在池面的皮糟因发酵产生二氧化碳而溢出。

（4）SO_2 处理。原料破碎后按 100kg 葡萄加入亚硫酸钠 10～12g，抑制有害微生物的生长及酶褐变。

（5）成分调整。将发酵浆含糖量调整至 22%～25%，含酸量调整至 0.8%～1.0%，同时，加入酵母液，用量为葡萄浆的 3%～5%。如果果实含野生酵母多，也可不加酵母，让其自然发酵。

（6）入罐（桶）发酵。把葡萄浆送入发酵罐，直到主发酵完毕，即新葡萄酒出池，这一过程称为主发酵。

主发酵期的管理：

①环境管理。阴凉、通风，温度控制为 20℃～25℃。

②压帽（翻搅）。发酵开始的 2～3d，每天将葡萄皮渣和汁液上下翻动 2～3 次，以供给酵母繁殖所需的氧气，同时防止微生物的侵染而造成发酵酒败坏。

③测定发酵期的温度和糖度的变化。发酵开始后，品温逐渐升高，到旺盛发酵期达到高峰，发酵液起泡、混浊。当气泡消失，汁液澄清，发酵液温接近室温，含糖量降至 1%左右时，主发酵结束。时间长短视温度而定，一般为 4～8d。

（7）压榨（酒、渣分离）。主发酵结束后，用纱布将清澈酒液滤出，转入酒桶或缸中，或用胶管虹吸法（用泵抽出）将上清液导入另一个发酵罐中；皮渣中的酒液，用压榨机榨出，用另一个酒桶盛装。

（8）后发酵。后发酵的罐或桶上面要留出 5～15cm 的空间，因后发酵也会产生泡沫。后发酵的品温控制为 18℃～20℃。当含糖量降至 0.1%～0.2%时即完成后发酵。

（9）陈酿。后发酵结束后，将酒用虹吸管转入另一个酒桶（或缸）中，密封，送入低温处（10℃～15℃）进行陈酿。初期 3 个月换 1 次，除去酒脚（沉淀物）；以后半年 1

次。注意密封情况和添满酒桶（缸），陈酿期为半年至 2 年不等。

(10) 成品调配。先取酒样进行分析，按所需成品酒要求进行调配，调配后再入桶（缸）贮藏一段时间即可。

(11) 装瓶、密封、杀菌。取出酒液，过滤装瓶，用压盖机封口（或可用软木塞为好，套胶帽），加热杀菌，温度为 70℃，经 10～15 min 即可。

（三）产品质量标准

色泽：紫红色，透明无杂质；味：清香醇厚，酸甜适口；酒精度：11.5°～12.5°；总酸量：0.45%～0.6%；挥发酸含量：0.5%；相对密度：1.035～1.055（15℃）；总糖量：14.5%～15.5%；单宁含量：0.45%～0.06%。

三、葡萄加工技术——白葡萄酒的制作

（一）工艺流程

白葡萄酒加工与红葡萄酒加工的主要区别在于原料的选择、果汁的分离及其处理、发酵与贮藏条件等方面。白葡萄酒用澄清的葡萄汁发酵，其酿造工艺流程如下：

原料选择→破碎→压榨取汁→葡萄汁澄清（添加 SO_2）→成分调整→发酵→换桶、添桶→陈酿→勾兑→过滤→装瓶、密封、杀菌→成品。

（二）生产技术要点

1. 原料的选择与处理

生产白葡萄酒选用白葡萄或红皮白肉的葡萄，常用的品种有龙眼、雷司令、贵人香、白羽、李将军等。

2. 破碎与压榨取汁

酿制白葡萄酒的原料破碎方法与红葡萄酒的操作差异不大，酿造红葡萄酒时，葡萄破碎后，应尽快除去葡萄果梗；酿造白葡萄酒时，原料在破碎时不除梗，破碎后立即压榨，利用果梗作助滤剂，可提高压榨效果。白葡萄酒是葡萄压榨取汁后进行发酵，而红葡萄酒是发酵后压榨。

现代葡萄酒厂在酿制白葡萄酒时，用果汁分离机分离果汁，即将葡萄除梗破碎，然后果浆流入果汁分离机进行果汁分离。用红皮白肉的葡萄酿制白葡萄酒时，只取自流汁酿制白葡萄酒。

由于压榨力和出汁率不同，所得果汁质量也不同。通常情况下，当出汁率小于 60%时，总糖量、总酸量、浸出物量变化不大；当出汁率大于 70%时，总糖量、总酸量大幅度下降，酿成的白葡萄酒口感较粗糙，苦涩味过重。因此，在酿制优质白葡萄酒时，应注意控制出汁率，采用分级取汁法。

3. 葡萄汁澄清

葡萄汁澄清的方法有 SO_2 澄清法、果胶酶法、添加皂土法与离心法。

（1）SO_2 澄清法。酿制白葡萄酒的葡萄汁在发酵前添加 SO_2，不仅具有杀菌、抗氧化、增酸、还原等作用，还可促进色素和单宁溶出，使酒的风味变好，同时有澄清果汁的作用。SO_2 的添加方法与酿制红葡萄酒时 SO_2 的添加相似。但酿造白葡萄酒的葡萄汁是在发酵前添加 SO_2，由于葡萄汁是在低温下加入 SO_2，澄清效果更好。将葡萄汁温度降至 15℃，静置 16～24h，用虹吸法吸取清汁，或从澄清罐的高位阀放出清汁。

（2）果胶酶法。使用果胶酶澄清时，应按葡萄汁的浑浊程度及果胶酶的活力决定其添加量，而且澄清效果受温度、葡萄汁的 pH 等影响，所以，使用前应通过小样试验确定最佳用量。一般果胶酶用量为 0.5%～0.8%。先将果胶酶粉剂用 40℃～50℃的水稀释均匀，放置 2～4h 后，加入葡萄汁中，搅匀并静置，使果汁中的悬浮物沉于容器底部，取上层清汁。

（3）添加皂土法。皂土是一种利用天然黏土加工而成的胶体铝硅酸盐。根据皂土的成分及其特性差异、葡萄汁的浑浊程度、葡萄汁的成分等确定皂土的添加量。所以，应提前进行小样试验，确定最佳用量。一般皂土的用量为 1.5g/L。将皂土与 10～15 倍的水混合，皂土吸涨 12h，再加部分温水搅拌均匀，然后将皂土与水的混合浆液和 4～5 倍的葡萄汁混合，再与全部的葡萄汁混合，并用酒循环泵循环处理 1h，使其混合均匀。静置澄清，分离清汁。皂土与明胶配合使用，澄清效果更佳。

（4）离心法。将果汁用高速离心机处理，可有效地将果汁中的悬浮物去除。离心处理前，用果胶酶处理果汁或在果汁中添加皂土，澄清效果更好。

4. 成分调整与发酵

酿造白葡萄酒的葡萄汁的成分调整与红葡萄酒加工相似。酿制干红葡萄酒时，葡萄汁的成分调整在主发酵后进行；酿制干白葡萄酒时，葡萄汁的成分调整在主发醇前进行。

白葡萄酒发酵是在澄清的葡萄汁中接入 5%～10%的人工培养的优良酵母菌，然后在密闭容器中低温发酵。葡萄汁一般缺乏单宁，在发酵前添加单宁，用量常按 100L 果汁添加 4～5g 单宁，有助于提高酒质。酒母的活化和扩大培养与加工红葡萄酒时酒母的活化及其培养相同。主发酵温度为 16℃～22℃，发酵时间为 15d。当残糖量降至 5g/L，主发酵结束。后发酵的温度不超过 15℃，发酵期为 1 个月左右。当残糖量降至 2g/L，后发酵结束。苹果酸—乳酸发酵会影响大多数白葡萄酒的清新感，所以在白葡萄酒的后发酵期，一般要抑制苹果酸—乳酸发酵。

白葡萄酒发酵温度控制为 28℃以下，否则会影响白葡萄酒的品质。为了达到发酵液降温的要求，通常采用以下几种方法：

（1）发酵前降温。将在夜间采摘、避免太阳直晒采摘的葡萄摊放散热，以避免将原料的热量带入果汁中，降低果汁的温度；也可对压榨后的葡萄汁进行冷却，使之温度降到 15℃后，再放入发酵桶（池、缸）中。

（2）采用小型容器发酵。用 200～1000L 的木桶进行发酵，易于散热，若葡萄汁入桶温度为15℃左右，则发酵时最高温度不会超过28℃。

（3）发酵室降温。可在白天密闭门窗，不使外界高温空气进入室内；晚间开启门窗，换入较冷的空气，或用送风机送入冷风，有时根据需要也可用冷冻设备送入冷风。

（4）利用换器热控制发酵醪的温度。采用发酵池发酵，在池内装设冷却管；若在木桶内发酵，可将发酵液打入板式换热器，以循环的方法进行冷却。

控制在相对较低的温度下进行乙醇发酵，不易被有害微生物侵染；挥发性的芳香物质保存较好，酿成的酒具有水果的酯香味，并有一种新鲜感；减少乙醇损失，同时酒石酸沉淀较快、较完全，酿成的葡萄酒澄清度高。

5. 换桶、添桶与陈酿

白葡萄酒换桶、添桶与陈酿处理同红葡萄酒，只是个别工艺过程的条件或操作方法有差异。白葡萄酒发酵结束后，应迅速降温至10℃～20℃，静置1周，采用换桶操作除去酒脚。一般干白葡萄酒的酒窖温度为8℃～11℃，相对湿度为85%，贮藏环境的空气要清新。干白葡萄酒的换桶操作必须采用密闭的方式，以防氧化，保持酒的原有果香。

（三）产品质量标准

白葡萄酒的质量标准同红葡萄酒。

第三节　辣椒贮藏技术

一、贮藏特性

辣椒多以嫩绿果实供食用，贮藏中除防止失水萎蔫和腐烂外，还要抑制后熟变红。因为辣椒转红时有明显的呼吸上升趋势，并伴有微量乙烯生成，生理上已经进入完熟和衰老阶段。近年来，国内对辣椒贮藏技术及采后生理的研究较多，推荐最佳贮藏条件：温度为9℃～11℃，空气相对湿度为90%～95%，O_2浓度为3%～5%，CO_2浓度为1%～2%。国内外研究资料显示，改变气体成分对辣椒后熟变红方面有明显效果。

辣椒原产南美洲热带地区，性喜温暖多湿。辣椒贮藏因产地、品种及采收季节不同而异。辣椒的种类和品种很多，甜椒是其中一个变种。长期以来，人们对甜椒采后生理及贮藏技术的研究很多，故本节内容以甜椒为例。

二、品种选择与采收

辣椒不同品种间耐贮性差异较大，一般色深绿、肉厚、皮坚光亮、种腔小的晚熟品种较耐贮藏，如美人椒、茄门、MN-1号等。

采收时要选择果实充分膨大、皮色光亮、萼片及果柄呈鲜绿色、无病虫害和机械损伤的完好绿熟果用于贮藏。

秋季应在霜前采收，经霜的果实不耐贮藏。采前3～5d不能灌水，以保证果实有丰富的干物质含量。采摘时捏住果柄摘下，防止果肉和胎座受伤；可以使用剪刀，确保果柄剪口光滑，减少贮藏期果柄的腐烂。避免摔、砸、压、碰撞及扭摘用力造成的损伤。

采收气温较高时，采收后要放在阴凉处散热预贮。预贮过程中要防止辣椒脱水皱缩，并且要覆盖防霜。入贮前剔除开始转红果和伤病果，选择合适果实贮藏。

三、贮藏方式及技术要点

（一）冷藏

在机械冷库中贮藏辣椒，温度管理比较灵活方便。具体做法：把辣椒放入0.03～0.04mm厚的聚乙烯保鲜袋内，每袋装10kg，按顺序放入库内的菜架上。也可将保鲜袋装入果箱，折口向上，然后将果箱堆叠，保持库温8℃～10℃，相对湿度为80%～95%。贮藏期间定期通风，排除不良气体，保持库内空气新鲜。此法可贮藏辣椒45～60d。

（二）简易气调贮藏

低温条件下用塑料薄膜封闭贮藏辣椒效果好于普通冷藏，尤其在抑制后熟转红方面效果明显。因此，在冷凉和高寒地区，尤其是在机械冷库中利用气调贮藏辣椒可以取得更好效果。

具体做法：贮藏前先将贮藏场所消毒，并降温到适宜温度，一般为10℃左右。然后在贮藏场所内先铺垫底薄膜（一般是厚度为0.12～0.2mm的聚乙烯薄膜），其面积略大于帐顶，上放垫木。为防止CO_2含量过高，可在垫木间均匀撒放消石灰，用量为每1000kg辣椒用消石灰15～20kg。将箱装或筐装的辣椒码放其上。码好的垛用塑料大帐罩住，大帐的四壁和垫底薄膜的四边分别重叠卷合在一起，用沙、土、砖等压紧，构成一个密闭的环境，可以采用自然降氧法或人工降氧法来调节O_2和CO_2的浓度。为防止帐顶和四壁的凝结水落到果实上，应使密闭帐顶悬空，不要紧贴菜垛，也可在菜垛顶部和帐顶之间加衬一层吸水物。

为防止微生物生长繁殖，可用仲丁胺进行消毒，按0.05mL/m^3的用量将仲丁胺注射到多孔性的载体上，如棉球、卫生纸等，然后将载体悬挂于帐内，注意不要将药滴落到果实上，否则引起药害；也可用氯气每3～4d熏蒸一次，用药量为帐容量的0.2%；或用漂白粉消毒，用量为每1000kg辣椒用0.5kg漂白粉，有效期为10d。此外，可以在帐内加入一定量的乙烯吸收剂，延缓辣椒在贮藏过程中的后熟。

在贮藏过程中，应定期测定帐内O_2和CO_2的含量，当O_2低于2%时，应通风补养；当CO_2高于6%时，需要更换一部分消石灰，以避免因缺氧和高CO_2造成的辣椒伤害。

第四节　菜豆贮藏技术

一、贮藏特性

菜豆又叫四季豆、豆角，是三峡库区广泛种植的经济作物，通常以嫩荚上市。菜豆在贮藏中易出现锈斑、老化、冷害、腐烂等问题，因此比较难贮藏。豆荚表面的锈斑严重影响其商品价值，这与低温伤害或 CO_2 含量有关，老化豆角外皮变黄，纤维化程度增高，种子膨大硬化，豆荚脱水。

菜豆适宜的贮藏温度为 8℃～10℃。温度过低，易发生冷害，出现凹陷斑，有的呈现水渍状病斑甚至腐烂。当温度高于 10℃时，容易老化，腐烂更严重。菜豆适宜的贮藏相对湿度为 90%～95%。

菜豆对 CO_2 较为敏感，浓度为 1%～2%的 CO_2 对锈斑有一定的抑制作用，但当浓度超过 2%时，菜豆的锈斑增多，甚至发生 CO_2 中毒。

二、品种的选择与采收

菜豆不同品种间的耐贮性有较大差异，用于贮藏的菜豆应选择荚肉厚、纤维少、种子小、适合秋茬栽培品种，如架豆王、法国芸豆、矮生棍豆、丰收 1 号等品种。

菜豆采收一般在早霜到来之前进行，收获后把老荚及带有病虫害和机械损伤的剔除，选择鲜嫩完整的豆荚进行贮藏。

三、贮藏方式及技术要点

用塑料袋贮藏菜豆是一种简便易行、实用有效的方式。在 8℃～10℃的冷库中先将菜豆预冷，待品温与库温基本一致时，用厚度为 0.015mm 的聚氯乙烯塑料袋包装，每袋 5kg 左右，将袋子单层摆放在菜架上，保鲜效果良好，贮藏期可达到 30～40d，商品率为 80%～90%。也可将预冷的菜豆装入衬有塑料袋的筐或箱内，折口存放。容器堆码时应留间隙，以利于通风散热。

思考题

结合当地情况，设计一种区域特色果品/蔬菜的贮藏与加工技术及方法。

参考文献

[1] 董全．果蔬加工工艺学［M］．重庆：西南师范大学出版社，2007.

[2] 郝利平．园艺产品贮藏加工学［M］．北京：中国农业出版社，2008.

[3] 冯双庆．果蔬贮运学［M］．北京：化学工业出版社，2008.

[4] 刘兴华，陈维信．果品蔬菜贮藏运销学［M］．北京：中国农业出版社，2010.

[5] 刘新社，易诚．果蔬贮藏与加工技术［M］．北京：中国农业出版社，2009.

[6] 刘俊红，刘瑞芳，陈兰英．农产品贮藏与加工学［M］．徐州：中国矿业大学出版社，2012.

[7] 李耀维．果品蔬菜干燥技术［M］．北京：中国社会出版社，2006.

[8] 罗云波，蒲彪．园艺产品贮藏加工学［M］．2 版．北京：中国农业大学出版社，2011.

[9] 孟宪军，乔旭光．果蔬加工工艺学［M］．北京：中国轻工业出版社，2012.

[10] 潘静娴．园艺产品贮藏加工学［M］．北京：中国农业大学出版社，2007.

[11] 秦文，李梦琴．农产品贮藏加工学［M］．北京：科学出版社，2013.

[12] 阮美娟，徐怀德．饮料工艺学［M］．北京：中国轻工业出版社，2013.

[13] 王颉，张子德．果品蔬菜贮藏加工原理与技术［M］．北京：化学工业出版社，2009.

[14] 王鸿飞．果蔬贮运加工学［M］．北京：科学出版社，2014.

[15] 夏文水．食品工艺学［M］．北京：中国轻工业出版社，2007.

[16] 杨宝进，张一鸣．现代食品加工学［M］．北京：中国农业大学出版社，2006.

[17] 杨清香，于艳琴．果蔬加工技术［M］．2 版．北京：化学工业出版社，2010.

[18] 严佩峰．果蔬加工技术［M］．北京：化学工业出版社，2008.

[19] 尹明安．果品蔬菜加工工艺学［M］．北京：化学工业出版社，2010.

[20] 叶兴乾．果品蔬菜加工工艺学［M］．3 版．北京：中国农业出版社，2011.

[21] 赵丽芹，张子德．园艺产品贮藏加工学［M］．北京：中国轻工业出版社，2011.

[22] 赵晨霞．果蔬贮藏加工技术［M］．北京：科学出版社，2006.

[23] 赵晨霞，祝战斌．果蔬贮藏加工实验实训教程［M］．北京：科学出版社，2006.

[24] 赵晋府．食品工艺学 [M]．2 版．北京：中国轻工业出版社，2005.
[25] 赵丽芹，张子德．园艺产品贮藏加工学 [M]．2 版．北京：中国轻工业出版社，2011.
[26] 祝战斌．果蔬贮藏与加工技术 [M]．北京：科学出版社，2010.
[27] 张存莉．蔬菜贮藏与加工技术 [M]．北京：中国轻工业出版社，2008.